自駕車革命

改變人類生活、顛覆社會樣貌的科技創新

霍德．利普森 Hod Lipson ｜ 著
梅爾芭．柯曼 Melba Kurman

徐立妍 ｜ 譯

DRIVERLESS
INTELLIGENT CARS AND
THE ROAD AHEAD

Driverless: Intelligent Cars and the Road Ahead
by Hod Lipson and Melba Kurman
Original edition copyright © 2016 Massachusetts Institute of Technology
Chinese Complex translation copyright © 2019 by EcoTrend Publications, a division of Cite
Publishing Ltd.
Published arrangement with MIT Press through Bardon-Chinese Media Agency.
ALL RIGHTS RESERVED.

經營管理 153

自駕車革命：
改變人類生活、顛覆社會樣貌的科技創新

作　　　者　霍德‧利普森（Hod Lipson）、梅爾芭‧柯曼（Melba Kurman）
譯　　　者　徐立妍
責 任 編 輯　文及元
行 銷 企 畫　劉順眾、顏宏紋、李君宜

總　編　輯　林博華
發　行　人　凃玉雲
出　　　版　經濟新潮社
　　　　　　104台北市民生東路二段141號5樓
　　　　　　電話：(02)2500-7696　傳真：(02)2500-1955
　　　　　　經濟新潮社部落格：http://ecocite.pixnet.net
發　　　行　英屬蓋曼群島商家庭傳媒股份有限公司城邦分公司
　　　　　　台北市中山區民生東路二段141號11樓
　　　　　　客服專線：02-25007718；25007719
　　　　　　24小時傳真專線：02-25001990；25001991
　　　　　　服務時間：週一至週五上午09:30-12:00；下午13:30-17:00
　　　　　　劃撥帳號：19863813　戶名：書虫股份有限公司
　　　　　　讀者服務信箱：service@readingclub.com.tw
　　　　　　城邦網址：http://www.cite.com.tw
香港發行所　城邦（香港）出版集團有限公司
　　　　　　香港灣仔駱克道193號東超商業中心1樓
　　　　　　電話：25086231　傳真：25789337
　　　　　　E-mail：hkcite@biznetvigator.com
新馬發行所　城邦（新、馬）出版集團 Cite（M）Sdn. Bhd.（458372U）
　　　　　　41, Jalan Radin Anum, Bandar Baru Sri Petaling,
　　　　　　57000 Kuala Lumpur, Malaysia.
　　　　　　電話：603-90578822　傳真：603-90576622
　　　　　　E-mail：cite@cite.com.my
印　　　刷　漾格科技股份有限公司
初 版 一 刷　2019年1月10日

城邦讀書花園
www.cite.com.tw

ISBN　978-986-97086-2-3

售價：NT$ 480

Printed in Taiwan

推薦序一

人，是自駕車最關鍵的一塊拼圖

文／王傑智

　　提到自駕車，不曉得你的第一印象是什麼？

　　如果「小時候」有看過《霹靂遊俠》影集的讀者，可能立刻想到男主角李麥克的最佳戰友、外號「夥計」的霹靂車。中文片頭中「霹靂車，尖端科技的結晶，是一部人性化的萬能電腦車。出現在我們這個無奇不有的世界，刀槍不入，無所不能」，至今還是印象深刻呀！

　　自駕車的技術牽涉甚廣，從傳感技術、機器人學、機器知覺、機器學習到智慧型運輸系統。我在卡內基美隆大學（Carnegie Mellon University）機器人研究所攻讀博士班時，在NavLab 負責人查克・索普（Chuck Thorpe）教授指導下，研究自駕車技術。當初投入這個領域時，應該是自駕車的黑暗時期，NavLab團隊在一系列非常成功的自駕車技術展示之後，卻因為美國國會與政府對自駕車的疑慮以及不願意再進一步推動自駕車而拿不到資助，實驗室中只剩 NavLab 8 號車、一台光達與一台全景相機。我就是在這樣的情況下開始自駕車研究。

　　隨後我們以輔助駕駛的計畫經費，逐步建構 NavLab 11 號車，低調地持續自駕車研究。拿到博士學位後，在臺灣大學資訊

工程系任教時，也是在沒有車子的情況下，以電動輪椅當實驗平台，與一群充滿熱情的優秀學生，持續研發自駕車與機器人的理論與技術。然而這群優秀的學生在畢業後，卻因為沒有自駕車相關產業而投入其他領域。

這幾年自駕車成為車廠、科技巨頭競逐的領域，大量資金投入從半自駕（先進輔助駕駛）到全自駕（完全無人駕駛）的商業化，將這些原本在學術領域的知識實用化、商品化。這對我們這些自駕車研究者來說，是個好消息，也很高興有愈來愈多的學生在畢業後投入自駕車產業。

這本書是二位作者藉由訪談的方式，為讀者爬梳自駕車的發展史，彙整相關技術的知識，對於不了解但有興趣的讀者來說，本書可以當成了解自動駕駛的入門書。不過，由於本書英文版完成於2016年，距離繁體中文版問世已有二年時間。剛好從2017年到2018年，自駕車產業變化很快，建議各位讀者持續關心後續發展。

在此也與讀者分享幾個觀點，這裏建議讀者可在讀完本書後，再來審視這些觀點：

自駕車的90-90法則

在軟體工程學中有一條90-90法則（Ninety-Ninety Rule），假如撰寫一件軟體90%的程式占了工程師90%的開發時間，剩下的10%的的程式則要再用工程師團隊90%的開發時間，也就是總共要用180%的時間與精力來完成一個軟體專案。意思是

說，從0分到90分比較容易，但要從90分到100分，比從0分到90分困難9倍。

　　我想90-90法則也適用於自駕車，現在自駕車已經可以做到特定場域全自駕，這可以說是從0分到90分。但是要開得像人一樣「順」、要在全天候各種場域全自駕，這就是從90分到100分。我們現在看到的全自駕車，就是處於90分邁向100分的階段，看起來差距不大，但還有許多挑戰要去克服。

人，是自駕車最關鍵的一塊拼圖

　　人類世界中，開車這個行為是高度互動，不只是車與車之間的互動，也是人與人之間的互動，你進我退，你退我進，這個就是「順」。再說得更具體一點，有些人駕駛看到名車就會禮讓，怕一不小心有事故就要賠一大筆錢，但倘若對方的車看起來像是「小烏龜」，就會比較不客氣地逼車。這種在車道上的高度互動，目前的全自駕車還無法做到，這也是90分要到100分的差距之一。

　　或許這個差距，導致自主駕駛車在試車時，總是容易遇到人類霸凌。一方面，人類仗著自駕車不能撞自己，否則背後代表自駕車的車廠或科技巨頭將面臨巨額賠償問題。另一方面，正因為自駕車目前開得不夠「順」，自駕車後方的真人駕駛就會覺得全自駕車動作慢，實在很礙眼，因此就可能會挑釁。自駕車輕則遭人以「調教」為名戲弄，重則直接被逼車追撞。

　　本書提到深度學習是自駕車最後一塊拼圖，但我不認為如

此。我認為「人」，是自動駕駛最後一塊拼圖，更精準的說法是「包括人在內的系統整合」，才是自駕車產業的關鍵。相較於飛機和火車在既定高度管控的基礎建設與環境上運作，自駕車需要處理更多「人」所引發的問題，如衝出巷子的小孩、不遵守交通規則的用路人與挑釁的後車駕駛人。即使有再完備的系統，結果問題往往出在於人身上。就像是人闖平交道或是人關掉防撞系統，有再好的系統都沒用。

　　至於書中提到自駕車的道德問題。目前技術上要讓機器人理解「道德」還很困難，而我們目前技術開發的目標都是極力做到「不要撞到任何生命體或物體」。如果自駕車會遇到需要以道德來決定下一步該怎麼做的狀況，這應該是自駕車安全駕駛技術還不夠成熟，我們就不該讓這樣的自駕車上路。

　　對了，不知道李麥克和霹靂車「夥計」的讀者，表示你很年輕，希望這本書是帶你了解自駕車的第一本書。

　　（本文作者為交通大學電機工程學系教授、工業技術研究院機械與機電系統研究所數位長，卡內基美隆大學〔Carnegie Mellon University〕機器人研究所博士。2005 年於臺灣大學資訊工程系任教、2015 年在蘋果〔Apple〕特別專案部〔Special Projects Group, SPG〕參與新產品研發）

推薦序二
自駕車，新一波產業的殺手級應用

文／溫峻瑜

　　半導體、資通訊、電腦、筆電、智慧型手機，在過去三十年間，都曾引領不同年代的科技產業風潮。

　　近年來，物聯網（Internet of Things, IoT）、人工智慧（Artificial Intelligence, AI）、深度學習（deep learning）、自駕車等議題及相關領域的新創公司不斷發燒，也炒熱了下一波產業巨浪。

　　而自駕車正是所有技術可以運用的場域，全球有超過十億輛以上的車，而每年約有一億台新車的銷售，非常明顯的，繼智慧型手機後，「車」正是新一波產業的殺手級應用（killer application）。

　　近年來，自駕車及先進駕駛輔助系統（Advanced Driver Assistance Systems，以下簡稱為ADAS）主題約占了消費電子展（Customer electronics Show, CES）展的三分之一，而整體產業的年均複合成長率超過20%，可以看到半導體設計公司、晶圓代工大廠、資通訊電子廠、車電廠商、車聯網（Vehicle to X，V2X，X代表everything），到國際的感測器（sensor）公司，人工智慧公司等等，全都卯足了勁預備接下來三十年的產業

大戲。

自駕車對許多人來說，是一種新的尖端科技，模糊的概念是可以無人駕駛的車。但如果剖析來看，它是許多尖端科技的總和，包含感測設備、人工智慧、演算法、深度學習、通訊技術、圖資、交會車邏輯、控制系統、汽車工藝等等。

其中最重要的一件事，就是「準確、可靠、安全」，試想，你會把你的生命交給一台無人車嗎？萬一它突然當機呢？電腦也會當機啊！這應該是一個容易懂的切入點。唯有自駕車比我們自己開還來得可靠及安全，我們才會把生命交給它！

自駕車聽起來好遙遠，但你可能不知道，以色列的無人駕駛科技公司 Mobileye 正在耶路撒冷市區測試 100 台 Level 4[*] 自駕車，車況及環境的感測、高畫質（High Definition, HD）與即時路況的圖資、變換車道及進出圓環等邏輯架構，都已經在計畫藍圖之內。各位可以觀察這一、兩年新車的安全配備，不論是國產或進口車，都已經開始導入主動式車距調節巡航（Adaptive Cruise Control, ACC）、自動緊急煞車（Autonomous Emergency Braking System, AEB System）、車道保持系統（Lane Keep System, LKS）等 Level 2.5 系統，讓部分的車種可以在高速公路「放手開」，因為感測及控制設備等已經陸續達到「準確、可靠、安全」的水準，而且這些 ADAS 確實能夠大幅減底交通事故，可以感受到，整個汽車產業正往自駕車方向前進！

自駕車是有分級距的 Level 1 至 Level 5，最高級的 Level 5 可以說是所有路況都不需要人介入的概念，而 Level 2.5 大概想成

可以在高速公路放手開車。因此，我們不能含糊籠統地把Level 2 等級的車輛，稱之為 Level 5 的全自駕等級車輛（目前也尚未問世）。

而在整個產業及市場一步步往更高的自駕級距前進時，所代表的就是那個階段感測技術、人工智慧、演算法（algorithm）等等的技術水準及技術成熟度。在達到全自駕之前，ADAS 正是現在正在發生且運用的技術，根據以色列財政部數據顯示，有安裝 Mobileye ADAS 系統比沒有安裝的車輛減少約50%的交通事故，這也可以說明為何車廠願意繼續往這方向前進，既使增加造車成本，除了賣相好，對駕駛人也確實更有保障。在臺灣後裝市場（After Market, AM；意指車輛使用一段時間之後，依據車主需要加裝或改裝的零件市場），公共運輸及物流車隊也都積極導入ADAS系統，相對法規也陸續進行中。

讓我們來認識以色列 Mobileye 這家公司，它是全球最知名自駕車及ADAS科技廠商，2017年，英特爾（Intel）以天價153億美元併購，是以色列有史以來最高的併購金額。當時，該公司員工人數約600多人，讓人不禁對於這家公司感到好奇。

Mobileye成立於1999年，成立後的八年期間，專注於開發以電腦視覺為基礎的自駕車及ADAS技術。直到2007年，才開始對外展開業務；當時Volvo所運用的碰撞預警技術，就是來自於Mobileye。

到2018年12月為止，該公司與13家車廠合作自駕車專案，與25家以上車廠合作ADAS方案，全球超過2500萬輛車配備

Mobileye技術，感測技術大致有光達、雷達、鏡頭、超音波等，是鏡頭領域全球最領導廠商，約有九成的市占率，遠遠超過其他廠商。

Mobileye成立以來，只專注把一件事做到最精、最好，這件事就是結合感測技術、演算法、人工智慧、深度學習的人工視覺系統，而八成的員工多為技術開發人員，讓他們居於全球自駕車科技的領先地位。

從Mobileye的例子，我們再一次來看「準確、可靠、安全」，大家都聽過汽車工業的規格要求嚴苛，因為人的生命在車子裡面。該公司把感測器的準確度提高近99.9%水準，品質的可靠度十年也沒問題，蒐集全球各國家路況所累積的演算法，近百台電腦的演算速度。唯有「準確、可靠、安全」，我們才能把生命交給人工智慧，交給自駕車，「自駕車」也才能一步步往前推進。

臺灣是科技大國，有非常優質的半導體及資通訊產業基礎，在此次人工智慧與自駕車產業浪潮中，我們一定要有角色，自主開發並與國際接軌是必要的，車聯網產業聯盟、自駕車產業聯盟、智慧城市展覽都快速的發生中。臺灣半導體資本支出占全球30%，資通訊研發製造更是國際一流，我們有好的科技基礎培育軟體人才，IC設計，半導體感測技術開發等。以色列只有800萬人口，跟我們一樣沒有太多資源，而Mobileye成功的例子，很值得我們去思索學習。

本書作者花了許多的精神彙整多方資料，有系統的在各個章節剖析產業動向、生活的便利、自駕車不同的感測設備、V2X、

深度學習及數據等領域，它是一本有深度的書，並非只是簡單的概說，讓我們能順著它進到過去所未知的自駕車領域。

　　自駕車來了！它不再是那麼遙遠，各位可以睜大您的眼睛來觀察，在未來五年、十年、二十年，它絕對會一步步的發生在我們的生活當中。

（本文作者為艾德斯科技〔ADAS Mobile Tech〕董事長、以色列商會秘書長）

＊美國運輸部的國家公路交通安全管理局（National Highway Traffic Safety Administration, NHTSA）定義車輛自動化的五個階段如下：
‧NHTSA自動化階段○：無自動化（Level 0: no-automation）
　主要車輛控制完全並只由駕駛掌控，包括煞車、轉向、油門以及動力，整段駕駛期間皆然。
‧NHTSA自動化階段一：特定功能自動化（Level 1: function-specific automation）
　這個階段的自動化牽涉到一項或以上的特定控制功能，例如車身動態穩定系統、預充電煞車等，讓車輛能夠自動協助煞車，駕駛就能重新掌控車輛或者比自行控制時更快停車。
‧NHTSA自動化階段二：綜合功能自動化（Level 2: combined function automation）
　這個階段的自動化包括至少兩種主要控制功能，設計就是要合作，讓駕駛不必自己控制這些功能。符合階段二的綜合功能自動化例子是主動車距控制巡航系統結合車道控制。
‧NHTSA自動化階段三：有限自行駕駛自動化（Level 3: limited self-driving automation）
　這個階段的自動化車輛讓駕駛在特定交通狀況或環境下，能夠讓電腦完全接手一切與安全相關的功能，在這些條件下可以非常仰賴車輛監控，

注意在狀況改變時轉換回駕駛控制。駕駛應該能夠偶爾接手控制，但必須有充裕的換手時間。谷歌汽車就是有限自行駕駛自動化的例子。

- NHTSA 自動化階段四：完全自行駕駛自動化（Level 4: full self-driving automation）

車輛的設計就是要執行所有攸關安全的駕駛功能，並在整趟路程中監控道路狀況。這樣的設計希望駕駛能夠提供目的地或導航路線，不過在路程中並無須接管駕駛，此階段包括載人及無載人車。

推薦序三
五個面向，思考當我們把生命交給人工智慧的那一天來臨

文／許毓仁

　　2018年11月30日，《無人載具科技創新實驗條例》通過立院三讀，這是臺灣交通史上劃時代的一刻，同時也是智慧交通發展的里程碑。

　　作為第一個在國內提出自駕車法案的立法委員，我回首這個法案的一路走來的艱辛，首先必須得要非常感謝跨黨派的委員對此案的關注，以及產業夥伴們給予的意見與願景，透過委員會審查、黨團協商以及產業公聽會的召開，讓這個法案能夠在立法院受到更高密度的檢視。另外，除了念茲在茲希望啟動軟硬體整合的產業外，對於資料安全保護和無人載具所帶來的社會及勞動力衝擊、人工智慧道德判斷等等所需要關注的部分皆有提出法案的附帶決議、融入法條精神，相信本條例的通過會為我國的產業及經濟帶來規模不容小覷的翻轉。

　　而此實驗條例本質上是提供一個場域，讓無人載具的業者得以在這個範圍內去做技術的精進與試驗，所以實際上要達到讓自動駕駛的交通工具在我們的生活周遭普及化，仍然有相當長遠的路要走。

這段長路，就是我接下來要談的議題，同時也切合本書的主題：當我們把生命交給人工智慧的那一天，正因為無人載具涉及到人身安全，在技術上以及制度上如何細緻化的去推展就是很重要的關鍵。

在技術方面，首先我想先將討論的視角拉高到無人載具的核心技術，也就是人工智慧（Artificial Intelligence，AI）。近期，對於如何去建立一個負責任的AI（Reliable Artificial Intelligence）引起熱烈的討論，而在與人身安全高度相關的無人載具方面，這個命題更是關鍵。

對此，我想要藉這個機會描述一下我個人對於這個問題的簡單看法，我們可以從五個面向去檢視當一個人工智慧被創造出來的時候，是否負責且可信賴的：

首先，這個AI是否是公正無私的？在相同的運算因子下，人工智慧所得出來的答案必須要是不偏不倚的，由於誤差值可能會為外在的社會帶來巨幅的影響，而這並非我們所樂見的，計算出精準的答案是最優先的要求，如此一來才可能確保應用此人工智慧的系統得以安全的運行。

第二，這個AI的思路是否是可以被理解的？由於人工智慧具有學習能力，在得出結果之際，我們必須確保這個決策的過程是能夠被理解的，如此一來才能在錯誤發生的當下進行即時的修正、以及確保運行的結果是能夠被信任的。

第三，這個AI本質上是否是足夠堅強且安全的？一直以來我都相當重視資訊安全的維護，而回歸到資安的根本，人工智慧

由於仰賴著電子儀器的運作及互聯網的相互連動，這些特質將大幅增加被駭客攻擊的可能性。目前就算是再精密的AI，也可能因為受到入侵而產生異常，因此資安在此處的重要性不言而喻。

第四，這個AI是否可能被適切的管制？在人工智慧在學習與高效率的運算能力交互作用之下，若逸脫人為控制的可能性，進而造成了一定程度的混亂，想像上我們不可能處罰AI本身，那我們應該如何去究責？搭建人工智慧與法律規範的橋梁，這部分的思考是在未來技術逐漸成熟時所必須思考的。

最後，這個AI是否合法、符合道德以及倫理規範？除此之外，我們也必須確保這項人工智慧被應用於合法的目的，甚至可能超脫法律而必須探究是否符合倫理與道德的相應規範，例如學習資料庫的蒐集、以及自動駕駛車輛可能在面臨「電車難題」時的決擇。

以上的很多問題其實普遍出現在各式各樣AI應用的場景，然而自駕車做為交通工具，與人身安全具有直接相關性，因此這些在人工智慧是否可信賴就變得十分關鍵，我想這是技術的發展上我們必須要去關注的。

在制度面上，在此次的《無人載具科技創新實驗條例》的審議中，我也提供了一些想法，包括讓行車紀錄器法制化以利事故的責任釐清、主管機關在實驗單位有重大違法情事得以逕行廢止計畫許可的手段、審查會議中專家學者的比例維持，以及象徵滾動式修法精神的評估會議法制化，以上的條文也很高興能夠得到行政單位與朝野立委的支持，也希望能夠因此讓未來的實驗計畫

更加完善。

　　然而沙盒式的法案僅只是第一步，無人載具對未來的社會衝擊影響深遠，未來也可能牽涉到既有法規的修正、甚至創設專法來規範產業發展或使用規則。因此我才會說智慧交通正式落實在生活周遭的那一天仍有一段距離需要努力，而努力的方向就是參酌接下來實驗的結果，讓法規跟生活習慣可以逐漸的被調適。

　　而在那一天正式來臨之前，我想可以透過本書一窺未來世界可能的樣貌，作者引用了大量的數據資料以及細膩的筆觸，將無人載具能夠為人類社會可能帶來的改變鉅細靡遺的呈現。但並不是一味的宣揚好處、或是不斷的揭露缺點，而是優劣並陳，讓讀者能夠用最全面的方式來理解即將到達眼前的近未來。

　　誠心推薦大家閱讀此書，無論你支持與否，未來不論是人工智慧，或是無人載具的應用，都將會是一種趨勢，在瞬息萬變的科技巨變走近我們之前，可以透過本書做好萬全的準備。

（本文作者為 TEDxTaipei 共同創辦人、立法委員）

推薦序四
自駕車，產業商機與社會衝擊的技術革命

文／丁彥允

　　2017年5月，喜門史塔雷克（7Starlake）把臺灣跟法國EASIMILE合作開發的EZ10無人小巴引進臺灣以來，從台北市信義路公車專用道、高雄亞洲新灣區、彰化高鐵特定區、嘉義故宮南院、雲林台西安西府、臺灣大學水源校區、台南成功大學光復校區，再回到台北101大樓。

　　這輛自駕小巴走過了大半個臺灣，搭載過了臺灣社會各個階層領域對「自動駕駛」充滿好奇與期待的心，希望藉由試乘來親自體驗及了解無人小巴是否能夠成為「最後一哩」接駁的交通運具。更多的是迫不及待希望能了解這輛「聰明的運輸機器人」裡面的科技成分是否能夠連結臺灣現有的產業技術，讓臺灣在這波「人工智慧」的發展下銜接上光速般進展的技術革命浪潮。

　　「無人駕駛」這個議題為何一直占據媒體的主要版面，我想有幾個特點：

1. 自動駕駛社會學

　　自動駕駛即將解構「傳統運輸及交通產業」，就像十七世紀

的資本主義發生在歐洲，解放了土地的生產力，新的動力來源（蒸汽機）提供超越動物百倍以上的動力與方便性、進而帶動了第一波工業革命。

　　無人駕駛雖然尚未大量的走入我們的生活，但是光想像隨叫隨到、沒有司機的服務模式，大家立即紛紛預測哪些行業會因為需求遞減而式微、如果車輛變少了那麼都市的停車場釋放出來後的空間要如何應用？現有的道路空間及都市規畫方式也要重新思考。這個面向衝擊的交通營運及都市計畫、這樣的討論只會跟隨著新科技的發展而增加更多的媒體報導與討論。

2. 自動駕駛應用科學

　　延續上一門學科自動駕駛社會學帶來城市面貌的改變，因為個人的移動（Mobility）變得無比的方便與高效率，在總體車輛減少後，因應智慧移動需求增加所需要的「共享接駁」營運，需要仰賴大量的資料收集分析及運算才能驅動新商業模式的運行。

　　增加的每輛自動駕駛車輛互聯（Vehicles to Vehicles，V2V，車聯網）與交通基礎建設、交通的關聯系統和裝置相互聯結（Vehicles to Infrastructure & Everything, V2X），背後其實需要的是前所未有的大數據（Big Data，海量資料）、物聯網（Internet of Things, IoT，萬物聯網）和超級運算（Super Computing）。

　　光想到這幾個專業詞彙，以臺灣目前占據全球資通訊產業（Information and Communication Technologies, ICT）發展的

領先地位而言，一定是傾注全力，希望能搶占產業先機。

3. 自動駕駛基礎科學

　　「聰明的運輸機器人」自己規畫移動路線、辨識障礙物、加速行駛去載客，到達目的地時精準的停車在你身邊。這個場景要能夠發生所需要的就是「人工智慧」的集成、分析與判斷。

　　人工智慧作為自動駕駛「基礎科學」之一，其實不是這十年內才有的項目，早在第一次世界大戰時期（1912年），盟軍希望研發一種「機器戰犬」，就是一輛裝有輪子的移動鐵盒，在黑暗之中如果感知到敵方的光線即可自動導引移動到光源發出位置，然後引爆自身的炸藥。

　　本書用了將近七成的篇幅，把一百年來機器人發展歷程所需要的各種基礎科學，用科普教育的方式把無人駕駛車的作業系統分為控制工程（Control Engineering）和人工智慧（Artificial Intelligence, AI）研究，控制工程又稱為底層控制，主要在於協調車輛系統，例如煞車、油門及方向盤。

　　人工智慧系統又稱為高階控制，著重於導航及路線規畫。為何這二項工程的統合之後便能夠在近幾年內達到非凡的成就來實現了 Level 3 及限定條件 Level 4 的無人駕駛呢？

　　這要歸功於下列科技有如指數率的成長 CPU 運算能力、感應器科技、通訊頻寬、資料儲存。這四項科技每年隨著摩爾定律（Moore's law）提高大約五成的計算效能但是同時可以減少25%至30%的體積大小，有了這些基礎才能讓人工智慧演算法能夠

分析高解析度複雜影像、處理光達的點雲（point cloud）巨量資料，深度學習軟體依靠自己的改良能力做到「同步定位與地圖建構」（Simultaneous Location and Mapping, SLAM），這套演算法最終能夠持續不斷的調教機器人地圖的精準度，把這個演算法融合電腦視覺資料後即可以使無人空拍機繪製出山川地貌、運用潛水艇就可以畫出海床的地圖。

當人工智慧的演算法可以把導航地圖及路線規畫融合車輛控制系統的那刻起，也開啟了無人駕駛的篇章。

本書內容引領讀者思索，當人工智慧協助我們發展實現「零阻力個人移動」的時候，代表著這項科技也擁有了大量的資料，包含了個人移動習性、城市的車流、人流動態，還有高解析度感知器所記錄下來的乘客特徵等等。不間斷學習的人工智慧軟體自動分析判斷你我的衣著、年齡、性別、生活行為模式。

知道乘客的習性將會主動帶來新的服務、管理、商業與行銷模式，例如利用對城市車流量的分析、搭配人潮的移動就能重新訂定道路的使用價格；提供「對客戶胃口」的建議，帶你去可以拿折扣的餐廳；主動告知乘客在不趕時間的旅程中如果願意跟其他人共乘一輛車就可以為你節省荷包。這一切看似充滿驚喜的新服務與新商業模式即將因為高度人工智慧走入我們生活。

然而從反面思考，擁有了這些資料的部門機構、企業公司也等於掌握了你我的「隱私」，這些資料儲存了我們個人的「獨特性」，甚至可以說代表了我們作為存在的個體、我們的生命，會被機器用來「分析思考」的、被機關掌握的「我們資料」，既可

以增進我們生活的便利，也可以變成監控你我的利器，因此資料隱私如同電車軌道上的人命選擇，是無人駕駛車輛及其背後的人工智慧科技發展過程必須面對和處理的道德難題之一。

人類文明史上每一項科技的重大發明或是社會制度的改變，為何稱是一場「典範轉移」？亦即：一人有得，一人有失。

自動駕駛的高安全性能夠減少95%的車禍發生，也省下大量的通勤運輸時間。車禍減少帶來的正面利益，可聯想的是拯救了上百萬日常交通因為人類駕駛失誤（或甚至犯罪）而可能損失的生命，經濟上也因為交通意外和傷害減少，可減少因為受傷而待在醫院不能工作的損失。

然而正面利益背後，也勢必將面對傳統駕駛體系的司機等人類勞動機會的被剝削，甚至會損失原有的交通支援系統的商業機會，例如平時提供道路救援、急診醫療、車禍律師、保險業務到器官捐贈體系。

這些龐大產業鏈將因為需求降低而遭受衝擊，如同1940年代的「創造性破壞」經濟學理論描述顛覆式科技出現後的產業重新建構過程：科技摧毀了舊產業時、就會誕生下個新產業。無人駕駛的字義比較容易聯想、相關的產業衝擊也應該可以預先準備，但是其背後的人工智慧科技牽涉的龐大關連產業鏈商機和社會系統衝擊，就像是冰山底下的體積難以估計，亟待具有豐富想像力的科學家、社會學家及你我一起來努力！

（本文作者為喜門史塔雷克〔7Starlake〕創辦人）

推薦短語

汽車的智能化與無人化，將能夠挽救許多的人類生命，其中關鍵的賦能科技（enabling technology）就是「人工智慧」。

本書作者在深度學習方面的精闢見解，以及對未來社會因為自動駕駛所帶來的情境描繪，實引人深思，並令人嚮往此科技的未來發展。

——林漢卿（聯華聚能科技股份有限公司總經理）

身為一手促成台灣《無人載具發展創新實驗條例》的立法委員，我非常推薦這本書，對於無人車的介紹非常詳盡，且用淺白還有許多圖片與表格，就算是不熟此領域的讀者，也可以從這本書了解無人車。

——余宛如（立法委員）

前言

　　平凡的車輛即將從我們的生活中退出。多虧了移動機器人的快速進展，自動駕駛車輛已經準備好成為第一波主流應用的自主機器人，讓我們得以託付自己的生命。經過了將近一個世紀的各種失敗，如今有了更快的電腦、更可靠的硬體感應器，以及新一代的人工智慧軟體**深度學習**（deep learning），賦予車輛有如人類般的能力，能夠在無法預測的環境中安然領航。

　　我們寫這本書來說出這場革命的故事，之所以會受到無人駕駛車輛的吸引有兩個原因：首先，我們總會密切注意顛覆人類生活的新科技，而無人駕駛的車輛一定會是我們這一生中所見到最能扭轉局面的新機器；第二個原因比較私人，我們也跟大多數人一樣，每天要在各種天氣狀況下開車一、兩個小時，車上經常載著珍愛的人事物，像是孩子、朋友和寵物，但是如果有可能的話，我們會希望能夠享受這段車輛所帶來的隱私、個人移動的便利，而不必親自坐在方向盤後面。於是，幾年前谷歌（Google）的無人駕駛車輛開始出現實質進展時，我們當然就開始密切注意。

　　在未來十年，無人駕駛車（driverless cars，自動駕駛車／自駕車）將會逐漸取代由真人駕駛的車輛，隨著交通演變成一種自動化、隨叫隨到的服務，結果就是車輛載運人們與貨物在真實

世界移動的模式將會有巨大轉變，無人駕駛車輛將會改變我們對時間與空間的認知、通勤上下班的方式、居住的地方，以及購物的方式。

我們相信許多改變都會是正面的，也相信無人駕駛的車輛將會救人無數；自動交通管理軟體能夠疏導交通壅塞，有助於淨化空氣，家長們再也不必每天花上數小時載著小孩上學、參加各種活動，而且老年人與殘障人士也會獲得全新的移動能力。

每一種顛覆式科技都有黑暗的一面，而無人駕駛車輛也不例外，有上百萬名卡車司機和計程車司機即將失業、公共運輸步入衰退，因為人們都將受到隨叫隨到的無人駕駛座艙無懈可擊的便利性吸引，無論何時何地都能載運任何人上路，而價錢甚至比一張公車票還低。但是，若沒有導入執行嚴格的隱私保護政策，無人駕駛車輛的乘客或許會發現自己得犧牲隱私來換取安全和方便，因為導航無人駕駛車輛的軟體也會記錄並追蹤他們的每一步。

接下來在這本書中，我們會解釋車輛如何轉變成為聰明的運輸機器人，評估無人駕駛車輛對汽車工業將造成什麼衝擊，隨著無人駕駛車輛將日常生活中開車這種討厭又危險的活動，轉變成零阻力的個人移動方式，又會如何影響城市樣貌，同時，我們也會探索讓駕駛自動化的失敗嘗試這將近六十年的歷史，最後還要為讀者清楚而詳細解說，讓現代無人駕駛車輛得以成真的硬體與軟體科技發展。

我們的目標是要讓讀者明白箇中原理，如此才能夠理解即將到來的新世界，未來的無人駕駛車輛將會超越真人駕駛的數量，希望你會喜歡這趟旅程。

致謝

　　這本書經過多年醞釀成形，多虧了我們能夠和許多人進行深具啟發和前瞻的討論，要特別感謝所有用各種方式協助這本書完成的人。

　　我們想要感謝二位長期在自駕車研究領域耕耘的專家：奇點大學（Singularity University）的布萊德‧坦伯頓（Brad Templeton）和普林斯頓大學（Princeton University）的亞蘭‧寇恩豪瑟（Alain Kornhauser），很難找到了解這個題目的獨立研究專家，對於機器人學（robotics）有深入研究並且投入汽車領域，同時又能夠（並且願意）毫無顧忌地分享他們的見解和意見。我們在和布萊德與亞蘭的交流中獲益良多，無論是與他們面對面談話、閱讀他們的部落格，或是經常透過電子郵件討論。

　　我們也應該感謝卡內基美隆大學（Carnegie Mellon University）的國家機器人工程中心（National Robotics Engineering Center，NREC）團隊，尤其是布萊恩‧薩賈克（Brian Zajac），他花了好幾個小時大方地帶我們參觀他們的設施以及所有自動運作的東西。我們要謝謝創立以色列無人駕駛技術公司Mobileye的創辦人亞姆農‧沙書華博士（Dr. Amnon Shashua），願意與我們分享他對機器視覺的見解。

　　無論是現在或者過去參與康乃爾大學（Cornell University）

以及哥倫比亞大學（Columbia University）創意機器研究實驗室的學生，我們都受益於他們研究自動化系統和人工智慧的智慧結晶，特別要感謝傑森・尤辛斯基（Jason Yosinski），他是最早發現深度學習有何價值的人之一，我們謝謝傑森在好幾年前就堅持要我們在實驗室中建構深度學習的軟體應用，如今深度人工神經網絡已經廣受接納。

我們很感激麻省理工學院出版社（MIT Press）團隊的努力與奉獻，特別是瑪莉・拉夫金・李（Marie Lufkin Lee）、麥可・辛姆斯（Michael Sims）以及凱瑟琳・韓斯理（Kathleen Hensley）如此熱誠支援這本書。

最後，若是沒有那些滿懷創意、大膽前進的創新者帶來諸多啟發和靈感，就不可能寫出有關無人駕駛的書籍，包括所有在幕後努力的工程師、發展者、發明者、藝術家和企業家，無論在過去或現在，多虧了有你們，在世界各地的街道、停車場和高速公路都將很快成為更好、更安全的地方。

第一章　機器司機

在不太遠的將來，汽車博物館將會展出二十一世紀早期光鮮亮麗的車輛。就像愛好歷史文物的人會到古蹟建築參訪，彎著身子通過一處細心保存下來的中世紀茅草屋門口，而汽車博物館的訪客也會擠進車子的前座，人們會坐在方向盤後，手指戳著內建衛星導航的螢幕，試試看用腳去踩煞車的感覺，驚嘆著就在不久之前，大家居然還使用這麼不方便又危險的交通方式。

今日的車輛沒有大腦，現代車輛的標準汽車「平台」（platform，意指具有四輪、金屬車身，還有汽油驅動的引擎）和近百年前問世時相比並沒有顯著改變，在此同時，隨著軟體愈來愈聰明、通訊網路愈來愈普及，而愈來愈強大準確的硬體感應器逐年縮小體積、降低價格，讓世界其他產業根基都受到了動搖。多虧近年來機器人科技與人工智慧軟體的進步，非智慧車輛的時代終於即將結束，日常使用的車輛將要進化成為自我導航、行動自如的機器人。

將近一個世紀以來，由人類駕駛的車輛形塑了我們的生活。出現了不用馬匹拉動的車輛後，便重整了城市樣貌，原本的「漫步城市」是窄小彎曲的熱鬧巷弄和住家之間錯落著商店和公共廣場，轉變成整齊的寬闊街道與停車場所組成的「駕駛城市」。車輛給予人們自由，也讓人能夠接觸新的工作與社交機會，車輛讓企業能夠快速將產品運送到全新的市場上。

然而，要得到寶貴的個人移動力卻要付出極大代價，過去近百年來，交通事故奪走了上百萬條人命。雖然車輛讓人們能夠來去自如地到遠地工作，使用車輛也造成一種新惡行的發展，也就

是交通壅塞的郊區。今日，世界各地居住在城市中的人們一如往常獨自開車通勤上班，而物流卡車載運著貨物送到最終目的地，都市的空氣也隨之惡化而成為一片籠罩在霧霾。

地球上大概有十億台由人類駕駛的車輛橫行，我們對車輛的依賴在許多層面上都要付出相當代價，但是對地球上大多數人而言，開車旅行仍然是個人移動的可行方式中最快速、最便宜也最舒服的形式，無論如何，車輛仍然會是現代生活中不可或缺的一部分。

要解決由車輛引起的問題，最好的方法就是讓車輛變得更聰明。如果人類駕駛讓智慧軟體來掌控方向盤，無人駕駛車輛就能讓全世界數十億人享有更安全、更乾淨，甚至是更為方便的交通方式。在接下來十年間，自駕車就將開上街頭，再次重整我們居住的地方，以及我們工作和娛樂的方式。

懷疑嗎？不怪你。到現在已經將近一個世紀，許多專家都預測人類將會敗亡在智慧機器的手中。

到目前為止，這些預測只在十分特定的產業工作中或者僅限於虛擬世界的活動中才實現，例如機械式的機器人手臂能夠完美執行過去由人類勞工做的工作，而在虛擬世界中，人工智慧軟體在玩桌上遊戲、快速做股市交易，或是為複雜的大眾運輸系統規畫最佳路線上，表現都勝過人類所能。

現代軟體在智慧發展上確實推進了不少馬力，高階機器人也能夠執行需要技巧的工作，但是如果要它們管理未固定的機械軀體，又有機械手臂能夠四處移動、與環境互動，即使是最為先進

的人工智慧軟體也會失靈。我們在接下來的章節中會探討幾個原因，造成了如今的活動機器人在肢體上的敏捷與認知能力大概跟蟑螂差不多，或者在狀態比較好的時候堪比蟾蜍。

雖然機器人學家還在努力想打造出可用的活動機器人，要打造出可靠的無人駕駛車輛這種浩大工程，在技術上卻是唾手可得的。要是說到寫程式碼來控制肢體行動，車輛比起其他形式的移動機器人有個非常大的優勢：用輪子滾動比走路或攀爬更簡單。

導引多肢人造生物動作的軟體容量和複雜程度會急遽增加，因為多肢體所能執行的動作與位置形態可能有無限多種；相對之下，車輛的四個輪子、煞車以及方向盤的運作模式就比較容易預測。導航無人駕駛車輛實際運作的軟體所要管理的動作組合相對比較少，像是將車輛方向盤往正確方向轉動以及監控車輛停止與加速。

第二個應該把駕車任務交給自動化機器的原因是，導航一輛車是一個重複且注重反應的活動。只要是人，不管聰明與否都可以拿到駕照，而無人駕駛車輛只需要能夠察覺並立即回應明顯的實體障礙，像是即將到來的坑洞，或是緩慢移動的一群學童，能夠根據清楚的道路與高速公路計畫出路徑，以及遵守相當明白的交通規則。

到了這個地步，懷疑論者會指出事情沒這麼簡單（也沒錯），如果打造無人駕駛車輛就只是設定一架四輪機器遵守道路規則那麼簡單，無人駕駛車早在幾十年前就該普及了。為什麼車輛一直到現在才有辦法自行導航，背後有兩個原因，第一個很實

際：標準很高，車輛是在公共街道上奔馳的兩噸重金屬盒子，如果導航無人車的軟體出了什麼差錯，結果會很難看、造成悲劇。

　　正因人命關天，所以如今最早開始使用自駕車的地方，就算車輛故障了、突然意外偏離軌道，所造成的人員傷亡也非常少，例如在偏遠的澳洲北部，礦業公司使用巨大的自動卡車來搬運碎石；農夫在廣大而無人居住的農田使用自動駕駛的曳引機和聯合收割機；在配貨中心和工廠裏，使用專門的自動化車輛將箱子從房間一頭移動到另一頭；在度假村或機場，會利用 Navia 這種無人車在設定好的軌道上來回接送乘客，時速 24 公里（15 英里）。

　　第二個延遲無人車發展的挑戰就更難對付了，完全就是技術問題。雖然開車的時間有 99% 都讓人心智麻木，覺得無聊又容易預測，但 1% 的時間卻會突然變得刺激，有機生命體仰賴所謂的「簡單」直覺來處理生活中向我們襲來的意外，這些直覺讓人們能夠在尖峰時間的交通中駕車，背後其實隱藏著強大的智能。

　　機器人學家為這種在 1% 的時間中發生的罕見意外，稱為**邊角案例**（corner cases；極端案例），也就是指很難預測但可能會造成災難的罕見情況。到頭來，機器人的人工「直覺」如何有效處理邊角案例就能決定其可靠性，也就能看出實用性。如果機器人的軟體無法處理機器人所碰到的每一個邊角案例，最好的情況就是這機器人並不可靠，而最糟糕的情況則是機器人在執行交付任務時出了嚴重差錯，而造成傷害。

　　駕駛這件事或許大多是重複的工作，但是卻處處都是沒完沒了、可能會致命的邊角案例。導航無人車的軟體必須能夠在一頭

鹿跳上汽車引擎蓋上時，直覺做出反應，或者知道該如何處理拿著噴水瓶積極簇擁過來的乞兒，他們希望把擋風玻璃擦乾淨後，乘客會付錢給他們。雖然經過數十年的努力，汽車工程師和機器人學家還是無法寫出可用的軟體，能夠處理無人駕駛車在路上會遇到的各種無法計數的狀況。

機器人學有一條基本規則：環境愈是單純、容易預測（也就是說邊角案例的數量較少），要建立讓機器人能夠在環境中巡航的軟體就愈簡單。機器人在工業上能夠大量應用，是因為典型的工廠是封閉世界，也就是架構非常有條理的環境，能夠預測到有哪些邊角案例，並由產業工程師小心移除。在封閉世界的環境中，機器人的工作設定是依照一件特定任務而仔細設計，在工業設定中的機器人知道接下來會發生什麼，它們的驅動軟體會導引機器人執行一連串不變的活動，例如沖壓金屬部件、鎖螺絲釘，或者將箱子從一處搬運到另一處。

在工廠的環境裏可以設定一個整齊的封閉世界，但是在現實世界中，街道和高速公路卻是一團混亂、無法預測，不管是誰坐在車輛的方向盤後，必須要處理的不只有沒看過的狀況，還有另一個相關的挑戰也是軟體設計很難處理的：遵照行為準則進行的互動，有些很模糊，也有些只在某種狀況下才會發生，尤其是人工智慧軟體一遇到兩種活動就會跌跤，而這兩者又對安全駕駛至關緊要：複雜的非言語溝通以及在各種不同的情境中能夠持續辨認出相同物體。

駕駛需要和其他駕駛者及行人之間進行複雜的社交溝通，

人類駕駛坐在方向盤後的時候經常會進行非言語的「社交芭蕾」（social ballet），他們會點頭、揮手、與他人眼神交會以宣告意圖，揮手和微笑對人類來說或許是簡單的活動，但是要寫出一套軟體，能夠用來解讀人們的臉部表情與肢體語言並做出適當反應，卻是難如登天。

　　移動式機器人不只對於參與複雜的非言語溝通有困難，由電腦主導的智慧系統在面對非預期事件時也會失靈，這些缺點都是因為感知力不足所造成的，也就是無法理解所見之物並做出相應行動。理想上來說，電腦科學家可以寫一套程式，讓車輛擁有一致而準確的人工覺察力以及理解不同情境的能力，如此就能解決問題，但問題是一直到最近，這樣的軟體尚未存在。自從人工智慧的領域在半個多世紀前創立之後，電腦科學家與機器人學家便努力尋求自動化神秘難測的感知能力，卻徒勞無功。

　　對有機生命體而言，感知力包含了各種不同的技巧，感知力的一個面向是認知，也就是人類或動物能夠「解讀」一個複雜情況的能力，並且知道該如何做出合適反應；感知的另一個面向則與處理視覺資訊有關，生命體擁有非常發達的視覺系統，只要是同一樣物品，即使從不同角度去看、不同光線、與平常不同的情境下也能認得出來。

　　視覺感知包括能夠正確辨識然後依照視覺資訊分類物品，人類能夠直覺做到這件事，通常幾乎能完美達成，但是我們理解所見之物的這種能力卻無法自動化。幾十年來，**機器視覺**（machine vision）領域的研究學者一直努力想設計出能夠快速

並正確「理解」視覺環境的軟體，但都沒有成功。

　　自從機器人發明以來，處理視覺資訊一直是最困難的地方，工業機器人解決這個缺點的辦法，是在黑暗的關燈工廠裏，跌跌撞撞摸索著在封閉世界的環境裏行動，至於工作上會需要用到某種視覺能力的機器人，就會把工作環境設定好，絕對不會要求機器人去分類或者檢視不熟悉的物品。

　　要發展機器視覺軟體的其中一個障礙是電腦運算能力不足，因為處理影像是一項資料密集的活動，最初的機器視覺系統將過程精簡，使用結構分明的方法以一套規則來解析視覺資訊。這些早期的機器視覺系統的運作原理是試圖將所見到的物體，拿來和機器內建小小的已知物體模板庫比對，過程既緩慢、不準確又缺乏彈性。

　　早期的機器視覺軟體其中一個最大的缺陷就是，在面對從未見過的物體或情況時就不可靠了，因此任何用這種軟體導航的機器人（或車輛）只要處在稍微有點陌生的環境中，就算面前是熟悉的物體也會無法辨識。既然能夠正確辨識附近的物體是安全駕駛的關鍵，表現不佳的機器視覺軟體，在這幾十年來拖慢了無人駕駛車輛的發展，不過，近來人工智慧的突破則有可能改變一切。

　　多年來都在人工智慧的學術研究領域邊緣掙扎著，到了2012年，出現了一種新型態的軟體稱為**深度學習**（deep learning），能夠正確地在上千張數位影像中分類出隨機出現的物品，展現出有如人類程度的準確性。雖然能夠在影像中正確分

類隨機出現的物品，聽起來可能不怎麼樣，但是這份能力卻是人工感知（artificial perception；人工知覺，機器感知）的基礎，只要能夠正確辨識出某樣物品，就能「交辦」給其他類型的人工智慧軟體，可以做到傳統上軟體最擅長的工作：利用統計推理或者有邏輯、有規則根據的方法推斷出最佳回應。

深度學習軟體能夠這麼有效應用在無人駕駛車輛上，其中一個原因便是這種軟體很適合用在未經安排的環境，例如開放道路上。深度學習屬於人工智慧軟體中一個稱做**機器學習**（machine learning）的類別，打破了軟體要由人類工程師設計的傳統。與其試圖建造出這個世界的模型並利用正常的邏輯與規則來理解，機器學習軟體「受訓練」來完成工作的方法則是接收大量**訓練資料**（training data），例如要為無人駕駛車輛發展出深度學習軟體，工程師會每天「餵」軟體程式好幾GB（gigabyte，十億位元組／吉位元組）的原始視覺資料，這些資料都是靠著在車上架攝影機四處跑而蒐集來的。

深度學習軟體是靠看著這個世界而「學習」，因此而具備另一個重要的優勢：不受規則限制。就像人類嬰兒學習辨識物體是根據物體獨有、具辨識性的特色，深度學習軟體也是根據視覺特色（visual features）來分類物體。使用傳統以規則規範的方法來辨識的軟體，如果影像上是一隻貓騎著腳踏車就會因混亂而失靈，而深度學習軟體會把焦點放在貓外表具辨識性的視覺特色，或許是尖尖的耳朵和尾巴，然後很快（並正確）推測出雖然這隻貓出現在異常的情境中，但仍然是貓。

　　深度學習已經改變了人工感知的研究，並且非常成功應用在語音辨識和其他活動上，這些工作都需要軟體能夠處理以怪異而不完美方式出現的資訊。過去幾年來，為了鑽研深度學習，汽車公司的整個研發部門都遷移到了矽谷，像是谷歌和百度這樣的軟體巨擘拜深度學習所賜，已經具備能夠處理大量資料、建置智慧軟體的專業，逼得曾經無堅不摧的汽車大廠必須迎頭趕上。

　　深度學習對人工智慧社群帶來非常革命性的影響，就連我們寫作這本書的時候依然餘波盪漾，在未來也有可能繼續下去。汽車不會是唯一被深度學習改變的科技，我們預測深度學習將會改變大多數移動式機器人的發展軌跡。當機器人能夠倚靠視覺來理解身邊的環境，人工生命體的發展路徑也會近似於五億多年前有機生命體曾踏上的那條路。

　　化石證據指出，大約在寒武紀之前，所有生命體都是看不見的，而在大概五億年前進入寒武紀之後，原本幾近眼盲的有機體「眼睛」只是由原始的感光細胞團組成，突然間卻神秘地進化成複雜的新視覺系統。一旦這些簡單的有機體看得見之後，便同時進化出複雜的肢體形狀，能夠快速反應並行動；而既然新得了肢體能力，也就需要發展出更大的大腦才能監督這些新肢體和鰭肢的協同動作。具備了視覺系統、可快速反應的身體，還有更大的大腦，曾經只是一團細胞的生命體進化成各種不同的複雜生物，爬出了原始的泥沼，適應環境而在陸地上尋得一塊屬於自己的棲地而蓬勃發展。

　　關於寒武紀大爆發，也就是在這段時期生物突然出現快速進

化，有個有趣的假說稱為**光開關理論**（Light Switch Theory），提出這個理論的是安德魯·派克（Andrew Parker），他認為演化出眼睛在生物之間引發一場演化軍備競賽，而那些視力最好的便最有機會生存下來。[1]或許光開關理論也適用於機器人。

　　當曾經眼盲的機器獲得了感知的能力，它們也會跳脫原始的限制，不再像如今徘徊於井井有條而不見光明的工業環境中。強大的機器視覺能夠讓機器人使用新的肢體構造，像是輪子、肢體或履帶，讓它們行動更敏捷；為了引導複雜的新機器「肢體」，機器大腦也隨之增大，我們將會目睹一場機器人的寒武紀大爆發，隨著看得見的機器人學會了新技能，並找到能發揮功能的生產新棲地，而發展出各種不同的形式與功能。

進展到無人駕駛階段

　　一群熱帶魚看起來賞心悅目，牠們顏色斑斕的身體在水中列隊穿梭，彼此間維持著適當距離，這一大群十幾隻魚可以在一秒間就扭身變換方向，移動間沒有絲毫差錯，彷彿一體。如果在魚群行進路徑上突然出現障礙，單一隻魚會繞過障礙再快速回到原本的列隊當中，魚兒永遠不會撞到另外一隻魚，也從來不會撞上海洋突然丟到牠們路線中的物體，像是枝條、岩石或珊瑚礁。

　　在理想的未來，我們的街道和高速公路上將排著閃閃發亮的無人車，一輛輛列成緊密的隊伍，這些無人車就會像魚群一樣展現出非比尋常的防碰撞能力，聰明而直覺地穿梭在滿是行人的都市街道上，並且在長長又空蕩的公路上優雅排出省油的隊形，有幾輛車上會載著一、兩個乘客，其他則是空的，準備去送披薩或者到幼兒園接小孩。

　　我們要如何從今日這樣由人類主導的笨拙交通列隊，進展到理想的未來，讓各種形狀大小的無人車順暢安全地在馬路上通行呢？1926 年出版海明威（Ernest Hemingway）的小說《太陽依舊升起》（*The Sun Also Rises*）當中，有個角色比爾問另一個人麥克說：「你是怎麼破產的？」麥克回答：「兩個方法，慢慢地，還有突然就這樣了。」

　　這項科技會突然發展起來。到目前，大部分閱讀這本書的讀者應該都很熟悉摩爾定律（Moore's Law），摩爾定律觀察到隨

著電腦晶片的能力以指數率增長，晶片的價格和體積也會相應以接近的比率降低。根據摩爾定律，有助於無人車發展的科技，包括感應器、大量資料（lots of data），以及能夠處理這一切的運算能力，將會變得更可靠、更強大、更便宜。

　　雖然無人駕駛車輛的實際結構各有不同，但大部分都會用到多個數位鏡頭、雷達感應器、雷射雷達裝置（或稱光達〔LiDAR〕），能夠「看見」往哪個方向去（第九章會對這些相關科技有深度探討）。數位車輛都配備**全球定位系統**（Global Positioning System, GPS），以及另一種定位裝置叫做**慣性測量單元**（Inertial Measurement Unit, IMU），能夠補足GPS不夠準確的缺陷；還有一台車上電腦能夠接收從感應器及GPS傳來的資訊，將資料整合到高解析度的數位地圖，地圖上還包括了交叉路口和紅綠燈的資訊，並處理這一切資料建構出車外的世界數位模型，稱為**占據式格點地圖**（occupancy grid，另譯為占據柵格）。

　　無人駕駛車輛的科技已趨成熟，特斯拉（Tesla）執行長伊隆·馬斯克（Elon Musk）相當支持全自駕車，是這樣總結情況的：「這個問題比人們想的要簡單多了……但這不是給一個人三個月就能解決的問題，比較像是幾千人要忙兩年的問題。」[2]雖然科技或許就快準備好了，圍繞著這項科技的社會卻可能還沒。

　　有好幾個社會因素都會延遲無人駕駛車輛上路的時間，有項課題是軟體開發者不得不學習的，也就是**人的問題**（people problem）。每當新的軟體程式要進入一個組織的時候，採用該軟體的最大障礙通常都不是科技的表現如何，事實上，整個組織

的文化與工作流程都是按照先前的軟體產品而建立起來的，因此要改變人們的工作習慣會激起反抗。如果工作流程改變，有些人的專業可能無用武之地，其他人也必須要重新思考如何把工作做好等等。人的問題經常是藏在表面底下的冰山，可能會讓一個組織無法順利採用新科技，也就無法替組織省下時間與金錢並促進生產力。

對於要使用無人駕駛車輛，人的問題有個面向或許是來自消費者的抗拒，但我們並不這麼認為。雖然汽車公司的執行長們依然固執堅持說人們喜愛駕駛的經驗，並且還會一直喜歡下去，我們卻相信消費者的接受度不會是障礙。由安侯建業會計師事務所（KPMG）所做的研究發現，許多消費者很樂意搭乘無人駕駛車，只要科技成熟並且對他們的人身安全不會造成威脅，而當研究者詢問人們有沒有可能在日常生活中乘坐自駕車，從一至十分來打分數，結果焦點團體的受訪者意願評分在滿分十分中，平均有六分；如果無人駕駛車能夠減少50%的乘車時間，並且在保證時間內將他們送到目的地，受訪者的意願更會上升到將近八分。[3]

波士頓顧問公司（Boston Consulting Group, BCG）進行的研究也顯示出類似的期待，一項針對超過1,500名美國駕駛人的調查發現，有55%的受訪者說他們可能或者非常可能在五年內購買部分自動化車輛，而有44%說他們很有可能在十年內購買全自駕車，只要市場上推出就會買。[4]報告中預測第一輛自駕車將會在2025年上市，到了2035年，大約有10%賣出的新車都

會是完全自動駕駛，代表全球市值有380億美元。

　　平均而言，愈是年輕的消費者，對無人駕駛車就更期待。哈里斯民意調查（Harris Poll）做了一份針對四個年齡層的調查，包括千禧世代（18至37歲）、X世代（38至49歲）、嬰兒潮世代（50至68歲），以及銀髮世代（69歲以上），詢問他們對自駕車的態度[5]，結果「銀髮世代」中有超過一半的人相當激動回答：「我絕對不會考慮購買或是租用自駕車。」相對於千禧世代則只有20%這麼說。受訪的千禧世代中有將近25%說，只要他們相信錯誤（bug）都已經去除，而且價格也下降到合理範圍，他們就會購買自駕車。我們認為，一旦能夠證明車輛自動駕駛比較由人類駕駛會更安全，採用率還會更高。

　　比較年輕的駕駛就是對駕車比較沒興趣，而且不同於祖父母輩，他們很樂意將方向盤交給機器人。我們觀賞過2014年一場自駕車研討會上的談話，一名JD Powers顧問公司經理描述他們公司在研究對於車輛及駕駛態度時，觀察到了一場世代差異。[6]有些人將不滿30歲的人稱為Y世代，他們認為花在開車的時間是一股阻力，是一段逼著他們遠離社群媒體和網路的停滯時間。這位經理總結這樣的情況說：「這些年輕人，這些Y世代……似乎比較不認同把駕駛當成某段我們應該珍惜的時光……他們希望能把那段時間用來做一些對他們個人而言比較有用的事。」

　　還有一個有關人的問題會明顯拖延無人駕駛車輛廣泛應用，那就是美國政府的監督和立法，尤其是各州與聯邦政府的交通法規、法律責任歸屬，以及保險理賠涵蓋範圍。到目前為止，無

人車發展背後最重要的助力是來自於產業，政府對自駕車的監督起步比較晚，但是在2016年，美國運輸部（US Department of Transportation，USDOT，相當於交通部）開始顯露出準備接納無人車潛在好處的態度，宣布他們計畫要指導美國各州的美國車輛管理局（Department of Motor Vehicles）立法管理無人車。在寫作這本書的時候，美國加州、內華達州、佛州及密西根州等四州都發出官方的自駕車執照，而有幾個州也在考慮跟進。

　　無人車執照是一個好的開始，但是還需要更多人大量投入研究與探討該如何立法監督。理想上，最高層級的政府應該採取主動，而非遇事才反應的態度，例如法律專家必須檢視、可能還要修補法律的責任歸屬認定，好釐清在無人駕駛車輛意外中究竟是誰該負責，汽車保險也需要有類似的重新建置。立法者必須決定在完全沒有人類駕駛的情況下，安全要到什麼程度才算是夠安全。雖然這些管理問題完全是可以解決的，但只要一天沒解決，人類駕駛的車輛就會一直揮舞著可怕的鐮刀，造成人命的消逝、時間的浪費，還有汙染燃油的燃燒。

　　隨著無人駕駛車科技成熟，而人的問題依然揮之不去，延遲所要付出的代價可以直接對應到失去的人命數字上。根據世界衛生組織的報告，在全世界15至29歲的年齡層中，車禍是最主要的死因，而且也是所有年齡層主要死因的第二名。這些交通悲劇中大部分都不是車輛故障所引起的，而是可預防的人為錯誤，也稱為4D：酒醉（drunk）、吸毒（drugged）、疲勞（drowsy）、分心（distracted）駕駛。

　　只要人類還坐在方向盤後，車禍所造成的死亡人數就有可能再增加。崛起的經濟體人民迫切要成為擁車一族，這些開發中國家像是中國、印度、巴西和俄羅斯，路上的汽車愈來愈多，受傷和死亡的人數也會愈來愈多。另一個危險之處，便是分心的駕駛人也逐漸增加：在2013年，光是美國就有42.4萬人在分心駕駛造成的車禍中受傷，與2011年相較，幾乎增加了10%。[7]

最致命疾病的解藥

關於汽車有個特別諷刺的地方：儘管自從汽車發明以來便已奪去百萬條人命，我們社會卻對其造成的死亡人數視而不見，又或許是快快接受。每一年，汽車在世界各地殺死約120萬人[8]，更具體一點比較，一年就有120萬人的死亡率，相當於每年都有十個在廣島投下的原子彈爆炸造成的悲劇。

汽車的致死率堪比戰爭、暴力，還有毒品。每年因兇殺、自殺和戰爭死亡的人數大概是1.6人[9]，而估計有18.3萬人的死亡與毒品有關。[10]雖然全球因可預防的車禍死亡率如此高，美國聯邦政府也未投入預算發起「對汽車開戰」，或者呼籲要禁止人們開車，在又一起嚴重的公路連環車禍後，數十個人被送進醫院，但這樣的經歷也很少激起大眾對汽車公司的怒火。

如果有辦法能夠減少每年因車禍而死亡的人數呢？如果真有這樣的辦法，美國的聯邦、州立和市政府會團結起來盡力推廣，減少車禍死亡的人數會成為政府的第一要務，還能得到大眾輿論支持。支持這套解決方法的人會舉辦募款餐會，發放徽章來宣傳這件議題最容易辨認的象徵符號，就像乳癌研究會用粉紅緞帶為代表，美國聯邦機構慷慨投資大學做相關研究。

事實是這樣的辦法確實存在，也就是將人類駕駛從這條算式中移除，改用智慧軟體和感應器取代。如果我們的社會能團結起來讓無人車的發展成為我們下一波的文化「阿波羅時刻」（Apollo moment，這是指阿波羅太空計畫時的社會氛圍，為了登陸月球而帶來的各種科技進展與文化啟迪，都讓許多美國人滿懷夢想與希望），就能拯救上百萬條性命。由伊諾交通中心（Eno Center for Transportation）所做的研究估計，光只是在美國，如果路上的車輛有90%都是自駕車，因駕駛而造成的死亡人數會從一年3.24萬人降到1.13萬人。[11]

不過，其實用機器來取代人類駕駛，也不能解決一切問題，要是到了這個階段還不提起這點就太不負責任了，人類或許就是會找到新的方法來作怪。有些分析家指出，雖然自駕車有安全性的好處，卻也有新風險，例如駭客入侵，乘客也會因為感覺安全而承受新的風險，比方說不繫安全帶或者在自駕車的前後排鑽來鑽去玩耍。[12]

但是就算可能讓人類出現過去沒有過的糟糕判斷，無人車還是會讓道路駕駛更為安全，不過安全因素還不是故事的全貌，如果人們的個人交通方式可以更安全、更方便，就有了新的機會，能夠選擇自己的住處、工作和玩樂。無人駕駛車的運行效率更高，因此也能減少交通堵塞以及隨之而來的空氣汙染。

不必再承受討厭的通勤問題，會是無人駕駛車一個直接的好處，另一個好處則是有更多人能夠享有便利的個人移動性。根據美國運輸部的資料，每天都會有586名年長駕駛在車禍中受傷[13]，但不幸的是，一個人通常都會一直開車開到老得沒辦法了為止，畢竟生活品質跟個人移動性息息相關，而無人駕駛車能夠讓老年人以及視障人士，或是其他身體狀況不允許開車的人能夠自己來往世界各地。

七項延遲的迷思

　　無法積極接納無人駕駛車輛的代價可以用人命、時間、汙染和失去的機會來計算，但並不是每個人都相信無人車有其價值。我們在寫這本書的時候，發現有幾篇錯誤資訊仍固執地廣為流傳，並且被無人車的對手拿來做為論點，反對對使用無人車有利的政策。我們將這些錯誤資訊去蕪存菁後整理成七項迷思：

迷思一：現在已經有輔助駕駛科技，慢慢就會進化成自動駕駛科技

　　有些人相信過渡到自駕車的發展會分成幾個階段發生，慢慢擴展輔助駕駛的特性，像是主動車距控制巡航系統以及車道維持技術。事實上，階段性的進展不只在技術上有困難，而且這樣的過渡也不安全。研究顯示當人類和機器共享方向盤的時候，人類就不再投入專注力，一旦突然發生緊急狀況而必須接管方向盤的時候就沒辦法做到。完全自動化駕駛的科技也並非由今日的輔助駕駛科技衍生而來，而是完全不同的發展區塊。

迷思二：科技的進展是線性的

　　在預測無人駕駛車輛科技何時會成熟時，有些人認為過去十

年來機器人科技的發展有多快，在未來也會保持相同步調。其實無人車的發展會進步得更為快速，因為所採用的驅動科技表現與價格都遵循著摩爾定律的軌跡，所以隨著零組件的價格降低，無人車的表現也就會繼續快速進步。另外一個推動無人車加速發展的動力是**車隊學習**（fleet learning），車輛將駕駛「經驗」轉化成資料共存後，每一輛車都能得益於所有其他車輛綜合起來的經驗，不出幾年，導航無人車的運作系統就能累積成相當於一千人次的駕駛經驗。

迷思三：大眾不想要

汽車大廠的廣告部門喜歡告訴我們說人們喜愛開車，事實上大多數人的駕駛經驗都是每天在車上度過討厭的幾小時，開車去上班或者辦些無聊的小事，在擁擠的道路上緩步前進，很多人都很希望能夠把花在開車的時間拿去交換做其他事情。一旦科技成熟，無人駕駛車輛能夠安全上路，消費者會來搶購。

迷思四：無人駕駛車輛需要大量投資在基礎建設上

導航無人車的軟體仰賴清楚的道路標線，但除此之外，無人車並不需要特別的基礎建設。會有這樣的錯誤認知，其中一個原因，可能是幾十年來美國運輸部都將資源挹注在推廣他們所開發的**互聯汽車**（connected car），汽車及道路旁的基礎建設都要配

備昂貴的無線傳輸器來分享資料，不過這麼做不只效率不佳又所費不貲。相較之下，無人駕駛車輛會使用機器人的機器視覺科技及內建的數位地圖資料，把智慧電腦放在車輛中，而非道路中。事實上，無人車因為不需要路牌和紅綠燈，所需要的基礎建設投資更少。

迷思五：無人駕駛車代表著道德的兩難

無人駕駛車輛的道德標準並不比人類高或低，有些人認為無人車的道德困境肇因於，導航車輛的智慧軟體在某個程度上會衡量人類與動物生命的價值，好在可能發生的意外中決定車輛該如何反應，想來就令人不安。不管是什麼原因，我們人類都希望在撞擊前的那幾秒鐘，快速並簡單做出成本效益分析的是人類，而非機器。但是，在面對瞬間決斷的駕駛決策時，人類駕駛已經直覺在計算「他們可以殺誰」，而保險公司也已經量化出在發生問題時，人命的許多面向各值多少。

迷思六：無人駕駛車輛必須擁有近乎完美的駕駛紀錄才算夠安全

無人駕駛車輛只要擁有超越人類駕駛平均的安全紀錄，就會開始顯現出好處。平均而言，人類每駕駛約32萬公里（20萬英里）就會出現一次非致命性的碰撞，既然許多人或許會對所謂

「陌生」的智慧心存懷疑，而且大多數人都相信自己的駕駛表現超過均標，我們相信只要車輛能夠表現出超過人類駕駛兩倍的安全性，就應該能夠獨力上路，或者載運著一個忙碌或睡著的乘客，這個安全係數為2.0，也就是「碰撞間的平均距離」達到64萬公里。

迷思七：現在就採用無人駕駛車輛太突然了

有些人喜歡問無人駕駛車在哪一「年」就會占領道路，就實際情況來看，無人車的使用曲線會逐步增加。自駕車會先在封閉式區域中使用，像是渡假村、大學校園和封閉的市中心，無人駕駛車則會漸漸占領公共道路，隨著老舊的人類駕駛車輛逐步退役，每年增加幾個百分點。

時間點

　　無人駕駛車輛的採用時間軸並非呈現簡單、線性的地圖，要過渡到無人駕駛車輛的世界會是慢慢發生的，無法說出車輛會在特定的哪一年能夠無人駕駛，原因有二，一是因為無人車在某些環境和國家中會比較早開始運作，二則是因為汽車公司目前正在推廣階段式自動化的方法，如果他們成功了，人類或許只會在部分時間中駕駛，也就無法認定一個確切的轉變時間點。

　　一開始，自駕車會先出現在特殊環境中，然後才會開上主要道路，像是礦坑及農田中都已經在使用自駕車，貨運卡車也可能會在早期採用自駕車。

　　剛開始使用無人車會很謹慎，像是低速的接駁車，緩速在封閉、整齊的環境中行駛，例如機場或渡假村。在英國的米爾頓凱恩斯鎮（Milton Keynes）上，就在測試一種兩人座的電動自駕計程車艙，可以在人行道和步道上載運乘客。隨著時間過去，這些無人駕駛的接駁車表現良好且證明也安全無虞，行駛的速度和範圍就會逐漸擴大。我們預計谷歌第一台賣出的無人駕駛車輛，並不會是賣給用來日常駕駛的消費者，比較有可能是賣給企業或一些地方自治區做為輔助式交通方式。到了某個時間點就會默默出現越界情況，自動駕駛的接駁車會冒險開出封閉區域，跑到城市的高速公路上。

　　過渡到無人駕駛車輛的另一個面向是地點，也就是說第一輛

用來日常駕駛的無人車會出現在哪裏。有些國家會比其他國家更早開始使用無人駕駛車，而在國家內，某些州或省也會比其他地方更早同意讓無人車合法。

一個定義「完全」（completion）的方法是堅持只有在路上車輛百分之百都是自動駕駛、百分之百的開車時間都是自動駕駛，才能稱為達到完全自動化，如果是這樣定義的自動化就表示要達成完全自動化可能得花一個世紀那麼久，而因為無人車的採納方式有好幾種，對於時間點便很難達成共識。

採用的時間點之所以會有這麼多不同，部分原因是基於現實考量，畢竟汽車必須符合嚴格的安全及排放標準，而要採用新的汽車科技總是會比其他應用的科技更慢一點。另外，汽車很昂貴，所以人們會使用許多年，人們購買及淘汰汽車的速度會比智慧手機還慢，因此要從人類駕駛的車輛過渡到無人駕駛車輛將會花上幾十年。

普遍說來，汽車公司與交通部官員的看法比較長遠，預估無人駕駛車大概會在2025年之後成為公共道路上的主要交通工具。根據汽車市場研究機構IHS（現為IHS Markit）的報告，自動駕駛汽車的銷售在2025年左右開始[14]，IHS分析師估計到了2035年，賣出的新車中約有10%是自駕車，每年總共是1,180萬輛車。2050年之後，IHS預測幾乎所有賣出的新車都會是自駕車。

汽車公司通常都希望能夠階段性、慢慢轉換到自主駕駛（autonomous driving）的方式，這個因素也讓我們無法確切指

出採用無人駕駛車（driverless car）的時間。汽車公司為了促銷駕駛輔助科技會發出新聞稿，標題通常會這麼宣布：「某公司即將於2020年推出無人駕駛車款。」但是細看之後會發現，某公司口中的車款其實只是能夠讓車輛自行導航完成特定任務，例如在控制條件下自動停車，或者是某種綜合定速巡航與車道維持的厲害功能。

科技公司對於車輛何時能夠在所有環境下都完全自動駕駛就樂觀多了，谷歌和特斯拉都很肯定自己的觀點，認為未來的駕駛人將完全仰賴自駕車，只是確切的時間與細節仍有待商榷。2014年10月，特斯拉的伊隆‧馬斯克告訴彭博電視台（Bloomberg Television）：「五、六年後，我們就能夠達成真正的自動駕駛，你可以真的坐進車裏、睡一覺，醒來就到達目的地。」但他也提醒：「在那之後還要再花兩、三年，法規才會允許。」

分析師陶德‧利特曼（Tod Litman）預測，若是沒有美國聯邦法令來加速採納無人車，其使用就會依循著採用自動排檔的模式，這個過程花費了將近50年。根據利特曼估算，就算無人駕駛車輛在2020年就合法，也要花幾十年才能上路，他預估到了2050年，無人車大概會占新車銷售的80%至100%，但是在路上的車輛有40%至60%仍然會由人類駕駛。[15]

就算無人駕駛車輛明天就上市，要翻轉全球人類駕駛車輛的數量仍然不容易。在美國的道路上大概有2.5億輛車在行駛，分析師稱這個團體為「活動停車場」（actitve car park）[16]，每年在

活動停車場上有1,300萬至1,400萬輛車退役，然後送進廢棄場中。即使有可能馬上買到經過檢驗又合法的自駕車，因為現代的汽車平均使用壽命為十至十五年，所以也要花上將近二十年才能把所有老舊、由人類駕駛的汽車從路上移走。

不管最後誰的預測準確，有一件事情很清楚，要轉換到完全自動駕駛的汽車必須花上幾十年才能完成。雖然還需要釐清由誰駕駛什麼、何時何地等細節，在未來幾十年中，人類和機器將共享道路。

在接下來的章節中，我們會從幾個角度來探討無人車，並同時戳破阻礙其發展的迷思，我們要規畫出城市的新風貌，將停車場改建為友善空間，通勤也不再讓人苦不堪言；同時我們深入研究讓現代無人駕駛車輛得以「看見」（see）、「反應」（react）與「思考」（think）的機器科技，討論汽車、媒體及零售產業將會發生什麼變化；還要一窺過去我們如何努力讓車輛不再需要人類駕駛這段長久豐富的歷史，最後造就了今日的自駕車，這是人工智慧與機器學習等領域幾十年來學術研究的成果。

第二章　無人駕駛的世界

如果在全世界道路上肆虐的十幾億輛車都神奇轉變成可靠的無人駕駛車，你首先會注意到的是安靜，畢竟呼嘯而過的警報聲和刺耳的汽車喇叭聲，只有人類坐在方向盤後的時候才有效。街道上擠滿著像是高爾夫球車的小車，有些裏頭載著一、兩個乘客，有些則完全是空的，時不時會出現一輛休旅車大小的車隆隆駛過，或許是一座由電腦控制、設備齊全的移動辦公室，非常偶爾才會出現一輛有人類駕駛的車，其他車輛接到警告，知道附近有一輛由生物控制方向盤的車，便會謹慎應對，給予人類駕駛的車輛更多空間。

你在手機上按個鍵就能叫計程車，幾分鐘後一輛無人駕駛艙靜靜停靠在你身邊，因為你同意共乘，你的車艙內已經有了一、兩位跟你順路的乘客，這點小小的不悅感，最後可以減少你的計程車費。

車艙的內部就像電梯內裝一樣只有骨架，以實用為主，鋪著堅硬、容易清理的表面，能移動的部分很少。無人駕駛計程車的地板就像是尖峰時段過後飽受摧殘的老舊地鐵車廂，散落著食物包裝紙和菸屁股，計程車座位底下黏著嚼過的口香糖，還被路人畫上塗鴉，計程車的保全監視鏡頭並沒有錄到是誰亂丟垃圾、破壞物品，因為一整天鏡頭上都蓋著一頂便宜的聚酯纖維毛帽而看不見。

在這個新時代裏，過去可以隱匿身分搭乘計程車，乘客付現給人類駕駛，已經是古老過往中低科技的遺跡。在你跳進計程車艙的那一刻，車艙就已經知道你是誰，因為你同意身分辨識，車

圖 2.1 ➤ 客製化移動辦公室車艙（概念圖）
資料來源：由 IDEO 提供

艙很快檢視過你的線上瀏覽及購物紀錄、最近去過哪裏，並提醒你在到達目的地這一路上會經過兩家你最喜歡的店家。

　　除了車艙內的行銷娛樂系統喋喋不休有點惱人之外，這趟搭乘還算輕鬆、公事公辦，就好像在搭地鐵一樣，其他車艙乘客也會避免眼神交會，也沒有要跟人類駕駛閒聊的壓力，而因為你信任車艙的軟體會載著你抄捷徑到達目的地，也就不必疑神疑鬼地在自己手機上比較地圖路線。

　　在你到達目的地後，車費便自動從你帳戶中扣除，沒有駕駛也就不必給小費，因為你跟其他人共乘車艙並忍受了一連串廣告轟炸，這趟車費還可以更便宜。這趟車程並不是特別乾淨或舒服，畢竟計程車的內裝設計以實用為主，但很自在，就像搭電梯一樣，這趟計程車之旅毫無阻力。

零阻力的個人移動性

　　無人駕駛車其中一個最大的未知數就是對交通壅塞的影響以及伴隨而來的壞處，樂觀的情況是，無人駕駛車將會增進都市交通系統的效率，因而減少私人擁有車輛的數量，就能降低壅塞，進而減少城市與交通相關的碳足跡；另外一個對環境沒那麼友善的情況是，隨著人們擁抱零阻力移動所帶來的便利，無人駕駛車最後其實每年平均會累積更多里程數，留下更大量的碳足跡（carbon footprint）。

　　便利性可以是把雙刃劍，人們想要方便的東西就像鐵受磁鐵吸引一樣，但是有時候便利也是有代價的，會帶來意外而負面的結果。

　　無人駕駛車能帶來零阻力的個人移動性，或許可以解決汽車科技已經給我們帶來最糟糕的過量問題，又或者，零阻力的個人移動性帶著看不見的成本，可能會讓人們隨意搭車出門，結果讓里程數不斷累積。新科技本應帶來好處，結果卻因為使用量增加而造成未能預見的損失，經濟學家稱之為**反彈效應**（rebound effect）。

　　目前還不清楚無人車是否會對交通造成反彈效應，而增加人們每年搭車的里程數，進一步則會增加路上的車輛數。有些研究結果描繪出樂觀的未來，認為幾十年內，城市街道上的車輛就會減少許多。國際交通運輸論壇（International Transport

Forum）是專門討論交通政策的智庫組織，成員路易斯‧馬丁尼茲（Luis Martinez）在接受《經濟學人》（*Economist*）訪問時預測，未來在城市中成隊的自駕車，將會取代所有大眾交通工具，包括計程車和公車，讓人們更便於移動，但車輛會大幅減少。[1]

　　為了驗證這個理論，國際交通運輸論壇的研究學者建立起一套代理人基模型（agent-based model, ABM，以電腦程式〔模型〕模擬代理人之間長時間互動的結果），模擬一座中等歐洲城市的日常交通模式，利用先前的交通調查中累積了好幾年的實際資料，根據學者估算，如果城市居民利用共享的自動駕駛計程車隊服務，而非私人擁車與大眾運輸，城市道路上的車輛數量可以減少90%。[2]雖然自動駕駛計程車隊可以大量減少街道上的車輛數量，模擬中也預測出每輛車行駛的里程數加總起來會稍微增加，因為自駕計程車會更頻繁來回行駛好接送乘客。

　　密西根大學交通運輸研究所（University of Michigan Transportation Research Institute, UMTRI）的一份報告也支持上述發現，報告中的結論說自駕車將減少美國私人擁有車輛的數量，從平均每戶略超過兩輛降到每戶一輛。[3]根據這份報告，一戶有可能只擁有一輛車，是因為自駕車在送一位家庭成員上班之後會使用「返家」模式，這樣其他家庭成員就可以使用這輛家庭自駕車，搭車去辦事或參與活動。

　　但是有個陷阱。雖然家用的無人駕駛車可以很有效率地來回接送家庭成員，事實是用一輛車來負荷更多人，會造成更高的車

輛里程數。儘管在未來的家庭平均會擁有的車輛或許比較少，其餘的無人駕駛車輛使用頻率會高出75%，平均每輛車會累積每年32,840公里（20,406英里）的年里程數。這項發現的好處是，就算單一輛無人車平均會多累積75%的里程數，整個家庭的里程數總和還是會比使用兩台人類駕駛車輛低。

讓單一輛無人車來載運整個家庭有個潛在的風險，那就是每輛車里程數的增加會比預測的75%還多，要讓交通運輸更有效率卻帶來意想不到的負面結果，那就是無人車行駛的距離可能比人類駕駛車輛更長得多。當然，招一輛無人車來接送你實在很方便，不過，這也表示招來的車可能要行駛兩倍的路程。

理想上，閒置的自駕車會避開交通要道，找一個安全的地方停放等待下一次叫車，不過，如果那處安全的地方距離好幾公里遠，車輛就必須來回長程行駛，而非就近停放，里程數會增加，而浪費的路程則會讓塞車與空汙更嚴重。

如果獲得更方便的個人移動性會大量增加人們每年旅行的路程，無人車就會對環境造成重大影響。現今交通運輸已是空氣汙染最大的來源，光是在美國，汽車與卡車排放的廢氣就占了每年人類活動排放溫室氣體的29%。[4]如果無人車會增加每人每年行駛的里程數，那麼在發展中國家裏人口密集的「超級城市」（megacity）所受到的衝擊將特別嚴重。

美國和汽車已經有將近百年的關係，而其他國家也熱切地追趕上來，中國正追隨著美國的腳步發展屬於自己的汽車文化，隨著新富中產階級的人數愈來愈多，他們擁抱開車出門的便利性，

而像是北京和鄭州等大城市，就得忍受壯觀的八線道塞車以及愈來愈糟的霧霾。

　　現在中國的人車比率還是比美國、歐洲低，在中國每一千人擁有85輛車，而美國則是797輛[5]，但是中國汽車產業製造及銷售新車的速度卻持續攀升，自2013年起每年增加7%[6]，或許中國能夠早一點採用無人車，而不是更晚，其汽車文化還能夠躲過某些最糟糕的車輛過多問題。為了制伏交通這頭惡獸，中國搜尋引擎公司百度（Baidu，有些人稱之為「中國谷歌」〔Google of China〕）宣布將和BMW合作，發展熟悉中國道路的自駕車。

　　不管是開發中或已開發國家，交通壅塞都是空氣汙染的主因，在美國的通勤族塞在車陣中龜速前進，怠速的汽車每年會耗費29億加侖的汽油。[7]無人車的行駛速率或許較高，製造的空氣汙染較少，也有可能使用無人車會讓人們每年累積愈來愈多里程數，進一步降低空氣品質，還讓都市的交通壅塞愈來愈糟。

　　增加每年的總行駛里程數還對環境有另一個影響，那就是無人車的使用年限變短，汽車的壽命要看里程表來決定，《消費者報告》雜誌（Consumer Reports）指出，今日一台自用車的壽命應該可以達到約24萬公里（15萬英里），也就是說平均在八年使用年間，車輛每年會行駛約30,000公里（18,750英里），比較起來，因為紐約的計程車平均一年行駛約11萬公里（7萬英里），所以使用年限只有3.3年。[8]

　　如果密西根大學的研究正確，一輛無人駕駛車每年能跑32,840公里（20,406英里），那麼一般的家用車就會更快「用

壞」，只要使用過七年就會達到壽命期望值的24萬公里，一個最糟的情況會是在未來，到處棄置著用壞了的無人車，退役的汽車車體與無用的引擎塞滿了垃圾場和家庭後院。

究竟引進無人車能不能減輕現代汽車給我們帶來的負面影響，還有待觀察，如果無人車最後會增加交通密度和車輛的里程數，結果就是塞車問題更惡化，也會降低空氣品質，但是歷史給我們的教訓是新科技不會只是延伸先前的現況，無人車有幾項特色，或許能夠改變潛在悲慘的、會破壞環境的發展軌跡。

如果1990年代的網路突然得吸收今日的資料流量，也會受不了這樣的負荷。在過去幾年來，數種科技進步讓現代的網路能夠吸收新的使用者並處理愈來愈大量的資料，包括更強大的資料壓縮技術、光纖纜線，以及更聰明的路由器。科技的進步也有可能減輕無人車會帶來的潛在負面反彈效應，許多研究都支持這種樂觀的看法。

首先先來討論車輛壽命的問題。管理顧問公司麥肯錫（McKinsey & Company）的報告中估算，無人車的煞車與加速動作能夠做得更循序漸進，因此能夠省下15%至20%的汽油，每年能夠減少二千萬噸至一億噸的二氧化碳排放量。[9]如果麥肯錫的研究無誤，那麼更流暢的行駛就有助於無人駕駛車輛的壽命延長。

無人駕駛車輛不僅能夠使用更久，還能夠特別打造成耐用的車體，24萬公里的壽命並非無法突破，如果有市場需求，汽車公司就會設計出能夠行駛數十萬公里的無人車，交通車的司機期

望巴士的使用年限至少能達到12年、40萬公里（25萬英里）[10]，半掛式卡車的設計可以跑160萬公里（100萬英里），引擎也設計成基本上可以跑不停歇[11]，鐵路車輛可以跑得更久：舊金山灣區捷運系統（Bay Area Rapid Transit，BART）建造於1968年，有些最初的車輛至今都還在運行。

即使無人駕駛車輛的壽命依舊和現在的人類駕駛車輛相同，還是能夠在現存道路上擠出更強的耐力。一如自行車手為了降低風阻以保持體力，會採取緊緊騎在其他人或車子後方的**擋風**（drafting）策略，多虧了無人駕駛車輛具備感應器、無線通訊，方向盤後又沒有人，或許可以安全靠近前方車輛，在其後方行駛，一整隊的無人車和卡車可以緊靠前車行駛，組成嚴密的隊伍以節省油耗，這個省油策略稱為**列隊行駛**（platooning）。

列隊行駛之所以能夠省油，不只是因為能降低風阻，還因為可以更有效運用「道路地產」。由人類駕駛的車輛並無法很有效運用道路空間，我們開車時必須距離其他車輛幾十公尺遠以策安全，而且我們也不大擅長靈活切換車道。列隊行駛的無人車可以更加有效運用道路空間，因此在通常會造成塞車的地方就不會有太多車流量，例如高速公路的入口及出口匝道、在變換車道之前，還有十字路口。

根據德州大學（University of Texas）學者所做的研究估算，如果美國路上有90%的車輛是自動駕駛，道路的容納能力就等於翻了兩倍，根據德州大學的研究者估計，緊密排列行駛的車輛能夠減少高速公路上60%因塞車造成的延遲，在郊區道路

上則能減少15%。[12]因為風阻的關係，卡車特別容易有耗油過多的問題，讓自動駕駛的卡車列隊行駛，彼此距離約90公分（3英尺），就能讓每輛卡車省下15%至20%的油耗。[13]

另一個可能為環境帶來的好處，是重新思考汽車的設計，如果無人駕駛車輛在本質上能夠比人類駕駛的車更安全，我們就能大幅改進機械車體，目前汽車的形狀與大小，是一個世紀以來發展的綜合結果，一步步改進、逐漸符合撞擊安全的需求，而隨著車禍發生率明顯下降，汽車就可以變得更輕更小，也就能更省油。

無人駕駛的計程車載運著人類前行，不會只有這項交通工具

圖 2.2 ➤ 振興城市裏的自駕計程車艙
資料來源：Granstudio

為了手上的工作而縮小，最後把貨品和餐點送到顧客手上的這段路可以交給輕巧的小型自駕運貨無人車，在大學校園裏，美國人一直最喜歡的食物披薩可以放在塑膠製、有輪子的自駕「外送披薩無人機」（pizza drone）中運送，在這趟十分鐘路程中烘烤到最恰當的熟度。相較之下，現在要運送你訂的500公克披薩得動用九百多公斤的車輛運送，而這些重量其實是為了駕駛考量，而非披薩。

　　汽車有一項能夠改進的核心特色，那就是動力來源，無人駕駛車輛可能會採用電動引擎，而要採用只以電力驅動的車輛有個障礙，就是缺乏隨處能夠為汽車充電的方式。特斯拉克服這項限制的方法是建立自己的充電基礎建設，隨著汽車愈來愈聰明，就能夠在行駛路線中包括在充電站短暫休息，那麼引擎需要經常充電所帶來的不確定性就大為降低。

　　列隊行駛、輕量車體、省油駕駛，以及可充電的電池都能減少一些負面效應，而帶來更方便的個人移動性。另一個危害環境的活動是我們大部分人每天都會做的，那就是停車，無人車能夠減少駕駛人開來開去找車位的麻煩，進而改善都市生活，而且也能一舉消除停車位的需求。

停車

很難具體指出人們究竟為什麼會覺得某一座城市有迷人之處，這種討論就像是爭辯什麼才能構成藝術，一座城市的吸引力是人們無法簡單解釋的因素，但是他們只要體驗過了就能清楚明白。以我們的經驗來說，那些具有吸引力的城市會讓人嚮往探訪、居住和工作，都擁有生氣勃勃的行人文化，街道上行走的人愈多，就愈能讓人欣賞到城市的熙來攘往，在街道上的商店與餐廳裏經手的錢也會愈多。

城市中停車場的形狀對其風格有驚人的強烈影響，在美國比較古老的東岸城市還有歐洲許多城市都是在汽車廣為使用之前就設計、發展起來，那些較老的城市跟汽車普及後興起的城市比較起來，氛圍就大為不同，這種老城市的魅力通常稱為「好行」（walkability）。不消說，停車場對城市的魅力並無助益。

停車達人唐諾德・索普（Donald Shoup）形容在路邊找停車位這項活動中有高昂的隱藏成本，「阻塞交通、引起意外、浪費燃油、汙染空氣，還會破壞行人的空間」。[14] 雖然有各種預估數字，不過人們在各個地方繞圈子找免費路邊停車位大概會花上3.5至14分鐘，會明顯影響到市區交通的壅塞程度，索普建議若要解決因繞圈子而對市區造成的負面副作用，應該提高路邊停車的收費，然而要更有效減少繞圈子的問題，應是完全禁止市區停車。

　　就像狹窄而阻塞的動脈血管一樣，停靠車輛會阻塞我們的街道，一般的停靠車輛平均會占去14平方公尺的行人道[15]，如果將通往停車場的道路面積也考慮進去還會占去更多空間，停靠單一輛汽車就會製造出整整100平方公尺大的足跡，平均而言，汽車有95%的時間都處於停止狀態[16]，浪費的空間可不少。

　　汽車很貪心，大多數車輛都需要多個停車位置：一個在家、一個在公司，而且有時候如果車主下班後要去購物商場或健身房，還要多一個停車位，這些停車位很少會同時使用，如果汽車停在公司停車位，家裏這個就空了。

　　如果在算式中再加入時間因素，那流失的空間就更多了。在經典著作《都市交通問題》（暫譯，*The Urban Transportation Problem*, 1965）[17]中，作者約翰・梅耶爾（John Meyer）、約翰・坎恩（John Kain）以及馬汀・沃爾（Martin Wohl）估算，一般車輛的使用壽命期間，停放時所占用的空間是行駛時的二倍，這個結論乍聽之下不大對勁，但是經過一些分析後就很合理了。

　　梅耶爾、坎恩和沃爾估算的核心是**區域時間**（area hours）的概念，認為汽車所需要的土地並不只是空間的問題，而會同時動用到空間與時間。汽車大部分的時間都是停放著，平均一天會有23小時，因此停放的車輛所占用的區域時間會比使用中的車輛還要高上許多。

　　為什麼這麼珍貴的市區地產，結果卻會分配用來存放車輛這麼不風光的用途？在做都市規畫的時候，大多數人都接受停車場

是必要之惡，我們或許會針對建造每一條新的高速公路或公共建設而分析、辯論，但是要蓋停車場時卻很少有人提出異議。

　　停車場的普及還有另一個原因，那就是許多城市都需要其存在，大部分城市都有嚴格的土地使用分區管制，至少都會有停車需求。如果某人想蓋一間新餐廳或公寓，要向市政府申請的時候就會遇到土地使用分區管制，為了得到市政府的許可進行建設，大多數市政府都會要求同時建設至少幾個新的停車位，好符合人們使用新大樓或設施的需求。

　　土地使用分區管制需要停車位一開始的用意是好的，畢竟沒有人喜歡繞來繞去找停車位，但是幾十年來強制最少要設置幾個停車位卻帶來意料之外的結果，那就是現代的城鎮充滿了用來停放車輛的僵死空間。

　　要衡量車輛停放會對現代城鎮的面貌與氛圍造成什麼可怕的影響還有另外一個方法，就是計算城市的停車位總覆蓋率，或是城市中停車場總共占了多少面積。在城市中，許多停車場都有很多樓層互相堆疊上去，想像一下如果這麼多樓層的城市停車場都「展開」來攤平，會釋出多少空間。

　　城市愈新，就愈容易受到停車空間的牽制，洛杉磯市區就容納了107,441個停車位，如果這些空間展開成為2D平面，表面積加總起來就會有331公頃，是整座城市市區面積408公頃的81%。另一個大量設置停車位的城市是澳洲墨爾本，當地的停車空間相當於市區總面積的76%，在美國德州休士頓，停車空間相當於市區總面積的57%。而在倫敦和紐約等比較古老的城市，停

車位在市區中占去的面積較少，約為18%。[18]市區中停車位與停車場空間最少的是泰國曼谷（8%）、日本東京（7%），以及菲律賓馬尼拉（2%）。

如果汽車突然不需要停在市區了，都市規畫專家就會發現自己手上多了一大張空白畫布，都是可以重新用在其他建設用途的閒置土地。市政法令是地方規定何地能夠興建哪些設施的法律，就不必再規定每一項新的商業建設或居所至少都要多設置幾個新停車空間。都市規畫專家可以忙著進行更有成就感的工作，將停車位重新規畫成對人友善的空間，結果將會是一片嶄新的都市烏托邦。或者不是。

乍看之下，消除市區中的停車位似乎一定可以解決許多市區到了晚上便停滯死寂的樣貌，將停車場重新改造成公園、遊樂場和行人道旁的咖啡館，可以為陰鬱而雜亂的市區注入幾分魅力，或許還能創造許多工作機會。而人們再也不必繞著圈子找停車位，交通壅塞也會減緩不少。

想像一下城市會變得多麼乾淨、美麗，沒有了可以停車的白線，街道馬上就會拓寬成康莊大道，而少了許多車輛繞來繞去找著一位難求的停車格，空氣會變得更清新、更乾淨。樂觀的人會下結論說，無人駕駛車輛可以讓所有城市變得更迷人，就連洛杉磯也一樣。

不過比較理性的觀察者會指出，收回先前用作停車的大塊土地這個過程是有一些風險的，城市裏的居民和規畫者都一樣，必須想辦法將市區裏先前的停車位變成同樣值錢的地段，而從停車

惡夢中解放後又能從中得到最大利益的城市，必定有寬闊而全面的規畫策略，將無人駕駛車輛對都市樣貌的影響都考量進去。

都市市區的健康與否端賴幾個因素而定，一個關鍵的問題是城市預算收入來源有多少是來自停車票卡與費用的收益，如果沒有了這筆錢，那麼市政預算會落入什麼景況？

其他因素則要深入探究，包括當地人口的密度與組成，如果市區停車場變成了吸引人的居住和生意場所，會有足夠的人願意住進這些新家嗎？這些居民所花費的錢足以讓新店家的生意興隆嗎？最後，要如何才能讓城市外圍空蕩的郊區不會變成鬼城呢？

將停車空間轉變為可用的居住和商業空間，是城市必須解決的一個問題，而零阻力的個人移動性還會帶來一個意外的結果，那就是生氣勃勃的市中心可能會逐漸凋零，唐諾德·索普在他所著的大部頭停車百科《免費停車的高成本》（暫譯，*The High Cost of Free Parking*）[19]中說了一個警世故事，是有關於洛杉磯市區一座音樂廳底下新建的六層樓停車場，帶來意想不到的衝擊。

1996年，迪士尼音樂廳（Disney Hall）落成之時，城市陷入了財務危機，市政府相信音樂廳要成功，停車方便就是關鍵，因此為了建造龐大的地下停車場而背負債務，這座新的停車場有2,188個停車位，市政府耗費1.1億美元建造，平均每個停車格就花了約5萬美元。

洛杉磯的都市規畫專家主張，雖然迪士尼音樂廳的停車場花了很多錢，但是在停車場開始營運之後，很快就能從停車費回

收。這樣的假設是基於計算後的理解，為了讓地下停車場能夠回收建設費用，這座新音樂廳一年至少要舉辦128場滿座表演，聽來諷刺，結果這座音樂廳似乎變成為了停車場服務，本末倒置，但這還不是這項計畫唯一的警世之處。

洛杉磯的都市規畫者還學到了另外一課，在市區主要娛樂設施底下建造造價昂貴又超級方便的停車場，讓停車效率變得太好，但是就跟超級不方便的停車服務一樣對市區的健康有致命影響。因為停車場就在音樂廳正下方，來參加音樂會的人走出車子就直接進了音樂廳，結果他們從來沒有踏出音樂廳到外面的街道走走，他們搭著電扶梯從地下停車場冒出來，就像小貴族一般優雅地從內部入口走到座位上。

新的音樂廳或許吸引了人們到洛杉磯市區來，但是他們卻沒多逗留，到附近的餐廳用餐或是光顧當地商店，索普是這樣形容太過便利的地下停車場所帶來的意外結果：「幾乎每個人都比較喜歡舊金山的市區，而非洛杉磯的……在洛杉磯，夜晚的人行道空盪盪的、充滿危險，如果每個人來聽音樂會都直接開車進入地下停車場，那麼就連富麗堂皇的嶄新音樂廳，都無助於讓市區人聲鼎沸。」[20]

如果索普所言無誤，舊金山音樂廳附近的街道能夠熙熙攘攘，部分原因就是因為音樂廳附設停車場很小（618個車位），並且距離音樂廳有一小段距離，結果這個不大方便的交通狀況，讓想在舊金山參加音樂會的人得在市區道路上多花一點時間，無論音樂會觀眾是搭乘大眾運輸或者從他們停車的地方走了幾個街

區而來，他們的存在都讓音樂廳外頭的街道多了幾分活力與精力。

　　洛杉磯音樂廳給我們的教訓是每種方便的新科技都有看不見的成本，無人車能夠減少都市停車位的需求（好處），但是，這樣的便利也會減少人們必須在市區商店與餐廳流連的機會（還有收益）（壞處）。如果無人駕駛車艙直接把行人送到他們在市區的目的地，就像軍事出擊一樣一分不差、不偏不倚，而這樣吸引人的便利性所帶來的意外隱藏成本，可能就是會失去市區人行道上行人熙來攘往的生氣與利益。

　　停車空間與現代的都市鬧區地理緊密相關，在接下來幾十年裏，無人駕駛車輛會讓停車場變成過時產物，重新畫分現代都市的樣貌，而便利的個人移動性會帶來的另一個副作用，就是人們會另外尋找新住處。

通勤

孟買、墨西哥市和上海等城市，都各居住著超過兩千萬人，到了2050年，全球的都市人口會增加將近一倍，預計從現在的33億人提升到64億。[21]這些超級城市會擴展數公里遠，街道上塞滿了汽車，居民必須天天涉險，準備好隨時可能在四處走動時喪命。

隨著都市人口增加，城市就必須聰明地運用空間，而在無人駕駛車輛上市之後，其中一個方法就是重新規畫都市的停車位，改為公園和買得起的房子，而另一個改善都市生活品質的方法，就是讓通勤更簡單。

人們在一天中要花大把時間開車去上班，在美國平均的通勤時間大約是單趟30分鐘，每天往返時間就是一個小時[22]，一般說來，這一個小時往返工作住家的旅程通常都是獨自一人。

新型態的交通方式會改變人們對距離的感覺，在1950年代，汽車讓人們能夠很方便地進入城市工作，我的祖父母也跟著其他百萬名新富紐約客開開心心搬出曼哈頓，遷居到城外的皇后區，而為了襯托他們嶄新的房子，而買了一台奧茲摩比車（Oldsmobile，美國通用汽車旗下的汽車品牌，1897年創立，2004年遭到裁撤，多屬中價位車款），這輛車的外表具有軍事坦克般的份量，差點擠不進他們只夠停一台車的車庫。

　　我的祖父母離開城市有好幾個原因，地產商可能會告訴你買賣房子靠的全都是「地點、地點、地點」，而人們在衡量該住在哪裏時還有好幾個原因，大多數人選擇住家是根據價格、距離工作地點有多遠（也就是通勤時間），還有當地學校的水準。就算人們可能會想要買個靠近工作地點的房子，但為了找到符合其他條件、又能負荷的房子，通常最後就得忍受漫長又高壓的通勤。

　　無人駕駛車輛讓通勤變得更輕鬆，讓人們決定要在哪裏買房子時有更多選擇，而城市街道的交通壅塞狀況減緩了，能夠居住的空間便隨之增加，就會有更多人搬進增添新魅力的市區，那些不喜歡城市生活的人也能選擇搬進過去稍嫌遙遠的周邊郊區，畢竟現在的通勤狀況已經方便許多。最沒有吸引力的住宅區會是那些坐落在傳統通勤中心周邊的地方，就是在市中心外圍的「市郊住宅」（bedroom communities）。

　　無人駕駛車輛改變人們居住型態的另一個方式，便是減少城市居民及小鎮居民在交通上的平均花費。根據哥倫比亞大學地球科學研究所估算，如果在紐約曼哈頓、密西根安娜堡（Ann Arbor）和佛羅里達州一處小鎮上分別擁有無人駕駛的車隊，並且是依目的打造的共享車輛，那麼隨叫隨到的自駕車、輕量車體，而且再也不必負擔擁有車輛的經常開支，這些因素綜合起來的影響將會大幅降低個人交通成本，這份研究顯示如果安娜堡居民放棄自己的車輛，改而使用無人駕駛計程車隊服務，每英里所需付出的費用能減少75%；現在的紐約客搭乘由人類駕駛的小黃計程車，每英里預估費用是4美元，改為無人駕駛後每英里只需

表 2.1 ➤ 無論城市大小，平均的通勤時間大約是半個小時

紐約 - 北紐澤西 - 長島	18,919,649	34.6
洛杉磯 - 長灘 - 聖塔安娜	12,844,371	28.1
芝加哥 - 喬里耶 - 內珀維爾	9,472,584	30.7
達拉斯 - 沃斯堡 - 阿靈頓	6,400,511	26.5
休士頓 - 舒格蘭 - 貝頓	5,976,470	27.7
費城 - 康敦 - 威明頓	5,971,589	28.6
華盛頓 - 阿靈頓 - 亞歷山卓	5,609,150	33.9
邁阿密 - 勞德代爾堡 - 龐帕諾比奇	5,578,080	27.0
亞特蘭大 - 桑迪普林斯 - 馬利耶塔	5,286,296	30.3
波士頓 - 劍橋 - 昆西	4,559,372	28.8
舊金山 - 奧克蘭 - 佛里蒙	4,343,381	28.7
底特律 - 沃倫 - 里佛尼亞	4,290,722	26.1
河濱 - 聖貝納迪諾 - 安大略	4,245,005	30.6
鳳凰城 - 梅薩 - 格蘭代爾	4,209,070	25.8
西雅圖 - 塔科馬 - 貝爾維尤	3,447,886	26.9
明尼亞波利斯 - 聖保羅 - 布魯明頓	3,285,913	24.8
聖地牙哥 - 卡爾斯巴德 - 聖馬可斯	3,105,115	24.1
聖路易斯	2,814,722	24.8
坦帕 - 聖彼得斯堡 - 清水市	2,788,151	24.1
巴爾的摩 - 湯森	2,714,546	30.0
丹佛 - 奧羅拉 - 布魯菲爾德	2,554,569	26.5
匹茲堡	2,357,951	25.9
波特蘭 - 溫哥華 - 希爾斯伯勒	2,232,896	24.9
沙加緬度 - 亞登阿凱德 - 羅斯維爾	2,154,583	26.2
聖安東尼奧 - 新布朗費爾斯	2,153,891	24.6
奧蘭多 - 基西米 - 山佛	2,139,615	26.3
辛辛那提 - 米德爾頓	2,132,415	24.2
克里夫蘭 - 伊利里亞 - 曼都	2,075,540	24.5
堪薩斯市	2,039,766	22.5

資料來源：http://oldurbanist.blogspot.com/2012/07/commutes-tradeoffs-and-limits-of-urban.html

0.5美元;小鎮居民搭車到各個地方的預估費用則是每英里0.46美元。[23]

搭車艙，交朋友

　　雖然便利性難以抵抗，有時候生活中的不方便還是有正面效應的，例如能帶來社交互動。便宜而方便的個人移動方式有個副作用，那就是寂寞。根據美國人口普查局報告，四個美國人中便有一人獨居，而表示自己很孤單的人數也年年增加。有幾個理論能夠解釋為什麼愈來愈多人感到孤單，包括家庭結構的變化、工作壓力、電視及網路帶來的孤立效應，以及社群媒體上塑造出的虛假友誼。

　　人會感到寂寞，一個原因是他們沒有**第三空間**（third space，由社會學家雷・歐登伯格〔Ray Oldenburg〕提出，有別於居住與工作空間之外的區域，稱為第三空間。第一空間〔first space〕是指居住空間，第二空間〔second space〕是指工作空間），那是既非辦公室也非家裏的地方，而是放鬆閒混的地方。在過去，教授們都很喜歡在教職員俱樂部或茶水間打發時間，教職員可以在這裏不期而遇，無須特定主題，只要隨便談談自己的研究。在工作之外，人們通常會上教堂、保齡球館或者附近的酒吧。現代生活有個悲傷的現實是，人們對於第三空間並沒有太多選擇。

　　在北美許多中產階級的生活模式大概都如此，大學畢業後無論是因為期待或有必要性，我們會進入到人生下一個階段：成人期。等到我們負擔得起之後就會買棟有個私人大後院的房子，必須花久一點時間獨自開車上班。

對許多人來說，在一天漫長的工作之後很少還有時間隨興參與社交活動，周末也都用來修繕房屋及後院，或者彌補在忙碌的工作天裏無法擁有的「家庭時間」。或許是因為這種忙碌但疏離的生活方式，許多中產階級的職場人士都沒什麼朋友。

要認識朋友有三個關鍵因素：身體距離接近、不斷邂逅的社交互動，以及能夠讓人放下警戒心的氛圍。[24]工作可以讓人們身體距離接近，也有不斷的社交互動，但並不是一個能夠讓人放下警戒的好地方，所以許多人的朋友都來自大學時代，但是後來在生活中就比較少交到新朋友。大學建立起來的私交是因為宿舍中讓人們距離相近、不斷彼此遇見，也是一個讓人能夠做自己的環境。

無人駕駛車輛能夠舒緩通勤的不快、讓人們能更隨意選擇居住的地方，就和其他帶來便利的科技一樣改善了人們生活的品質，但是更便利的交通方式所要付出的代價就是會失去另一個傳統上的第三空間，也就是大眾運輸。未來居住在城市中的人會發現自己很想念過去的大眾運輸，像是地鐵、公車和火車上這種古老而效率不彰的交通工具會讓人們彼此不得不有所接觸。

那天我們在當地報紙上看到一則廣告是這樣寫的：「搭公車，邂逅人。」（Take the bus—meet people.）這樣來宣傳大眾運輸真是太聰明了！這則廣告把大部分人已經知道的事實拿來自嘲：大眾運輸通常不比自己開車要快或輕鬆，因此廣告並沒有設法說服人們，反正大家也不會相信，而是聚焦在另一個搭公車無法否認的好處：在你花時間等公車以及順著毫無效率的路線在城

鎮裏繞圈的時候，能夠認識些新朋友。

　　我們在車上「浪費」的時間隱藏著價值，車輛對家長和孩子來說就是移動的第三空間，近來一份針對二千名家長的研究發現，家長每周平均要花6小時又43分鐘接送小孩上學以及課後的社交活動[25]，以這個比率看來，結果每個月家長和孩子必須一起在車上度過將近30個小時。

　　任一位家長或司機都會告訴你，這樣的開車大多數時間都只是苦差事，許多忙碌的家長（包括我們自己）都會很樂意將孩子塞進無人駕駛車裏，揮手跟他們說再見，前提是這樣的車輛安全無虞，也是大家都能接受的交通形式。但是如果有這麼方便的事，其隱藏的代價就是失去家長和孩子經常能夠相處的寶貴時間，就像智慧手機在晚餐桌上偷走的情感交流，無人駕駛車將再抹去一段少數不受科技打擾、我們能夠與孩子互動的時光。

　　我就體驗過這種不得不共度的「車上時光」，我曾經得一大早開車送我當時還是青少年的兒子去參加樂團練習，一周有六天，一方面我很討厭這趟清晨五點的旅程，鬧鐘響著愉快的鋼鼓曲調，無禮打斷了我的深層睡眠，如果我能夠選擇將我的接送任務交給無人駕駛車輛，或許會忙不迭就雙手奉上，無人駕駛車輛比起我來是更安全的駕駛，而我也可以多得到幾小時珍貴睡眠。

　　不過事後看來，如此方便的解決方法代價就會是失去我和兒子那些在清晨度過的珍貴親密時光，送他去參加樂團練習的車程是我們能夠共度時光的機會，就只有我們兩人如此靠近彼此，沒有目的也沒有干擾。我們一起在車上時，我兒子會和我分享他的

音樂，也會分享他的想法，通常是對世界現況的荒謬剖析。無人車的方便性將會奪去這些回憶，例如我們沿著鎮上的湖岸兜著圈子尋找指定的會面地點，周遭的世界仍沉睡著，一片寂靜中感受到日出前的寒意。

　　零阻力的個人移動性將讓我們變得更寂寞，又或者從另一方面來看，如果出門就只是在手機上按個按鈕這麼簡單，總有一天面對面的交流機會就會跟在網路上交流一樣簡單。另一個社交觸媒則是因為無人駕駛車輛很聰明又能夠讀懂資料，乘客在下次搭乘無人駕駛計程車艙時，可以多付一點錢換取「認識朋友」選項，就可以和其他年紀相仿的乘客配對，或者是擁有類似網路瀏覽模式、臉書「按讚」的人。有一天，人們打開網路瀏覽器時會看到無人駕駛車艙的廣告：「搭車艙，交朋友。」（Take a pod. Make a friend.）

第三章　終極移動機器

2014年，谷歌開了第一槍，槍聲遠至底特律都聽得見，谷歌發表最新的無人駕駛車原型沒有方向盤也沒有煞車，這意思很明顯：未來的車輛會以完全自動駕駛的面貌問世，不需要也不想要人類駕駛。

更加令人不安的是，谷歌並沒有像製造前兩代無人駕駛車輛那樣改造 Prius 或 Lexus 汽車，而是召集供應汽車各個部件的團隊客製化打造出最新的無人駕駛車輛。最棒的是，這輛車一出娘胎就已經是駕駛專家，其人工智慧軟體中容納了超過200萬公里（130萬英里）的駕駛智慧結晶，都是由前代的大腦中蒐集而來，相當於90年來每年駕駛2.4萬公里（1.5萬英里）。[1]

幾十年來，汽車產業的運作都躲在嚴密保護的高牆之後，進入產業的高門檻以及與傾向配合的供應商建立起獨家合作的關係，讓產業免受外部競爭威脅，如今新車逐漸以軟體能力來認定其吸引力與價值，傳統汽車公司將第一次面臨產業之外的公司加入競爭。谷歌（或是其母公司字母公司〔Alphabet, Inc.〕）跑在前頭，不過據說蘋果也在招募汽車工程師及軟體設計師，要自行打造自駕車，最近一次科技研討會上，時任蘋果（Apple）副營運長（現任營運長）的傑夫·威廉斯（Jeff Williams）若有所指地說汽車是「終極移動裝置」[2]，讓傳言甚囂塵上。

汽車公司為了因應競爭拿出數億美元投資軟體發展，而汽車創新的中心也從底特律挪到了矽谷，賓士汽車（Mercedes-Benz）的矽谷分公司雇用將近300人，負責高階工程計畫以及使用者體驗設計，福斯汽車（Volkswagen，VW）也召集140位工

程師、社會科學家及產品設計師等，將谷歌地球的地圖與奧迪（Audi）的導航系統整合起來並發展新的資訊娛樂系統[3]，豐田汽車（Toyota Motor）最近宣布在未來五年將投資10億美元到人工智慧研究，在史丹福大學（Stanford University）附近以及麻州麻省理工學院附近都各設立實驗室。

　　四股潮流迫使汽車公司重新思考他們的商業模式：電動車、無線網路的普及、汽車共享共乘，以及自駕車，隨著無人駕駛車科技成熟，這四股潮流將會整合為一：自動化。汽車公司為了生存下去，就必須將他們的產品重新想像為自動運輸機器人，而這樣的變動一定會大幅改變他們的勞動力和產品製造流程，汽車公司有兩個選擇：他們可以勉強在公司內部培養出自己的軟體專家，或者可以跟其他公司組成上市夥伴關係，對方提供汽車的作業系統，而由汽車公司打造車體。

汽車與程式碼

可是，請等一下，現代的汽車已經自動化了呀，就算是經濟實惠的房車也有搭載感應功能，這種科技在十年前還只出現在專門打造的戰鬥機上，今日一台普通的車輛裝有多達100個微處理器，負責管理煞車、定速巡航以及資料傳輸[4]，其他軟體模組則會警告駕駛有行人出現，或者車輛正偏離車道，事實上一台新車內平均都有驚人的500萬至1,000萬行程式碼。[5]

問題是，這程式碼不對。汽車的軟體系統都是模組化的，也就是說系統大多是各自為政，彼此偶爾才有幾次交流（或說合作），不過更大的阻礙是現在的汽車缺乏適合的人工智慧。

只要由人類駕駛主導，現代汽車上的軟體可以運作得很好，但要是將人類移出車外，汽車便形同癱瘓。如今依賴人類的汽車缺乏強大的機器人作業系統，具備必要的人工智慧能夠應付從未見過的狀況，還要能夠從之前的經驗中「學習」。

為了要開車開得和人類一樣好、甚至更好，無人車的軟體必須要聰明到能夠知道自己的位置、理解周遭的狀況、預測接下來會發生什麼，並計畫如何應對，但這還不是全部，除了要好好決定在哪裏轉彎、何時要停車等待、何時踩煞車，或者何時要變換車道，自駕車的作業系統必須同時監管汽車的低階實體活動，像是告訴汽車的人造「肌肉」（意指**致動器**〔actuator〕）要壓下煞車，或者把方向盤稍微往右轉。

有一個最大未解的問題將會決定汽車產業的未來，那就是哪家汽車或軟體公司會第一個發展出智慧作業系統，完整具備人工智慧研究中最關鍵的一塊：擁有穩定準確率的人工感知。讓汽車公司執行長夜難成寐的恐懼是車輛「硬體」，也就是汽車的金屬框架（底盤）、引擎，和內裝，將會和電腦硬體踏上同一條路，成為汽車軟體的次要部分。如果汽車軟體成為消費者眼中最顯著的行銷特色，汽車公司便會失去汽車市場的控制權。

為了更深入了解，我們出發到加州伯靈格姆（Burlingame）參加自駕車論壇（Automated Vehicles Symposium），這場研討會是由國際無人車系統協會（Association for Unmanned Vehicle Systems International，AUVSI）主辦，所有汽車大廠都有參加，發表自家最新、最棒的自駕車科技，會議中的氣氛就好像在只限男性參加的俱樂部中打撲克牌：玩家之間經常談笑風生，掩飾著其實彼此都不知道對方手裏拿著什麼牌。

我們學到的第一件事情是，自駕車產業裏的每個玩家都把牌緊緊握在胸口前，我們跟七、八家汽車公司的員工接觸過，沒有一個回覆我們邀訪的電子郵件。我們聯絡谷歌公司負責發展無人車的分公司Google X，經過幾次不斷的詢問後，一位行政助理很和善地告訴我們，在附近帕羅奧圖的電腦歷史博物館（Computer History Museum）正在展出無人車的歷史。

我們學到的第二件事情是汽車是要命的霸王。整整三天，我們匆匆忙忙地在舉辦會議的飯店及我們下榻的地方之間來回奔波，做為行人的感受非常討厭，我們得穿過橫亙在矽谷外乾枯地

景上好幾條十線道公路，每天早上抵達會議廳時都是滿身大汗、發著抖，但很慶幸自己熬過了那些疲累或心不在焉的駕駛左右夾擊，他們各自揮舞著自己可能致命的兩噸重武器。

我們學到的第三件事情是在建置機器人作業系統這方面，汽車公司和供應商只是懂點皮毛，一位又一位的講者分享著設計美麗又引人入勝的簡報，講解該公司的研究，像是自動停車軟體或機器視覺科技能夠⋯⋯辨識交通標誌，雖然他們大肆宣傳無人車的作為是很好，但這些汽車大廠提出的所謂「自駕車」計畫，基本上都只是服用了類固醇的輔助駕駛系統。

諷刺的是汽車公司是機器人學的專家，不過是另外一種，汽車產業是機器人的主要雇主，機器手臂全年無休協助組裝、噴漆、打造汽車。用來衡量產業或國家倚靠機器人勞力的方法叫做**機器人密度**（robotic density），也就是機器勞力與人類勞力的比率，美國汽車產業的機器人密度比其他產業都要高，大約是每10,000名人類勞工對上1,100架機器人[6]，每年汽車公司會雇用更多機器人，讓全球汽車產業的機器人密度持續快速上揚，每年增加27%。

雖然汽車的製造過程可能重度依賴機器人，無人駕駛車卻可能認不出在生產線上這些四肢發達、頭腦簡單的表親與自己一樣都是機器人，努力在製造業、生產線及倉庫中工作的機器人無法移動也非自動化，而是被螺栓固定，由人類技師仔細設計好在架構極度完整的環境中執行特定任務，如果環境朝它們丟了個曲球過來，不但無法偏離設定好的路線，也不能從先前的經驗中學習。

大地震

　　如果汽車公司能夠設定過渡到無人駕駛車的方式，他們很可能會偏好非常漸進的過程，第一階段是引進更優秀的輔助駕駛科技，第二階段會是在幾個高階車款上使用特定環境中可用的有限自動化能力，最有可能是在高速公路，到了第三階段，有限的自動化能力則會往下應用到比較便宜的車款。

　　顧問公司勤業眾信事務所（Deloitte）將這樣的漸進方式形容為「遞增進行」，「汽車業者會投資新科技，例如防鎖死煞車系統、車身動態穩定系統、倒車影像，以及車載資訊系統等等，應用在高階車款上，然後隨著規模經濟發揮影響力，就會往下移動到大眾市場。」[7]但是這麼謹慎的方式或許並非明智之舉，如果一步步邁向自動駕駛的方法是逐漸增加由電腦引導的安全科技，幫助人類駕駛轉向、煞車及加速，長遠看來會是個不安全的策略，無論從人命角度或是汽車產業的底線來看都是。

　　汽車公司喜歡遞增進行的其中一個原因是想要延長他們對汽車產業的控制，無人駕駛車需要搭載智慧作業系統，能夠辨識汽車的周遭環境、分析接收到的資料，然後做出相應行動。具備人工智慧的軟體，特別是人工感知（artificial perception），需要有專業人才及一定深度的智慧資本（intellectual capital）才能打造，汽車公司雖然非常擅長建置複雜的機械系統，卻缺乏合適的人力、文化及運作經驗，能夠深入鑽研人工智慧研究的荊棘叢。

　　無人駕駛車會讓汽車產業面臨不確定性。過去一個世紀以來，直接將車賣給消費者一直是門好生意，但是如果無人車讓消費者能夠只要付每趟車程的費用，而無須購買自己的車，汽車公司便只能將通用汽車（General Motors, GM）車體賣給提供無人駕駛計程車服務的運輸公司，所賺的錢可能就沒那麼多了。如果有一天汽車公司不得不和軟體公司合作打造無人車，這樣的夥伴關係結果也是讓汽車公司所賺取的最終利潤減少。

　　通宵打撲克牌時，桌面上所下注的錢會愈來愈多。賴瑞・伯恩斯（Larry Burns）曾經是密西根大學教授，也是通用汽車副總裁，他解釋道每年（在美國）每人駕駛的距離是4.8兆公里（3兆英里），這當中埋著金礦，他說：「如果第一個行動的人能夠拿到這每年4.8兆公里中的10%，每公里賺0.16美元，那麼年利潤就能達到300億美元，相當於蘋果和埃克森美孚石油公司在景氣好時的收益。」[8]

　　汽車產業緊緊抓著人類主導的駕駛模式不放，部分可能是策略考量，但背後的原因不僅如此。汽車公司為了消費者的安全承擔著重大的責任，在過去幾十年來他們必須得為了產品安全性而斤斤計較，都是因為幾次工程設計造成的悲劇像是福特平托車事件（Ford Pinto affair）[9]，還有最近一次的通用汽車自燃故障。安全性是非常重要的責任，一旦必須做產品召回、造成負面形象和集體訴訟官司，都會讓汽車公司付出數億美元的代價。

　　除了安全性，全球經濟中有很大一部分的穩定性都端賴汽車公司承擔，光是在美國，汽車產業及其延伸出的價值鏈，像是出

租汽車、石油公司、車商、保險公司、媒體，以及醫療產業等，加總起來的產業總值達兩兆美元，在2014年占了美國國內生產總值的11.5%[10]，只要汽車大廠踏錯致命一步，就可能讓整個價值鏈付出高昂代價，壞了所有玩家的名聲。

1979年，克萊斯勒汽車執行長李・艾科卡（Lee Iacocca）在歷史留名，因為他向美國國會要求15億美元貸款來拯救陷入困境的公司，在當時克萊斯勒是全球排名第十的大企業。艾科卡在國會聽證會上被問到他一直以來都支持自由市場系統，為什麼會向政府求援，他回答：「我今天在這裏並非只為自己說話，而是為了那些生計仰賴克萊斯勒繼續營運的萬千人民，就是那麼簡單，包括我們十四萬名員工及其眷屬、四千七百家車商還有他們十五萬名為我們的產品提供銷售服務的員工、我們一萬九千名供應商，以及領他們薪水的二十五萬人。」[11]

以克萊斯勒的經濟足跡規模來看，可見汽車大廠數十年來都是經濟發展的重要支柱，但是汽車產業或許很保守，製造並銷售安全、負擔得起又可靠的車輛仍然不簡單。在一系列的訪談中，一群汽車公司總裁都認為：「局外人就是無法理解在今時今日製造一輛車有多麼複雜，要在車輛結構中引進新的高階科技都多困難，或是法規環境有多嚴苛、多難改變。」[12]

就算是製造一台簡易車輛都是很困難的任務，包括要有先進的補給、科技、製造技術，集結了一個世紀以來辛苦得來的經驗。每家汽車公司在全球各地與上千個供應商保持關係，由他們提供原物料和零件，一台汽車大概由30,000個部件組成，包括

體積大的像是車門，還有體積小的像是將車輛組裝在一起的螺絲[13]，要將這些部件組裝成一台車要花費17至18小時。[14]

諷刺的是，汽車產業特別著重於打造最棒的硬體，或許最後也會成為讓他們生存下去的關鍵。谷歌這類的科技公司並沒有經驗要承擔起大眾人身安全的責任，而無人駕駛車還是需要具備安全而省油的車體，能夠符合標準法規。當無人駕駛車能夠上市時，我們預測新型態的汽車產業將會出現一系列軟體公司與汽車公司攜手合作的企業，各自貢獻自己的專長，在寫作這本書的同時已經出現了幾個試驗性的聯盟，包括谷歌與福特、富豪（Volvo）和微軟（Microsoft）、通用汽車及Lyft（類似Uber的叫車服務，目前Lyft尚未引進臺灣）。

在汽車產業中長久以來早已存在著不同汽車公司之間的密切合作，製造汽車的過程中會牽涉到由供應商組成的多層網絡，各家汽車公司之間也互有交流，經常可以見到一家汽車公司製造了車輛的一部分，之後再組裝進另一家公司的車輛來銷售。

我們最近要出門一周，便租了一台休旅車，在旅途中跟這台休旅車的儀表板混熟了，一周後我們在機場裏搭乘接駁車時，發現自己盯著完全一模一樣的儀表板。後來我們查看了休旅車及接駁車的製造公司，知道兩家公司都使用了福特公司製造的「E系列」平台，福特會將這套標準化的汽車底盤與儀表板賣給下游廠商，讓他們在其上組裝自己特製的車體。

總有一天，軟體公司及汽車公司之間的合作會成為汽車產業中的常見現象，最有可能的情況是汽車公司將「積木式」平台賣

給下游的科技公司，科技公司再將之變成自駕車，這樣的產業模式最後可能對每個涉入其中的人都是雙贏局面，接下來就要看汽車公司的合作上市模式是否能順利進行。

這樣的情況讓我們想起早先在個人電腦市場上的競賽，我在1980年代早期買了第一台電腦，決定購買最重要的因素是電腦的硬體，我有好幾台個人電腦可選，每種都有自己的作業系統、專屬軟體，還有彼此不能相容的周邊設備，我有一些朋友選擇了Commodore 64，我則是選了「BBC Micro」。

時間一久，微軟重整了個人電腦硬體的市場，他們開發了DOS作業系統，後來又推出不限於特定硬體的視窗系統（Windows），可以在任何與IBM相容的個人電腦上運作，接著微軟又進一步提高了其作業系統的價值，他們開放了視窗系統的應用程式介面，鼓勵第三方軟體供應商為桌面及伺服器平台建置應用程式。

如今這套軟體已經成為個人電腦中比較有價值的部分，而硬體則是商品，我的態度也和年輕時的我有了180度轉變，現在選擇筆記型電腦時會先考慮搭載哪種作業系統，而硬體供應商是誰則不太重要。

在「軟體優先」慣例中的例外是蘋果（Apple），就在微軟（Microsoft）將自己的作業系統搭載到幾個不同代工製造平台的硬體上時，蘋果依然嚴格控管著自己的硬體平台及作業系統，有些人認為蘋果完全掌控著自家產品的製造，才讓他們能夠在產品設計上大膽創新，進而交出iPhone、iPod及iPad等突破性設計。

現在，汽車公司與谷歌就像龐大的油輪，雙方航線終會交集，一起慢慢航向共同的目標：從下一代的自駕車中榨出最多利益。汽車公司喜歡進化般的方式，先將輔助駕駛模組（driver-assist modules）發展到讓電腦掌控方向盤的時間愈來愈長，而相較之下，谷歌的策略則直指完全自動化（fully autonomy）。

如果谷歌先一步成功了，他們的完全自駕車會在少數特定環境中先上市使用，這些早期的無人車可以證明其可靠性，最後慢慢滲入一般街道上成為主流使用車輛，接著革命就開始了。今日的青少年長大後就是未來的消費者，汽車軟體將成為最突出的特色，汽車的機械車體則只是其次，就像微軟的例子所展示的一般。

按照微軟的模式，汽車公司會製造節省成本的車體，而他們的上市夥伴像是谷歌或其他軟體公司則會為「裸車」（naked cars）安裝智慧作業系統，軟體公司也會擔起生產樞紐的角色，安裝並測試作業系統，以及管理為汽車提供眾多感應器的硬體廠商，汽車公司的角色會降級為單純的車廠，幾乎是看不見的，也能夠被取代。

如果汽車產業轉而以大宗銷售為主，一樣可以沿用微軟模式，萬一個人購買車輛的市場正如預期般萎縮，經營無人駕駛計程車隊的運輸公司介入就會進一步削弱汽車製造商的重要性。如果大多數新車都賣給車隊，而非直接賣給消費者，軟體公司仍然會是領導銷售及生產樞紐的角色，而既然成本是關鍵，汽車的硬體車體就會被當成一般商品賣給車隊老闆，而大宗銷售又會讓利

潤更少。

　　對汽車公司而言較為開心的結果是蘋果模式，也就是汽車公司依然掌握著汽車的產品開發與銷售流程。未來並不是每個消費者都會想要擁有高效率而通用的運輸車艙，有些消費者還是想要買屬於自己的車，一台為了特定目的而設計的昂貴訂製車款，或許是移動辦公室，或許是一台自動駕駛的迷你「離家時棲身處」，彰顯出明亮而容易辨識的品牌。

　　購買這些昂貴訂製車款的消費者會是人人想爭取的：高所得的人，這些人會擁有用來度假的第二棟房子，或者在度假時寧可租私人飛機也不想搭乘商用飛機。雖然汽車公司還是必須跟軟體公司合作，但銷售的重點將擺在整輛車的品質，硬體和軟體一樣重要。如果蘋果模式勝出，汽車代工製造商在未來的汽車產業中至少還能主宰一方之地。

迴路中的人類

　　不是只有汽車公司希望採取漸進方式，美國運輸部（USDOT）和美國汽車工程師協會（Society of Automotive Engineers）都各自規畫出邁向完全自動化駕駛的路徑[15]，雖然兩者訂出的階段稍有不同，共通點是都假設前進的最佳方式是透過一連串漸進、線性階段，先是讓汽車的「輔助駕駛」軟體短暫掌控駕駛，但是一發生麻煩的狀況就要趕快把汽車的掌控權交給人類駕駛。

　　我們並不同意這種漸進轉換是最好方法的看法，從眾多因素來看都不應該讓人類與機器人輪流掌控方向盤，但是許多專家卻相信最佳模式是讓人類和軟體共同控制方向盤，仍然由人類駕駛主導，軟體為輔。

　　麻省理工學院機器人學家大衛・明德爾（David Mindell）指出，「無人駕駛車最難解決的問題就是在自動化與人類駕駛之間的掌控換手。」[16]明德爾相信在人類與自動化的細膩共舞之間，最佳的人工智慧軟體能夠輔助人類機師或駕駛，他認為適當協同人類與機器合作，讓機器人設計師不必再徒勞地努力想要開發出能夠適當回應環境的軟體，以明德爾提出的範例來說，讓人類與軟體合作所建造出的機器，表現會優於人類或機器單打獨鬥。

　　依照人類與機器共同合作的範例所開發的軟體，工程師會稱

之為**迴路中的人類**（human in the loop）軟體，在許多情況下讓人類與電腦合作確實能得到漂亮的結果，例如技術高超的人類醫師可以在手術中使用機器手臂達到非人類的精準，現今的商用飛機也會使用迴路中的人類軟體，許多工業及軍事應用軟體也是。

　　希望將人類保留在迴路中的論點自有吸引力，這是一場迷人的思想實驗，夢想著仔細將人類最優秀的能力接上機器最優秀的能力，就好像讓人上癮的最佳化謎團：親自挑選職業足球員一起組成夢幻足球隊。機器相當精準、不會疲累又善於分析，擅長偵測模式、執行計算並衡量選項；相較之下，人類則擅長做決定、在看來隨機的物體或事件之間找出連結，並從過去的經驗中學習。

　　明德爾在現代機器人學領域是一位具有說服力的作家，也是有專業背景、言之有物的評論者，至少在理論上如果將人類與智慧機器結合，結果將會是一位警覺性高、反應快又技術高超的駕駛，畢竟自動化採用迴路中的人類方法，其優點就在於可以獲取人類優勢以及機器專長。

　　現實中，迴路中的人類軟體在無人車的應用上若要發揮效用，只有在雙方（人類與軟體）各有清楚而一致的分工，可惜在人類與軟體之間維持清楚而一致的分工並不是汽車工業和美國聯邦運輸部官員所提出的模式，他們所提出的方法要將人類留在迴路裏，分工卻很模糊又經常變動。

　　這套漸進轉換策略的核心是假設萬一發生了什麼意外，會有嗶聲或震動來提醒人類駕駛必須趕快爬回到駕駛座來處理狀況。

漸進式、線性邁向完全自動化發展聽起來好像比較合理、安全，但在實務上，階段性從部分轉換到完全自動駕駛並不安全。

機器和人類在某些情況下可以好好合作，但駕駛車輛不是其中的一個，駕駛之所以不適合迴路中的人類方式，有一個主要原因：開車很無聊，在面對無聊活動的時候，人類非常樂意讓機器接手，於是迫不及待放棄這項任務。

我在海軍接受軍官訓練時學到優秀管理的其中一條核心規則，就是絕對不要將極其重要的任務交給兩個人共同負責，這是一個典型的管理錯誤稱為**責任分攤**（split responsibility），責任分攤的問題在於到最後，這兩個必須完成任務的人可能都會覺得放開手也沒關係，以為另一個人會接手完成，如果兩邊都沒有出手相救，結果就會是任務失敗。如果讓人類和機器共同分攤駕駛工作，結果可能很難看。

就算是支持機器與人類合作的明德爾，自己也曾描述過一次人類與機器分攤責任而引發的慘劇，這次問題發生在法國航空447班機上，該班機於2009年墜落於大西洋，造成機上228名乘客全部身亡。後來分析飛機黑盒子發現墜機的原因並不是恐怖攻擊或機件故障，而是在自動駕駛模式要切換給人類機師接手時發生了錯誤。

在飛行途中，飛機的自動導航軟體因為被冰覆蓋而無預警關閉，人類駕駛團隊因為感到疑惑又不常練習，突然要掌控駕駛這趟他們以為一如往常的航班，手上被塞進了意料之外的責任，結果人類駕駛團隊犯下一連串致命的錯誤，讓飛機直直墜進了海

裏。

　　明德爾稱法航447班機事件是「接手失敗」的例子，谷歌認為問題在於人類太過依賴自動導航軟體，簡直是「愚蠢的行為」，在谷歌2015年10月發表的月報中，描述了幾年前該公司開發的無人駕駛車早期版本中的人類行為。

　　2012年秋天，幾位谷歌員工獲准在他們通勤上班的公路路段使用自動駕駛的Lexus車款，想法是讓人類駕駛開著Lexus上公路，進入車流後穩定行駛在一個車道上，接著就打開自動駕駛功能。每位員工都有接到警告，這項科技還在開發早期，他們應該在開車路程中百分之百都保持專心，每輛車內都裝設了攝影鏡頭能夠紀錄整趟車程中乘客與車輛的狀況。

　　員工對自駕車的反應都非常正面，每個人描述著各種好處，例如不必煩惱公路上尖峰時段的塞車問題、回到家依然神清氣爽可以跟家人好好相處。但是在工程團隊觀看這些開車回家的影像時，問題就出現了，一名員工完全轉向背對了駕駛座，為了在後座找手機充電器，其他人也把注意力從方向盤移開，就這樣放鬆而自在地享受片刻寧靜的自由時光。

　　谷歌的報告中講述了責任分攤的狀況，工程師會稱之為**自動化偏見**（automation bias）：「我們在工作中看見人性：人們只要發現科技發揮作用就會很快信任，所以一旦鼓勵他們關閉注意力、放鬆，他們就很難快速接手再放掉駕駛的任務。」[17]

　　谷歌相信沒有過渡地帶，也就是說人類和機器不該共享方向盤，這話聽來有風險，但其實是在考量顧客安全時最謹慎的前進

策略，自動化會以兩種方式妨害駕駛：第一，讓駕駛可以做些次要的工作，像是閱讀或看影片等活動會直接讓駕駛分心而無法注意路況；第二，會干擾駕駛的狀態意識，也就是能夠在駕駛環境中注意關鍵因素的能力並迅速做出適當反應。將兩者加起來就會是一個不知道車外發生什麼事的分心駕駛，就能清楚解釋為什麼將駕駛責任分攤會是個危險的想法。

通用汽車與美國運輸部聯邦公路管理局補助維吉尼亞理工學院暨州立大學（Virginia Tech University）的研究可以證明，他們針對「如果有科技讓人類可以躲掉無聊的工作時，會面對什麼樣的誘惑」進行研究，維吉尼亞理工的研究人員評估12位人類駕駛在測試路線上的狀況，每輛測試車輛都具備兩種輔助駕駛軟體：一個能夠處理車道對準，而另一項則能處理車輛的煞車與轉向，稱為主動車距控制巡航系統。研究的目標是要評估，如果有駕駛科技能夠接管車輛的車道維持、穩定車速，以及處理煞車時，人類會有何反應，而為了評估人類駕駛在研究期間的活動，每輛車都裝設了資料蒐集與紀錄設備。

12名受試者年紀在25歲至34歲之間，都是來自底特律和密西根的一般民眾，參與研究的報酬是80美元。駕駛被要求假裝自己要出門遠行，研究人員不但鼓勵他們在測試車程中攜帶自己的手機，還提供了準備好的閱讀素材、食物、飲料及娛樂媒體等。受試者來參加研究時，研究人員向駕駛解釋說會有一位研究員跟著受試者一起坐在車裏，但是駕駛獲知該名研究員有指定的作業必須在車程中完成，所以他們一路上大部分都會用筆記型電

腦看DVD。

這12位受試者在測試車程中被分配到常見的公路駕駛狀況，一切反應和活動都會接受評估與紀錄，研究人員的目標有兩層：第一是估算執行次要工作的誘惑有多強，例如吃東西、閱讀或看影片；第二是評估如果有軟體能夠處理大多數的駕駛工作，駕駛的注意力會渙散到什麼程度。換句話說，研究人員要測試的是自動駕駛科技是否會鼓勵坐在方向盤後的人類做些不安全的錯誤行為，例如心智放空、在方向盤後做出不恰當行為，或是失去狀態意識，包括他們在駕駛環境中發現關鍵因素的能力。

結果大部分人類駕駛在擁有能夠為他們開車的科技後，都迫不及待犯下全部三種糟糕的駕駛行為，研究人員的「假作業」（fake homework）策略再加上主動車距控制巡航及車道對準軟體的能力，誘使參與者感覺車程很安全，於是坐在方向盤後便不再專心。整趟測試駕車程大約是三個小時，過程中會使用到不同的自動駕駛科技，大部分駕駛都會去做某些次要任務，最常見的是吃東西、伸手去後座拿東西、講手機及發簡訊，還有發電子郵件。

尤其是車道維持軟體在運作時，人類駕駛特別容易去做次要活動，在車道維持軟體開啟時，居然有58%的駕駛都會在車程中看一下DVD，有25%的駕駛會利用這段自由時間讀點東西，讓他們發生車禍的風險提高了3.4倍。[18]

人類駕駛的視覺注意力並沒有比較好，同樣在車道維持軟體掌控了方向盤的時候，駕駛的注意力就會減弱。整體說來，估計

駕駛在整趟三個小時車程中，視線離開道路的時間占了33%，更危險的是駕駛會出現長時間、可能造成意外的「偏離車道凝視」，時間超過兩秒鐘，估計在整趟測試路程中出現3,325次，不過好消息是這些致命的長時間偏離車道凝視出現時間只占了8%。

12人是個相當小的控制組，還需要更多研究。這項研究中的樂觀發現時，雖然整體上這些駕駛在駕駛座上都急著想閱讀、吃東西、看電影或發電子郵件，有些人還是能夠抵抗誘惑，箇中原因值得更多研究，而這項研究顯示了不是所有人類駕駛都會馬上放掉自己在方向盤後的任務。研究人員的結論說：「這項研究各人有很大不同，無論是本性以及次要活動的互動頻率，這表示自動化系統的影響可能無法對所有駕駛一體適用。」

顯然到了某個程度會讓自動駕駛科技所造成的危害其實比人類駕駛還多，而非減少。想像一下，如果維吉尼亞理工研究計畫中的12位人類駕駛在三小時車程中是坐在完全自駕車上，非常有可能他們從事次要活動的密度會更提升，人類駕駛或許會睡一覺或者埋頭認真發送電子郵件。對一個極度分心或睡眼惺忪的人類駕駛而言，完全自動化會讓他們幾乎不可能在遇到難搞狀況，而需要匆忙接過方向盤時無法有效控制。

另一項研究由賓州大學進行，研究人員坐下來和30位青少年開誠布公地討論青少年開車時使用手機的問題。[19]過程中出現兩個主要問題，雖然青少年說他們知道開車時發簡訊很危險，他們還是做了，就算一開始說自己沒有在開車時使用手機的青少

年，經過逼問後還是不情願地承認他們會等到停紅燈時再發簡訊；另外，青少年會用自己的分類系統來定義什麼才算「開車時發簡訊」、什麼不算，例如他們說開車時看推特（Twitter）不算是發簡訊，幫乘客拍照也不算。

　　人類注意力不集中是一個風險，另一個讓人類與軟體共享方向盤的風險則是，如果人類沒有常常使用，技能就會減弱，就像四四七班機的機師那樣，人類駕駛如果有機會在方向盤後放鬆，就會欣然接受，而如果一個人幾個禮拜、幾個月、或幾年都沒有開車，然後突然得在緊急狀況下接管方向盤，那個人不只不會知道車外發生了什麼，駕駛技術可能也生鏽了。

　　讓人類和機器分攤責任會讓人忍不住想去做其他事情，也有所謂的**換手問題**（hand-off problem），這些都是人類與機器互動中的顯見危險，因此谷歌才會選擇跳過漸進過渡到自動化的方法。谷歌每個月發布無人駕駛車輛計畫的活動報告，最後以震憾的宣言作結：根據早期部分自動化（partial autonomy）的實驗，公司未來的發展策略將會只專心於達到完全自動化（full automation），「到頭來，我們的測試讓我們決定打造能夠在沒有人類干預的情況下，將我們從A點載運到B點的車輛……每個人都認為要讓車輛自行駕駛很難，是很難，但是在人們感到無聊或疲累時，而科技又告訴他們：『別擔心，有我在……目前啦。』我們認為這種時候要讓人們專心也一樣很難。」[20]

　　寫作這本書的同時，谷歌的每月活動報告中說明他們的無人車總共發生17次小擦撞事故，還有一次較嚴重的與公車低速碰

撞，在這17次小事故中的罪魁禍首並不是無人車，而是其他的人類駕駛，但是在2016年2月14日，谷歌車發生了第一次重大車禍，與一輛市區公車的車身「接觸」，這次與前面17次小碰撞不同，這次意外是車輛軟體的錯，因其預測錯誤，以為如果車輛往前走，公車就會停。[21]

諷刺的是，除了這次與公車的碰撞事故之外，谷歌車所發生的其他事故都是因為谷歌的車輛太會開車了，設計良好的自駕車會嚴格遵守駕駛規則，這點和人類駕駛就大不相同，人類坐在方向盤後沒有機器那麼謹慎，也不是百分之百守法。常見的意外狀況都是一台守規矩的谷歌無人車想要駛入高速公路車流，或者是在忙碌的十字路口紅燈時右轉，而不耐久等的人類駕駛並不知道無人車會嚴格遵守速限或車道變換規則，總會不小心撞上無人車。

幸好到目前為止，谷歌車發生的事故尚未造成損傷，短期之內要避免碰撞最好的方法就是教無人車的駕駛方式要更像人類一些，要粗心且不守法，而在長遠的未來，要解決人類駕駛問題最好的方法就是以有耐心的軟體取代之，軟體絕對不會從道路狀況上分心。

如今全球自駕車牌局上賭桌的籌碼已經這麼大，仍然不知道究竟是誰會贏得這一場，如果美國聯邦官員所通過的法律規定要採取「迴路中的人類」方式，贏家就會是汽車公司，他們仍然能夠掌控汽車產業；另一方面，如果最後法律允許，或者在基於安全考量之下甚至要求無人駕駛車必須完全自動化，那麼軟體公司

就會拔得頭籌。

　　谷歌還是有幾項主要優勢，畢竟他們在數位地圖以及深度學習軟體領域都毫無疑問是產業龍頭，從商業策略的角度來看，谷歌在汽車產業缺乏根基有可能反會成為一項關鍵優勢，分析師凱文・路特（Kevin Root）寫道：「他們（谷歌）和代工製造廠不同，即使目前漸進式方法成為新主流，而選擇迴避將有損收益，但他們不會因此退卻，繼續發展最終型態的完全自動駕駛無人車，並且已經大有進展。」[22]再說，谷歌也急著想創造出新的收益方式，而非只倚賴著目前的主要收益來源：賣網路廣告。

　　顯而易見的是，不管過渡到無人駕駛車會如何進行，汽車產業都必須發展出新的核心能力，為了在銷售無人車這門新產業中占得一席之地，汽車公司必須精通發展人工智慧軟體這門艱難的技藝，幾十年來即使是全世界最厲害的機器人學家也無法克服這項挑戰。

第四章　自己思考

　　1990年代，網路上有一則流傳甚廣的老笑話，其中一個版本是比爾·蓋茲（Bill Gates，時任微軟〔Microsoft〕執行長）誇口說，如果微軟是幫汽車設計作業系統（operating system, OS）而非電腦，汽車就會轉變為高科技的奇蹟，在眾多優點中的其中之一，會是一加侖油就能跑1,000英里（相當於3.785公升能跑約1,600公里）。[1]笑話接下來的發展，是通用汽車執行長怒火中燒，發表一封詳細而詳列數點的反駁聲明以回應，列出幾個原因說明微軟還是應該繼續幫電腦設計作業系統就好，千萬不要來碰汽車。

　　根據笑話，如果微軟幫汽車設計作業系統：

1. 汽車會經常莫名停擺，而發生的頻率實在太高，駕駛也只能接受、重新啟動汽車，然後繼續行駛。

2. 偶爾，所有車門會莫名其妙上鎖，而駕駛要進入車內只能同時拉起車門手把、轉動鑰匙，並握著廣播天線。

3. 有時候車輛會完全停擺並無法重新啟動，駕駛必須重新安裝引擎。

4. 每次汽車公司推出新型車款時，汽車買家就得重新學習開車，因為所有功能的運作方式都更新了。

5. 只要道路標線重新油漆過後，駕駛就得再買一輛能夠與新「作業系統」相容的新車。

6. 除非駕駛付費購買多位乘客許可，否則車輛只能載運一位乘客。

7. 油量、水溫以及電力警示燈都將用單一、全功能的「一般車輛錯誤」警示燈取代。

8. 安全氣囊在啟動之前會先詢問：「您確定嗎？」

　　當然，如今的視窗系統比1990年代時的視窗系統更為強大，我喜歡這則老笑話是因為從中能看出，要為無人駕駛車輛設計作業系統需要多麼先進的工程，軟體必須毫無瑕疵地引導一台龐大的金屬機器，載運著珍貴的人類乘客從A點到B點，同時還得避開其他車輛，在一群一群無法預測的行人與腳踏車騎士之間順利通過。

　　科技公司在打造智慧軟體這個領域上都是老手了，汽車公司擅長的則是製造、物流以及政治遊說，雖然各有所長，科技公司與汽車公司要建造能夠駕駛車輛的智慧作業系統都很不容易。

機器人作業系統

　　《牛津英語字典》（*Oxford English Dictionary*）對作業系統的定義是：「支援電腦基本功能的軟體，例如工作排程、執行應用程式，以及控制周邊設備。」無人駕駛車的作業系統所要負責的工作也差不多，就是**支援車輛的基本及進階功能以回應即時資料**（support the car's basic and advanced functions in response to real-time data）。但還不只如此，無人車的作業系統必須超級可靠且安全，而且在數位DNA深處必須包含人工智慧。

　　作業系統必須知道車輛的位置、理解車輛周遭環境、預測接下來會發生什麼是，並計畫回應方式。一套引導無人車的機器人作業系統比起電腦的或智慧手機的系統，無論從複雜性及規模而言都要更強大，因此目前機器人作業系統的發展還只在新生兒階段。

　　今時今日還沒有一套機器人作業系統能夠宣稱完全掌握了三項關鍵能力：即時反應速度、99.999%的可靠性，以及比人類更優秀的感知能力。工業機器人的操作能夠達到即時準確性，但是卻無法展現如人類般的感知能力。導航商用飛機的作業系統相當強大且可靠，但是面對從未見過的狀況時卻無法反應，事實證明自動駕駛飛機是安全的運輸模式，因為比起忙碌的市區十字路口，天空中會出現的複雜邊角案例就少得多。最後，智慧軟體能夠模仿人類的感知能力，像是臉書的臉部辨識軟體或者蘋果Siri

應用程式等，但卻不能即時運作，也不是特別強大。

　　無人車作業系統的表現若無法符合標準，其代價並不是以失去多少生產力來計算，而是以失去的人命，即時反應速度不只是能夠快速反應的能力，而是要在剛剛好的時間做反應。讓無人車順利運作的作業系統必須拿捏汽車的反應時間，準確度以微秒計算。如果一台桌上型電腦因為作業系統啟動硬碟而延遲了半秒鐘，雖然很討厭但可以接受，相較之下如果無人車在執行左轉時晚了或早了半秒鐘，可能就會造成嚴重的意外。

　　可靠性的標準又更高了，無人車作業系統不只要能防止駭客入侵，也必須設計、建構備用系統，這樣在硬體或軟體失靈時才能馬上無縫接軌。最後就像我們在前面幾章已經討論過的，一套機器人作業系統必須要夠聰明，才能夠理解周遭環境並好好相應。

打造機器人的藝術

　　為了深入探討如何打造聰明而可移動的機器人，我們的旅程前進到機器人的聖地，也就是賓州匹茲堡的卡內基美隆大學（Carnegie Mellon University, CMU），這幾十年來，CMU一直都站在機器人學及自駕車研究的第一線，CMU的格紋賽車團隊（Tartan）是由傳說中的機器人學教授威廉・「瑞德」・惠塔克（William "Red" Whittaker）領導，這支車隊三度稱霸由美國政府贊助的自駕車競賽，分別在2004年、2005年和2007年贏得DARPA挑戰賽，有些人認為這項競賽加速了現代無人車的發展（DARPA全名是國防高等研究計畫署〔Defense Advanced Research Projects Agency〕，是美國國防部的研究分支）。2015年2月，優步（Uber）急著想趕快開始發展自己的自駕車，也受到吸引而來到匹茲堡，並從CMU的機器人學與電腦科學系與隸屬該校的國家機器人工程中心（National Robotics Engineering Center, NREC），挖角四十多人。

　　NREC坐落的位置距離主要校區有1.6公里，並接受美國聯邦政府及企業補助，是CMU機器人研究所（Robotics Institute, RI）的運作單位，我們到訪的時候，優步還沒來挖角。對我們這本書的研究有利之處是，我先前有個學生布萊恩・薩賈克（Brian Zajac）是NREC的硬體工程師，欣然同意帶我們一遊。

　　NREC的任務是要根據CMU電腦科學家及機器人學家的學術研究，來打造可用的機器人原型，許多由NREC建造的機器人與機器車輛都是為了軍事用途，尤其要用在災後重建工作，不過有許多作品最後都轉為工業用途。在我們到訪的那天早上，我們把車開進NREC的停車場時就注意到周圍有一股工業氣息，令人耳目一新的感覺讓我們知道自己已經離開了學術的象牙塔。

　　NREC容身的建築物前身是列車修繕工廠，是一棟站在阿勒格尼河（Allegheny River）岸邊的老舊紅磚建築，處處可見過去匹茲堡製造業的痕跡，河岸邊排列著破落的裝卸碼頭。我們走過停車場的時候注意到幾台生了鏽的廢棄曳引機，放置在一堆堆丟棄不用的曳引機輪胎旁。

　　我們在灑滿陽光的大廳和布萊恩打過招呼後，便開始欣賞NREC先前作品的展示，訪客一進到建築物裏第一眼會見到的其中一件作品就是「馱馬」（Workhorse），這台災後重建機器人是由惠塔克以及其他CMU研究學者於1979年打造，在三哩島（Three Mile Island）核電廠爐心熔毀事件後協助清理善後，如今馱馬已經退役，驕傲地站在接待櫃檯旁邊，這台機器人就是在一輛六輪推車上裝載著不鏽鋼管線及零件。

　　我們開始參觀時，布萊恩帶著我們穿過在接待櫃台後的一扇門走進NREC的眾多辦公室與實驗室，我們跟著布萊恩走上一段螺旋梯，最後抵達一片寬闊、光線明亮、兩層樓高的中庭，這裏是研究中心的核心。在過去NREC還是列車修繕工廠的時候，工程師會把狀況不佳的列車拖進這個地方來修理，如今這裏是建造

機器人的地方。

　　中庭天花板上和牆上懸吊著幾架退役的機器人，看顧著下一代的進展，其中一台退役機器人有八隻腳，在運作良好的時期能夠大膽前進阿拉斯加的活火山。另一台退役機器人叫做SensaBot，設計是用來探測並監控危險的油田，被扣在牆上一組軌道上，在我們探訪期間，高掛我們頭頂的SensaBot時不時會在牆壁爬上爬下，展現出像是運動員在階梯上下跳躍的輕鬆自如。

　　我們在這座機器人樂園的第一站是要見見NREC的明星作品之一，魁梧的身形重達200.9公斤、高達152.4公分（443磅重、5英尺高）的紅色金屬災後重建機器人，名字叫做CHIMP（CMU智慧型移動平台〔CMU Highly Intelligent Mobile Platform〕），25名硬體及軟體工程師花了超過一年時間才打造出CHIMP，我們的嚮導布萊恩是該計畫的主要硬體工程師之一，當時剛當爸爸的他開玩笑說CHIMP其實是他另一個孩子。

　　我們知道原來DARPA資助CHIMP的研發是正在進行中計畫的一部分，他們想要發展災難應變機器人，在危險或有毒的環境中可以獨立作業，要是由人類來做可能會生病，甚至喪命。連續三年，DARPA贊助了不同大學及研究實驗室中好幾項這樣的計畫，為了要看看他們所資助的機器人實際運作的樣子，2012年至2015年，DARPA舉辦了三次DARPA機器人挑戰賽，這些挑戰賽讓來自世界各地的團隊有機會展示自家機器人的實力。

　　機器人挑戰賽中有特別規畫的競技場，仿照遭受自然災害的

地方，裏頭有掉落的水泥塊、傾倒的鋼梁堵住了門口，參賽的機器人必須在沒有人類直接監督的情況下運作，完成一系列指定的救災與災後重建相關的任務，像是關閉金屬閥門、在牆上切割洞口、清理殘礫、攀爬階梯，或是使用電動工具等等。要寫出能夠引導機器肢體動作、還要能提供強大人工感知能力的人工智慧軟體實在很難，雖然大多數人類要執行這些動作都不需太費力，但是對機器人來說，這些任務可是艱困的工作。

2013年的DARPA災難應變競賽中，參賽的機器人（包括CHIMP）都無法完成所有指定任務，多虧了讓無人駕駛車輛能夠加速成熟的科技進步，讓車輛更快、更小、更優秀的硬體感應器與電腦，還有更棒的人工智慧軟體，到了2015年的DARPA競賽，CHIMP以及其他兩具機器人都能在一個小時內完成賽程。CHIMP在全世界最先進的25台機器人中排名第三，為它在NREC驕傲的創造者贏得了50萬美元獎金。

布萊恩解釋道，今天我們會看到CHIMP出動，但只會做短暫而簡單的示範。他們在準備展示時，CHIMP的訓練及操作人員團隊忙進忙出，啟動機器人的作業系統軟體，幾名NREC工程師一起聚在一台螢幕前，仔細檢視著複雜的使用者介面。在此同時，CHIMP低著頭、毫無生命力地坐在地上，低調的氛圍讓人無法想像其背後的複雜性，包括引導協調肢體動作的先進工程科技，以及連接起壯碩機械身軀的軟體。

在CHIMP熱機時，我們欣賞著其機械肢體，CHIMP擁有兩支強壯如猿的手臂，機器腳還能變形成坦克履帶再變回肢體，

還有精巧像鉗子一樣的指頭可以隨意伸出縮回，另外，機器人的身體上裝著一整組感應器，能夠串流從環境接收來的資料並迅速由機器作業系統處理。

經過了十分鐘，CHIMP的作業系統終於完成啟動，突然就動了起來，就像人類運動員在熱身的樣子，黑色的機械手掌急切地繃緊著，就這樣一步一步，CHIMP活了過來。

CHIMP的機器人專家團隊密切監控著它的動作，在鍵盤上飛快鍵入指令，CHIMP感應器在研究環境的同時，操作團隊給它下了一個簡單指令：「往前移動300公分（10英尺）。」CHIMP的回應是繪製出周遭環境的3D數位模型，然後計畫並執行下一步。

計算完畢後，CHIMP粗短的下肢就順利變形成坦克履帶，漂亮地在地板上滑過了幾十公分，它轉了個圈、抬起上肢，然後以相同優雅的滑步姿態回到一開始出發的地方。CHIMP回到自己的休息位置後，坦克履帶又變回了粗壯的肢體，展示結束後便關機，靜靜倚坐在紅色的金屬臀部上。

人工智慧動起來

　　CHIMP是非比尋常的移動機器人，堪比奧林匹克等級的運動員，但諷刺的是這些先進的災難應變機器人，就連像CHIMP這樣設計高明的機器人也包含在內，卻恰恰顯示出人工智慧研究最大的困難之一：要教電腦學會下大師等級的圍棋，要比教電腦學會怎麼通過瓦礫堆簡單多了。機器人學家漢斯·莫拉維克（Hans Moravec）簡單扼要地總結了要讓看來簡單的任務自動化有何困難之處，後來被稱為**莫拉維克悖論**（Moravec's paradox），莫拉維克發現「要讓電腦在智力測驗或下圍棋等活動表現出成人等級的能力，相對比較簡單，但是講到認知和移動性，要讓電腦擁有如一歲兒童的能力卻極困難、甚至是不可能」。[2]

　　莫拉維克悖論讓我們看見在人工智慧研究者與機器人學家之間長久存在的溝渠，幾十年來人工智慧研究都希望能夠模仿人類的智慧，創造出一種軟體能夠執行大多數人都會覺得需要更高至能的任務，例如下圍棋、解謎，或者數學計算；另一方面，機器人學家追尋的則是不同目標，想要創造出人工的生命形式，能夠觀看並理解身邊的環境，就像一般人類幼兒展現出的技巧和姿態。

　　在我們人類做來簡單的活動，例如「關閉閥門、拿起電動工具，然後在牆上切割洞口」，其實需要極大量的運算能力，就像

鴨子划水看起來似乎游刃有餘，其實雙腳在水底下正奮力擺動，機器人軟體不斷要運算一系列複雜的計算，才能夠讓機器人肢體順利擺動，因此像CHIMP及其機器人同胞們這樣的救災與災後重建機器人，能夠忍受會讓人類生病或喪命的實體環境，但就算是低階的生命形式，其閃電般快速的反射神經也比機器人的反應時間要快上許多。

從DARPA競賽的影片中看來，機器人移動著完成任務的速度相當慢，動作也很不自然，肢體以慢動作運動，因為就算是引導一個簡單動作的軟體程式碼，例如是走到房間另一頭拿起扳手，也會讓機器人作業系統花費一分鐘以上來運作。另一項看似簡單的活動是要環顧房內四周檢視是否有障礙物並規畫路徑，這工作也相當資源密集，為了「認知」四周環境，機器人的視覺系統會掃描環境，接著軟體會處理大量串流進來的資料，尋找模式及有用的資訊，在機器人作業系統辨識出附近環境並確認適當的回應方式後，最後每支肢體的動作仍然需要額外分析，因此要花更多時間。

巴西科學家蘇珊娜‧赫庫藍諾－郝佐爾（Suzana Herculano-Houzel）提出了一些見解，解釋為何引導動作、認知與反應的軟體是如此資源密集、這麼難設計，赫庫藍諾－郝佐爾博士的研究顯示，有些活動長久以來都被視為較低階的智力表現，但其實對生物大腦來說也很難處理，差別在於我們的大腦經過百萬年的演化，已經投入了大量的認知資產來適應這些活動，處理好這樣的問題。

赫庫藍諾－郝佐爾博士設計出一種技巧能夠計算哺乳動物腦中的神經元數量，在數年努力不懈的研究後，她發現人類的大腦中大約含有860億個神經元，然而相對於過去許多大腦研究學者所相信的，其實負責監督基本身體功能與反射的神經元要比控制更高認知功能的要多得多。

人類小腦平均有690億個神經元，這裏又稱為「後腦」（back brain），負責指導基本的身體功能與動作，相較之下，赫庫藍諾－郝佐爾博士的研究發現在大腦皮層中僅僅有160億個神經元，而這裏所掌控的是所謂的較高階功能，像是自我覺察、問題解決能力與抽象思考。[3] 人類神經元的分布能讓我們知道，機器人的「神經元」（neurons）也應該要投入大量的運算能力來處理認知及動作。

我們造訪NREC那天，看過CHIMP的展示後離開，對機器人作業系統又有了一番新見解，考量到莫拉維克悖論以及要自動化簡單肢體動作所需的運算能力，也就不難理解為什麼要打造一套夠快、夠可靠又夠聰明的機器人作業系統有多麼困難，這套系統要引導車輛，尤其是無人車的安全性及可靠性都必須達到相當高的標準。

不過我們在NREC的下一站也是最後一站又讓我們增添信心，一輛亮綠色的強鹿（John Deere）曳引機讓我們看見希望，我們見到NREC另一位研究學者卡爾·威靈頓（Carl Wellington），他的工作重點是協助農產公司發展無人駕駛的農業機械。

現代農業使用科技相當熟練，使用的方法稱為**精準農業**（precision agriculture），卡爾解釋說農夫使用半自動農機已經超過十年了，在自動化的早期階段，農夫會在曳引機裝上高度準確的衛星定位系統，並使用農田管理軟體來畫出田地地圖。

在精準農業發展早期仍然需要有人類駕駛，第一代的自動化農機雖然能夠處理直線路徑，仍需要人類駕駛在農田尾端幫曳引機轉向，但是過了幾年後就出現了能夠引導自動曳引機轉向的商用軟體。

控制：人工智慧混搭

在工程困難度的光譜中，要設計出引導無人駕駛車輛的作業系統大約落在為CHIMP寫程式碼以及設計自動曳引機程式之間，無人駕駛車的作業系統橫跨兩大不同的研究領域，一個是**控制工程**（controls engineering），這個工程領域要處理機械零件表現的規範，另一個則是人工智慧研究。

控制工程要處理複雜的系統（例如像機器人那樣的機械系統），透過資料輸入及輸出以某種方式和周遭環境互動，機器人學家要對複雜系統下達某個指令，就要把活動組織成**低階**（low-level）控制及**高階**（high-level）控制，而在無人駕駛車輛中，低階控制管理的是車輛調節內在系統的方式，例如煞車、油門及方向盤，高階控制則管理車輛的長期策略計畫，例如導航及路線規畫行動。

控制工程的重點在於將軟體應用在管理複雜系統上，而在密切相關的人工智慧領域的研究者則努力要打造出能夠表現智慧行為的電腦軟體，這個廣泛而模糊的定義反映出該領域的廣度和多元性有多麼驚人。人工智慧研究會從其他幾個領域借用理論，包括心理學、語言學以及統計學，雖然要設計出能夠展現所謂一般智能的軟體，這項任務仍然是這個領域的長期目標，不過大多數現代的人工智慧研究都會各自專注在一個特定的問題上，例如讓工廠作業線更有效率，或者讓車輛能夠安全自動導航。

　　要深入探討人工智慧科技已經超過了這本書的範疇，為了解釋起來簡單一些，我們將豐富多樣化的人工智慧科技分為二類：由上而下的符號人工智慧，以及由下而上的資料驅動人工智慧，後者也有愈來愈多人稱為機器學習（machine learning）。符號人工智慧牽涉到要將一個複雜情境或工作拆解成一組制定嚴謹的規則，這樣人類工程師便能將之寫進軟體程式碼中，讓電腦可以透過分析與搜尋來執行邏輯工作。相對來說，資料驅動人工智慧（或稱為機器學習）則牽涉將演算法運用在大量資料處理上，利用統計科技來分類、分級，或者用其他方式來分析資料。

　　沒有哪一種人工智慧一定比其他更優越，重要的是要將最適當的人工智慧應用在手邊特定的任務上，所有人工智慧程式都試圖要破解複雜而極度難測的「真實世界」，將其轉化成數量有限的邏輯「區塊」（chunks），如此就能以軟體來處理。每一個區塊，或說特定情境，叫做**狀態**（state），每一狀態可能是棋盤上棋子的特定棋局，或者是某實體凍結在某一組態中的一秒，而所有可能情境的組合就叫做**狀態空間**（state space）。

　　符號人工智慧科技最適合用在較小的狀態空間，當中情境的所有可能結果都可以預測，並寫成嚴謹的規則；例如在工廠生產線上的可能狀態空間比起忙碌街道的要小得多，因此規則模式的人工智慧會是效率較高的科技，可以用在引導工廠機器人的軟體上，執行數量有限的可能行動與反應。

　　符號人工智慧數十年來都是制定規則的圭臬，但是到了二十世紀末，電腦的能力增強了，感應器的進步也讓可獲得的資料從

涓涓細流成了滾滾洪水，機器學習便從研究領域的邊緣一躍而成為廣受接納的顯學，其中一個最大的優勢在於，相對於傳統的符號人工智慧科技，機器學習並不需要人類工程師預測出情境中每一個可能的結果，工程師需要的是具備大量電腦運算能力以及大量訓練資料，設計出能夠「學習」如何應對眼前狀況的機器學習軟體，而且在某些情況下還能夠應付新穎而陌生的情境。

　　汽車的作業系統中交織著不同種類的人工智慧軟體，用以應付各種不同的控制功能，即使是令人驚豔的谷歌小型自動越野車是堪以比擬現代智人（*Homo sapiens*）的機器人，在戒備森嚴的實驗室中由絕頂聰明的谷歌研究團隊打造，也不是一現身就功能齊備，事實上，谷歌的現代自駕車得益於將近一世紀的人工智慧與機器人研究，其身上的機器DNA中還可發現數項早就消失無蹤的研究計畫痕跡，每一項都在這處貢獻出某個關鍵概念，或者在那處提供突破性科技。

　　在大眾的想像當中，長久以來都有一個不甚正確的信念，認為多虧了智人天生就是比較優越的物種，才得以存活下來，反觀較早出現、較為原始的人屬（*Homo*）物種則皆滅絕，但現代的DNA分析證明了這項論點有誤。尼安德塔人曾經被認為是因為較為優秀的表親出現而滅絕，其實仍存在於我們當中，近來的DNA分析研究揭露出，起源於歐洲與亞洲的人類都帶有部分尼安德塔人的遺傳物質，表示人類演化的過程並非如先前所相信的那般階段分明、線性發展。

　　為現代自駕車導航的軟體起源也像如此一般模糊、具爭議

性，又複雜。谷歌的低階控制，也就是監督煞車、轉向與速度控制系統的智慧軟體起源於初始的軍事機器人「戰犬」（Dog of War，一種電動犬〔electric dog〕），該機器人打造於1912年；谷歌的高階控制，也就是計畫最佳路線的軟體則利用了發展數十年的搜尋演算法。谷歌自駕車有些能力是透過將目前的駕駛情境與過往的經驗作比較來學習，這項能力是脫胎自最早於1950年代發展的機器學習技術。

加速、煞車、轉彎

　　低階控制的工作是將系統拉回到最佳的設定值，現代的回饋控制裝置看來或許不甚顯眼，卻是無所不在的支援部隊，不停調整引擎的燃料注入、穩定製造機器的電壓，甚至是將家中的溫度恰恰維持在你家恆溫器設定的數值；回饋控制運作的核心就是所謂的平衡：一套系統，無論是機械、電子或生物性的，都需要經常拉回到平衡狀態。

　　汽車工程師從1980年代開始就已經將低階控制用在防鎖死煞車及定速巡航系統中，而在無人駕駛車上，低階控制的任務又稍有拓展，包括管理汽車的主要硬體次要系統，確保汽車駕駛穩定行駛在計算好的軌道上，並保證煞車及油門運作順暢。低階控制是自動運作，在電光石火間下判斷，透過控制器區域網路將訊號傳給汽車電腦，如果低階控制運作得當，搭乘無人駕駛車的乘客甚至不會注意到什麼，只會知道車輛「跑」（handling）得相當流暢。

　　產業中工程師花了超過一個世紀的嘗試與錯誤才能讓低階控制的功能臻於完美，最早的回饋控制科技在現代標準看來實在相當簡單，在十八世紀的蒸汽引擎年代會使用稱為**調速器**（governor）的金屬機件來調整引擎鍋爐的壓力高低，藉此讓蒸汽引擎在不同的工作量下也能夠維持一定的運作速度。傳統的機械調速器只是一個簡單的金屬裝置，加掛兩個鋼鐵圓球來增加重

量，這個外型不大像人工智慧裝置，但是在引擎上裝設這種裝置
有項重要功能：自我調節。

在1912年，出現了可以說是世界上第一輛自駕車，發明者
是約翰‧哈蒙德二世（John Hammond Jr.）和班傑明‧梅斯納
（Benjamin Miessner），二人拼湊出一輛可自行導向的簡單小拖
車，其中含有電子迴路和一對感光硒電池，當小拖車上的感光細
胞暴露在光源下，一套低階控制系統就會牽引著推車的「方向
盤」，藉此平衡兩個光源，拖車就會轉向光線來源的方向。發明
者給這輛簡單的自駕車一個響亮的名字：「戰犬」，原本是想打
造來用於軍事以幫助美國贏得第一次世界大戰。

圖 4.1 ➢ 「電動犬」（約在 1912 年）
資料來源：《科學人》（*Scientific American*），補刊 2267，1919 年 6 月 14 日，頁
　　　 376 至 377。

戰犬背後的設計理念很直接，就是在接近敵人戰線的地方釋
放出戰犬，戰犬就會在毋須人類指揮的情況下自行去完成毀滅任
務，根據梅斯納的敘述，在「敵人將探照燈照到戰犬身上時，戰
犬會馬上自動往敵人的方向前進」，載著爆裂物直接衝進毫無戒

心的守夜人手裏。[4]

　　儘管就今日的標準而言，戰犬仍相當原始，算是控制工程早期的可行示範，現在的每輛無人車也倚賴相同的科學導航；戰犬也衍生出其他更為惡意的現代裝置，像是追熱飛彈。現今的自動巡航控制基本上也是使用相同的演算法，確保在車速過低的時候注入更多汽油來提升車速，而如果車速增加太快，調節器也會減少注入的汽油，讓預期車速和實際車速之間的差距漸趨於零。

　　原始的低階調節器，像是那些使用在戰犬中的已經不再使用，取而代之的是利用從感應器蒐集資料來調節致動器的電子迴路。現代的低階控制所使用的是高階數學，低階控制利用一整套龐大而多元的演算法家族讓單一部件或整套系統能夠順利運作，這個經常使用在低階控制的演算法家族又稱為**控制方案**（control schemes）或濾網（filter），有時候也稱為**反應控制**（reactive controls）。

　　隨著感應器資料持續增加，進階機器學習技術便應用到了低階控制上，預測性演算法就經常使用在低階控制中，用來讓機器人能穩定行駛在路線上。預測性演算法能夠增進汽車的狀態意識，同時仍能注意數位地圖以計算應該注入多少汽油到引擎中，這樣車輛才能順利翻越即將到來的高丘。有些汽油注入系統會使用數個不同感應器所傳來的資料，將許多變數都列入考量，像是引擎負載、空氣濕度，甚至是外部氧含量，才能夠注入恰巧足量的汽油好維持引擎的速度穩定。

　　要讓汽油驅動的引擎能夠順利運轉，其中最具挑戰性的面向

就是延遲的時間，或稱為**滯後時間**（lag time），這也是一套引擎或系統其中一個看似細微的怪異之處，就算最厲害的回饋控制器也會受其影響，因為將燃油注入到汽油引擎在本質上仍是一種機械與化學（而非電子）活動，汽油引擎最出名的缺點就是無法預測的滯後時間，這段延遲代表了要讓汽車在準確的時間點啟動、加速、煞車有多困難。

要減少自駕車中滯後時間的問題至少有兩種方法，一是在低階控制投入更多電腦運算能力，速度飛快的電腦可以減少並彌補燃料噴射器中的滯後時間，汽油引擎的運作就能達到更精準的平衡，讓車速維持穩定、時機準確；第二種解決問題的方法則是更換引擎。

電動引擎比較容易調節，這是谷歌和特斯拉選擇在他們的無人駕駛車電動引擎原型使用電動引擎的原因之一，只要在電動引擎上輸送特定電壓，引擎就會不斷並馬上產生某股已知的力矩，也就會往前衝。說來諷刺，聰明的學者數十年來傾力研究如何解決調節汽油引擎的問題，而集結了眾多智慧的結晶到頭來卻可能毫無用武之地，畢竟無人駕駛車上最後可能都會使用全電動引擎。

路線規畫及道路導航

　　低階控制可以一眨眼就完成工作，但相較之下，高階控制的工作時間就比較長，或許在整段駕駛過程中都在工作。如果低階控制就像反射神經，高階控制就類似那種較高層次的心智活動，傳統上會認為這就是「智力」。高階控制包括路線規畫及導航，兩種活動都可以利用搜尋演算法來處理。

　　搜尋演算法是傳統以規則為基礎的符號人工智慧典型範例，要利用搜尋演算法來成功解決高階控制的問題，重點就在於演算法擁有足夠的運算能力，能夠快速完成工作。搜尋演算法會消耗大量系統資源，因為多數問題都有許多可能的途徑或走法，而要決定出最佳路徑，就必須一一評估。

　　搜尋演算法的用途相當多元，現今已經使用在各種不同的應用上，諸如西洋棋（搜尋可能的棋步，並排列出最佳到最糟的結果）以及導航。無人車在規畫路徑時會利用搜尋演算法列出從這裏到那裏所有可能路徑選擇的清單，並依序排列出最佳到最糟的選擇。

　　一種經常使用的搜尋演算法稱為A*演算法（A* algorithm，A*即為A-star，中文念為**A星演算法**），於1968年由尼爾斯‧尼爾森（Nils Nilsson）和他的同事發明，如果某個問題的解決方法包括要排列出可能結果並選擇最佳方案，幾乎都會選擇A星演算法當成工具，全世界的GPS導航裝置背後的智慧都是使用A

星演算法，在今天也有許多不同種類的軟體使用，包括西洋棋和工廠工作排程。

　　就像那個跳阿根廷探戈的老笑話一樣，A星演算法所做的事情很單純卻不簡單，在A星演算法發明以前，早期的人工智慧研究者都苦惱於該如何讓搜尋更有效率，而答案就在於在搜尋過程中使用高明的成本函數，A星演算法使用成本函數加快搜尋過程，將目前已經檢視過的路徑成本結合樂觀估計到達目標目的地所剩下的成本，A星成本函數相當聰明地消除了在搜尋早期大多數漫無目的的嘗試，以數學計算確保能夠趨近於最短路徑。

　　雖然A星演算法是用在一般目的的搜尋演算法，對於和駕車相關的高階功能卻特別實用，如果軟體開發工程師調整演算法的成本函數然後重跑一次演算法，就可以用來處理各種不同的成本，可能的成本包括交通延誤、塞車、道路工程、交通號誌，甚至是左轉的數量等等。

　　尼爾森和他的同事發明A星演算法後就公開了這項資源，這項慷慨之舉加速了數位導航軟體的發展，從此A星演算法成為人工智慧研究中最具影響力的演算法之一。我在幾年前到瑞士參加一次小型工作坊時遇到了尼爾森，那次工作坊是為了慶祝人工智慧研究50周年，尼爾森看見現代的研究者急著想為每一小塊新的人工智慧研究申請專利，自嘲地跟我說：「如果每次有人使用GPS我就能拿到一毛錢，我今天早就發財了。」

　　時至今日，高階與低階控制科技皆已成熟，也經歷過時間檢驗而廣為使用，但是正因為這些科技的成熟也引發了一個有趣的

問題：為什麼現實中的無人駕駛車還沒能夠上市發售？答案就在莫拉維克悖論，事實就是看來簡單的移動與認知活動很難做到自動化。

　　如同前述，無人駕駛車比起其他種類的移動機器人有項優勢在於，無人車有四個輪子而非肢體，車輛滾動的移動方式讓無人車的設計者能夠避開許多困難，不像要自動化CHIMP這樣的救災與災後重建機器人那麼麻煩。但是莫拉維克悖論的第二個面向，也就是認知與反應行為已經抗拒自動化幾十年了，而能夠讓無人車看見周遭環境並隨之反應的軟體，仍然是自動作業系統中最終也是最重要的一塊拼圖。

第五章　創造人工感知

　　無論是低階或高階控制，設計的目的都不是要讓機器人能夠用視覺來理解環境並做出適當反應，因此人工智慧一直無法讓車輛擁有極度可靠的人工感知，直到最近才有進展。看看駭客喬治‧霍茲（George Hotz）在2015年的例子，他聲稱自己花了一個月在自家車庫裏拼裝出自己的無人駕駛車。

　　霍茲用常見的設備拼湊出一台2016 Acura ILX，包括光達、攝影鏡頭，前座置物箱裏裝設了電腦、網路交換器，和GPS感應器。霍茲說他的無人車運作良好，又誇口說只要再花幾個月改進及試驗，他的自製Acura導航軟體運作起來，會比搭載自動輔助駕駛功能的特斯拉Model S還要好。

　　特斯拉執行長伊隆‧馬斯克對於霍茲的公然挑戰並不以為然，他在特斯拉網站上貼文回應，戳破霍茲的牛皮並指出：

　　　自動化的真正問題：要讓機器學習系統達到99%的正確率相對簡單，但是要達到最終需要的99.9999%正確率可就困難許多，從每年的機器視覺競賽中就能看出這點，參賽的電腦要適當辨別出某物是不是狗，正確率必須超過99%，但有時候機器也會認為那是一株盆栽。如果在每小時110公里（70 mph）的車速下犯了這種錯誤，問題可就大了。[1]

　　霍茲與馬斯克之間的辯論顯示出那塊關鍵失落拼圖的重要性，也就是人工感知軟體，以及發展這類軟體對於可上市銷售無人車的成熟度有多麼重要。喬治‧霍茲在家自己打造的Acura便

能證明，如今只要是技術高超的開發者都能在相當短時間內造出一台不錯的無人駕駛車，但是正如馬斯克所點出的，如果要將自己的生命交在軟體手上，要從99%正確率跳到99.9999%，其實是不小的差距。

過去幾年來，移動機器人更懂得如何辨識周遭環境並找到路徑，而電腦視覺軟體能力的長足進步也有助益，再加上出現了大數據、高解析度數位相機，以及速度更快的處理器，都形成助力；而另一項觸媒則是成功應用機器學習軟體來解決機器視覺的棘手問題，在人工感知的研究中引發一波小小復興。

無人車科技的最後一哩路，仍有賴軟體要發展到能夠監督車輛的感知與反應，在我們撰寫這本書的時候遇到一個苦惱的問題：到底該如何稱呼這一堆剛出現的各種軟體工具呢？這些工具既不屬於高階、也不能說是低階控制，於是在經過幾番思量後，我們最後將這些軟體稱為**中階控制**（mid-level controls）。

在這一章中，我們用**中階控制軟體**（mid-level control software）來形容這些讓車輛擁有人工感知與反應的各種軟體工具。中階控制軟體讓車輛的作業系統能夠理解感應器傳來的資料，了解附近環境的實際格局，並且選擇應對鄰近物體與事件的最佳選項。中階活動的平均需時，也就是機器人學家所說的**事件視界**（event horizon），短至幾秒，長則要幾分鐘，相較之下，低階控制運作的視界就在一秒間，而高階控制則要提早幾小時來規畫。

以人類而言，中階活動的例子大概就像從水槽裏選擇一個髒

咖啡杯並放進洗碗機裏；而在像是CHIMP這類災難應對機器人來說，中階控制功能會發現器人的視覺感應器辨識出地板上有一個圓形暗色物體，CHIMP的中階控制軟體會將這物體歸類為石頭（而不是陰影之類的），然後引導機器人的坦克履帶安全繞過去。無人駕駛車的中階活動可能包括辨識出站在人行穿越道上的形狀是騎著腳踏車的人，並決定禮讓其先行，而如果有個塑膠袋飛到路徑上就決定不必變換方向。

物體辨識的挑戰

中階控制軟體引導著無人駕駛車通過在真實世界中的複雜情況，其中可能的回應方式幾乎是無限多種，為了讓各位想像一下開發者所面臨的挑戰，想想要寫出軟體來引導車輛通過一個忙碌的十字路口會是什麼樣子，既然我們的軟體要符合與人類駕駛同一套標準，就必須遵守標準版本的車輛管理局規則手冊中明載的道路規範[2]：

> 減速並預備停車，禮讓已經或剛剛進入十字路口的車輛及行人；同時，禮讓先到的車輛或自行車，也要禮讓與你同時抵達十字路口、行駛在你右側的車輛或自行車。

很簡單，對吧？如果將這個過程分解為實用步驟後，隱藏其中的複雜性就開始出現了。第一項任務是要寫程式碼，讓車輛能夠辨識出十字路口就快到了，這樣才能「減速並預備停車」，要執行這項回應可以使用GPS定位點以及詳細載明了十字路口位置的數位地圖，停車號誌或燈號的視覺辨識點也有幫助。到這一步還算順利。

現在進行下一項任務，「禮讓已經或剛剛進入十字路口的車輛及行人」，到這個階段，這項工作就開始有點麻煩了，首先什麼可以歸類為「車輛」？軟體又怎麼知道如何辨識「行人」這類

物體？

　為了要表現得和人類駕駛一樣好，我們假想中的中階控制軟體必須想辦法正確分類出屬於車輛、行人，或自行車的物體，要處理這個問題的其中一個方法是寫一套使用規則為基方法的人工智慧程式，我們可以試著去分類車輛可能遇到的每個行人、車輛，以及特定的交通狀況，寫出一長串沒完沒了的清單，程式設計師稱之為**條件陳述**（if-then statement）。

　現在要處理下一個問題：你必須想辦法描述各個類別，這樣軟體才能辨識，要辨別「車輛」或「行人」等類別或許有個方法，就是根據物體可能的樣貌，例如車輛＝3至6公尺長（10至20英尺）的四方盒形物體；行人＝不超過60公分寬，60至200公分高（2英尺寬，2至7英尺高）的兩腳物體。

　研究人工智慧的學者在過去幾十年來已經發現類別定義並不適用於每種狀況，總是不免會出現某個例外，成為一、兩種邊角案例，就算是建構最嚴謹的條件陳述設定也會失敗。在十字路口這個例子中，某個行人或許會使用拐杖，還有一個則是拿著體積龐大的包裹，讓他的身體超過60公分寬；又或者一輛只有2公尺長的摩托車（也就是說短到不會被當成車輛）疾駛通過十字路口，軟體就無法辨識出這種車輛。

　以規則為基的人工智慧軟體核心中存在著一個問題，那就是缺乏效能強大的方法，能夠分類出車輛會遇到的每樣東西，根本不可能寫出能夠引導車輛反應的規則。既然我們的軟體不是每次都能辨識出遇到的是車輛還是自行車，就無法建議車輛如何依照

道路規範的指示適當反應，所以說，如果生活完全有條有理，那麼要寫出中階控制軟體這項任務就會很簡單，可是不管在任一座城市中任一處忙碌的街口，必定會出現源源不絕的新穎邊角案例，在在無法符合定義。顯然我們人類已經精通感知的技能，只是我們認為這是理所當然。

傑夫・霍金斯（Jeff Hawkins）創立了Palm公司，同時也是指標性著作《創智慧》（On Intelligence）的作者，他在書中說明了機器感知長久以來的困惑之處：**不變表徵**（invariant representation），也就是我們大腦能夠持續辨識出視覺、聽覺或感官的能力，無論這些感知是否以我們熟悉的形態或情境出現，或者我們以新的角度體驗，依然能夠成功辨認。不變表徵的一個例子是我們經常能夠瞬間就認出朋友的樣子，即使她的髮色從金色變為棕色也沒問題。

人類的眼睛能夠暢通無阻地將資料傳輸到我們的大腦，我們不必特地細細審查所看到的景象來理解；但是從視覺感應器接收到資料串流的電腦就不一樣了，得多花一番工夫。視覺資料串流基本上就是一個數值陣列，機器視覺軟體會穩定處理這些數值陣列，卻無法理解這些數值所描述的是什麼樣的視覺景象，這個難題一箭命中人工智慧研究的核心。

人類為什麼能夠做到近乎完美的**場景理解**（scene understanding）？這個謎團已經困擾了哲學家與科學家幾個世紀。自從發明了第一台電腦，人工智慧學者便試圖要破解這個謎團，除了場景理解外還有其近親**物體辨識**（object recognition），使用各種五花八門的技巧，有些技巧運用邏輯（「如果物體有三個銳角，那麼一定是⋯⋯」，也有其他技巧光靠蠻力，盡可能儲存所有機器人可能會遇到的圖片，讓軟體使用某種比較標準將新的視覺資訊跟資料庫比對。這兩種方法在某些情況下都管用，但速度太慢，而且軟體仍然不具備最關鍵的技能，也就是能夠持續在陌生環境中辨識出物體的能力。

要自動化物體辨識的過程，就必須讓軟體能夠從原始資料中抽取出視覺資訊，才能夠辨識出數值描述的物體。研究者多年來試圖用過幾種不同的方法，其中一種在1960年代發展出來最初始的電腦視覺軟體，是將數位影像純化成簡單的線圖。

運用這個方法的知名案例是一台名叫Shakey的機器人，其創造者是史丹福大學研究員查爾斯·羅森（Charles Rosen），他相當樂觀地形容Shakey是「第一位電子人類」。Shakey的「身體」是由一堆沉重的箱子組成，箱內裝著電子設備再堆疊於小推車上，箱子最上面安放著Shakey的「頭」（head），將攝影鏡頭和纜線纏在又高又細的旋轉桿上。Shakey的視覺感應器是一顆1970年代的電視攝影鏡頭，能夠產生一連串影像，每一張大約只有幾百像素。

Shakey讓全世界研究機器視覺的人驚豔，只要在系統中鍵入「去找一個紅色方塊」，它就會有所反應，用電視鏡頭四處張望，慢慢滾著輪子在房間裏找一個紅色方塊，等到視覺系統做了結論，認定確實「看見」想要的物體，Shakey就會發出訊號表示任務完成。以1970年代的科技來說還不錯。

圖 5.1 ➤ Shakey 運作時的縮時攝影影像（約 1970 年）

資料來源：SRI Internationl

　　Shakey使用的這種人工智慧叫做**邊緣偵測**（edge detection），屬於**模板為基感知**（template based perception）這類更廣泛的視覺辨識科技，Shakey透過電視鏡頭來分析影像，然後將之簡化成簡單的線圖，就可以辨識出特定形狀或顏色的物體，只要影像經過這樣的拆解後，Shakey就能跟三角錐體、方塊、圓柱體等線圖資料庫比對，辨識出物體是什麼。

　　邊緣偵測所需要的運算能力或記憶體相對較少，可以有效儲存資料，能夠很快從原始視覺資料中抽取出有意義的資訊，考慮到發明Shakey那個年代的硬體仍嫌粗糙，這樣的表現相當優

秀。分析整張數位影像要花幾分鐘，而將影像拆解成簡單的線圖讓Shakey的反應時間更快，讓人類覺得滿意。

利用邊緣偵測來比對模板顯然有其限制，Shakey只有在仔細設定好的環境中才能運作，背景乾淨，而且只會遇見他已經熟悉的物體。如果Shakey要「看見」不符合線圖資料庫中的物體，軟體就只能盡量猜一個最佳解答；如果在環境裏丟進一個新的障礙物，例如是一個圓柱體、一隻貓，或是飛來飛去的塑膠袋，或者某位同事早上遲到後，一時不察就晃進了實驗室裏，Shakey的感應器會偵測到這個陌生的物體，但是其中階控制功能就沒辦法辨認出來。

在Shakey之後，人工智慧研究學者又發展出好幾種不同的以規則為基礎的人工智慧軟體程式，能夠處理數種不同的資料格式，包括數位影像檔案、3D點雲及影片。有些機器視覺軟體會從距離資料中計算深度測量，有些軟體則擅長在數位照片中辨識不同的質地，有些程式的運作能夠辨識出特殊視覺特色的存在，並將這個特色與儲存於資料庫的物體特色相比。

這些技術有許多都相當有效，其實有很多仍然會使用在現代工業機器人中，用以執行具體的任務，例如檢查複雜的電路板或將機器零件分類放入籃子裏。但是，以規則為基準（或者以模板為基準）的機器視覺軟體有個重大的限制，那就是只有在設定嚴謹的環境中才能發揮最大效用，在這裏機器人的機器視覺只會遇到經過篩選的各種物體。如果工業機器人的設定只能分類出螺帽與螺栓，拿根香蕉在機器人面前晃只會讓它停止動作，因為這個

陌生的黃色物體並不符合其影像庫中的任何紀錄，只能呆站著。

　　如果要將以規則為基的人工智慧運用在無人駕駛車上以提供人工場景理解，表現會特別差。我在觀賞2007年DARPA挑戰賽（DARPA Challenge of 2007）時就目睹了一場絕佳（也是無意的）示範，展現出以規則為基的人工智慧程式無法理解交通場景，而時間差則造成二台自駕機器相撞。（要知道DARPA挑戰賽的更多細節請見第八章。）

　　2007年，電腦視覺軟體大部分都還是以規則為基礎，隨著競賽推進，來自康乃爾大學的自駕車Skynet，謹慎地在路上緩步前進，後頭緊緊跟著麻省理工學院（Massachusetts Institute of Technology, MIT）所設計的Talos車，不曉得為什麼，康乃爾車突然停止、後退，然後往前衝，又停止，麻省理工車試圖要繞過搖搖晃晃的康乃爾車，而當麻省理工車慢慢移動到繞路的位置時，康乃爾車竟然又開始動了，於是的Talos撞上了前車的側邊。

　　幸運的是沒有人受傷，而且後來雙方都很開心自己有幸參與或許是全球第一起「無人車對無人車」（driverless vs. driverless）的車禍，分析過車輛的駕駛紀錄後，發現兩輛車相撞是因為機器視覺軟體無法發揮功能。康乃爾團隊事後歸納分析，車輛突然停止是因為「一次測量任務出錯了，導致不存在的障礙出現，而暫時擋住了Skynet的路徑」。麻省理工團隊的結論則是，「Talos將Skynet當成了一堆靜態物件」。[3]

　　如果引導康乃爾車的軟體正確辨識出麻省理工車是一輛移動

車輛,而麻省理工車也做到了,車禍就不會發生。這個例子顯示出無人駕駛車的中階控制軟體必須能夠辨識出在路上或道路附近所見到的物體,兩種相似物體之間微妙但關鍵性的差異,例如停止中的摩托車與正駛向車陣中的摩托車,可能就是生死之隔。

中階控制

我們會以四個模組來解釋中階控制軟體如何運作，第一個模組是叫做**占據式格點地圖**（occupancy grid）的軟體工具，第二個軟體程式則能夠辨識並標籤串流進占據式格點地圖的原始資料，第三個模組運用預測人工智慧軟體來產生**不確定性錐**（cone of uncertainty；不確定的物體），最後第四個模組包括**短期軌道規畫**（short-term trajectory planner），能夠引導車輛通過已知障礙，同時還能遵守道路規範。就從第一個模組：占據式格點地圖開始吧。

占據式格點地圖這項軟體工具能夠即時提供車外環境的3D數位模型，並且不斷更新，這種地圖跟含有數位紀錄的後端資料庫很像，就是一座數位知識庫，儲存了車輛四周的所有實體資料。格點能夠與中階控制軟體中其他模組串聯運作，也可以充作程式設計師的視覺模型。

資料會從數個來源湧入占據式格點地圖，有些靜態資料的來源是內存的高解析地圖，其他動態資料則是由車輛視覺感應器即時導入。大部分程式設計師都用顏色編碼系統來建構占據式格點地圖，上頭還用容易辨識的標記來代表經常出現在道路上的物體。

二十年前，典型的占據式格點地圖看起來一塊一塊的，畫面相當粗糙，視覺效果大概就跟古早的小精靈機台遊戲差不多。

1980年代，無人車還要背著笨重的迷你電腦與電視攝影鏡頭到處跑，其中所使用的占據式格點地圖依照車外場景描繪出的模型，就像一系列不平穩的定格影像，而今日的占據式格點地圖則能夠即時運作，不停更新車輛附近的所有物體資訊，建構出一套動態模型。

到這個時候，精明的讀者應該會停下來並指出，歷史上大部分的案例中都發現軟體很不擅長正確辨識物體，因為事實確實如此，所以我們現在要告訴各位一項關鍵的新資訊：占據式格點地圖確實只是一套路徑規畫的空間模型，車輛要解讀場景，仍須仰賴第二套軟體模組來標記從車輛感應器輸入的原始資料。這第二套模組使用深度學習軟體來分類行經車輛的各種物體，讓占據式

圖 5.2 ➤ 一處十字路口的占據式格點地圖，含有已辨識出的物體，並覆蓋上高解析地圖上的資料與感應器資料。

資料來源：谷歌

格點地圖能夠儲存這些資訊，供車輛中其他的作業系統使用。

　　深度學習軟體雖然只是辨識出圖像中描繪的物體，卻總算是終於解開了人工感知的謎團，並帶動了無人駕駛車發展，我們會在第十章解釋深度學習的內部運作模式，在這裏就簡單總結為一種機器學習軟體，利用人工神經網絡來辨識出原始視覺資料串流中的物體。

　　過去的占據式格點地圖缺乏正確標記的資料輸入，基本上沒什麼用處，而只是粗略的估測出附近環境少數的大型實體。若是不知道車輛外頭流竄著什麼物體，車輛的其他軟體程式就不能規畫出最佳反應，或者預測出這些未知物體接下來會做什麼。直到最近，無人駕駛車輛仍然只能在靜態環境中才能安全運作，其中幾乎不會有移動物體，例如像工廠、礦坑、農田和沙漠中。在這些靜態環境裏，引導車輛的軟體就能運作得相當好，不管能不能夠辨識出眼前的障礙，只要迴避就好。

　　深度學習也讓另一項科技有了用武之地，同樣能夠大大改善無人駕駛車軟體在動態環境中的表現，中階控制軟體中的第三項模組使用一種工具叫做**不確定性錐**，能夠預測車輛附近的物體移動到哪裏、速度有多快。深度學習模組標記出物體之後，占據式格點地圖又記錄了其存在，不確定性錐就能預測物體接下來的動向。

　　不確定性錐讓無人駕駛車輛擁有人工場景理解能力。如果人類駕駛看見某個行人站得離車流太近，就會在心裏提醒自己要轉向避開，而無人駕駛車也會用不確定性錐來做相同的「提醒」。

像消防栓這樣的靜止物體就會有比較小而窄的不確定性錐，因為不太可能會出現大幅移動，相對來說，移動快速的物體就會有比較大而廣的不確定性錐，因為最後的可能落點數量比較多，所以未來的位置就有不確定性。

人類駕駛不會針對每個附近物體都在心裏精確畫出橢圓錐形，但是我們會執行某件算是差不多的工作，我們會在心裏不斷記錄下附近有什麼人、什麼東西，根據自身對這些東西出現的評估再加上過往經驗，我們可以猜測對方的意圖，並預測對方接下來的行動。

機器人學家從天氣預報借用了錐形的概念。如果你曾經看過電視上的氣象報導，會看見氣象學家要展示龍捲風行經中西部平原的軌跡時，那就是不確定性錐，錐形頂端是龍捲風目前已知的位置，接著展開來的部分則是龍捲風的潛在路徑，接下來幾天在這一路上大肆破壞，錐形的展開邊緣愈廣，龍捲風的最終目的地便愈是不確定。

中階控制軟體創造錐形的步驟如下，想像在一張紙上描繪出了某個物體，首先我們會緊靠著物體邊緣畫一個圓圈，姑且稱之為**現在圈**（current circle）；然後我們要在物體接下來十秒內可能占據的所有未來位置周圍畫一個大一點的圈，就稱為**未來圈**（future circle）；最後，用兩條線將小圈和大圈連接起來，完成了，這就是不確定性錐。

不確定性錐可以替代人類的眼神交會。從無人駕駛車的制高點來看，某個行人站在路邊面向街道，會有一個稍微往前歪斜的

錐形，表示行人隨時可能會往前移動；如果這位行人盯著手機看而非向前看，錐形的形狀就不同了，或許會窄一點點，畢竟對方看起來不像是準備往前的樣子；如果行人看向無人車，錐形會縮小更多，因為車輛軟體會知道他看見車子了，就不可能移動到車輛路徑上。

行人的動向愈是難以預測，不確定性錐就會愈大，把腳踏車騎得搖搖晃晃的騎士比起靜止不動的行人就會有大一點的不確定性錐，而一隻慌亂的小狗或追著球跑的小孩則會擁有更大的錐形。

有時候即使是靜態物體也會形成很大的不確定性錐，像是有遮蔽性的物體或者會擋住身後物品的物體，雖然這些物體本身不可能移動，但後頭可能躲藏著會移動的東西。車輛的中階控制軟體可能會在某些地點附近畫出很大的不確定性錐，例如死巷、看不見來向的轉角處，或者停靠在路邊而車門敞開的車輛，可能會突然出現乘客，暫停的校車可能也會有比較大的不確定性錐，雖然校車本身沒有移動，但隨時都會有小孩從車後冒出來。

在前三個模組完成工作後，第四個模組短期軌道規畫就可以開始運作。當車輛附近的物體都做了標示，也計算出各個**不確定性錐**，無人駕駛車的軌道規畫軟體就會計畫出車輛的最佳前進路徑，使用發展成熟的規畫演算法來計算最有效率的前進路徑，同時仍會遵守道路規範、縮短行駛時間、降低碰撞風險。

電腦最擅長這種非線性的路徑預估，過去幾年來，軟體程式不斷進步，已經讓電腦能夠比人類對物體軌跡做出更好預測，在

某個情況中的可能結果愈多，電腦計算出所有不同可能性的能力就愈強，若再加進更有可能的變數，例如行人可能行動的範圍更廣，軌道規畫的表現甚至會更優秀。

　　如果中階控制軟體能持續以目前的速度進化，無人駕駛車的作業系統很快就能成為三位一體的神通：反應、可靠性以及智慧。這是否表示無人駕駛車應該獲准上路呢？或許是。但首先，人類乘客必須要求看見實質證據和清楚的定義，究竟這些新一代的機器駕駛有多可靠。

超級可靠又安全

我們已經討論過讓作業系統很難做到完全可靠的技術挑戰，同時也必須定義並量化所謂可靠性的法律標準。許多人堅持無人駕駛車必須要達到完美的百分之百可靠性才能合法化，也就是不能發生碰撞、故障或錯誤，絕對不能，可惜如果必須做到完美的可靠性，無人駕駛車永遠沒辦法達到合法階段，沒有哪套作業系統能夠一直保持完美可靠。

作業系統中有很多東西都會出錯，就算是設計最精良的系統也會不時故障。在個人電腦上，使用者或許安裝了一個帶著蟲的新應用程式，結果便干擾了系統的核心運作。系統也有可能感染惡意的電腦病毒，新安裝某個周邊硬體就會不小心讓整個系統當機。

電腦的作業系統具有二個特色而顯得不可靠、不安全：第一，系統中含有幾百萬條編碼，即使是屬害的工程師也無法逐一檢查以找出潛在錯誤（bug）；第二，作業系統中所謂的**故障隔離**（fault isolation）能力太差。

例如Windows、IOS和Linux等作業系統的建置中，在子部件或程序間幾乎沒有隔離，Windows XP的架構中含有約五百萬條編碼，要在單一而龐大的數位「工作空間」，也就是核心（kernel）中運作幾千個作業程序，這上千個程序都以單一的二進位程式互相連結在一起，就好像登山者都繫著同一條繩子，只

要一個人掉下去，大家都會一起墜落。

　　硬體的問題經常是電腦作業系統失靈的根本原因，機器人作業系統要處理更大量的硬體組件。如果像是滑鼠、鍵盤和耳機這種單純的周邊都會讓電腦作業系統當機，想像一下汽車「硬體」會有多麼不可靠：輪胎、煞車，還有方向盤，更別提駕駛車輛所需的所有感應器。

　　每種裝設的硬體都有特別的軟體程式叫做驅動程式（driver），讓那部分的硬體安裝好之後能夠與其他作業系統溝通。驅動程式的問題是另一個系統失靈的主因，可能會造成大災難，因驅動程式而當機大約占了作業系統失靈中的70%，這個錯誤率比起潛伏在軟體編碼中的錯誤所引起的問題還提高3至7倍。[4]

　　作業系統愈是複雜，就愈難預測會如何失靈。編碼的數量是以千萬計，就算編碼寫得再好，還是有可能失靈。同時還有資料安全的威脅，源自於惡意駭客在無人駕駛車上安裝了非授權硬體，或者惡搞作業系統。

　　而且風險也比較高，如果個人電腦遭遇了災難性的系統失靈，結果只是讓人困擾，從來沒有使用者因為可怕的「電腦死當變藍幕」而死亡；但是就無人駕駛車來說，電腦死當變藍幕可能就相當於，可以說就是死亡。還有其他危害較小但同樣危險的故障情況，例如某個特定硬體停止回應，或者整個作業系統陷入了某種系統問題而開始運作得非常、非常緩慢。

　　事實是無人駕駛車當然會遭遇軟體失靈的狀況，但有待討論

的問題是多大程度的失靈是可以接受的？在伺服器作業系統這塊已臻成熟的領域中，系統管理者已經發展出一套科學方法來計算並記錄系統的**停機時間**（downtime），也就是每年伺服器會因為系統失靈而離線多少個小時。停機時間可以預先規畫，例如在需要升級的時候，也有可能是計畫之外的，那就是會造成危害的系統失靈。無論是否在規畫內，停機時間都會讓企業虧錢。

　　成熟的電腦作業系統占了優勢，因為系統管理員已經想出了好幾種技術來增進可靠性，因此在過去幾年，每年伺服器的停機時間都有明顯下降，一般完整配置的Windows或Linux伺服器如今每年幾乎不會有停機時間，就算有也只剩幾分鐘。如果一年停機幾分鐘對於倚賴伺服器群運作的企業而言沒問題，對無人駕駛車輛來說是否也沒問題？

　　有些人因為厭倦了那些分心、酒醉或情緒不穩的駕駛而造成的死傷車禍，或許會願意接受無人駕駛車不到完美的可靠性，這群相信實用主義的人們可能會同意，只要無人車的作業系統能把車開得比人類駕駛還好，就應該合法化。理性想想，這樣的可靠性標準非常有道理，但難就難在如何說服那些反對者，給機器人一個機會。

　　一般大眾對機器的標準都比對人類還要高，我們猜想將可靠性標準設定在與人類相同很快就會造成問題。我們已經習慣了人類駕駛造成的悲劇，然而由機器人駕駛所造成的第一場悲劇將會引起眾怒，或許會讓大眾抵制無人駕駛車很長一段時間。

　　我們就來提一個更大膽的標準：無人駕駛車必須比人類駕駛

平均表現還要安全二倍，接著要為這項標準提供數據，根據汽車保險產業的資料，美國的人類駕駛平均每十七年會出一次意外，而另一種評估的方法是每位駕駛平均駕駛約30萬公里（19萬英里）就會因車禍而提出保險理賠。

雖然意外很常見，這些碰撞卻很少有死傷，機率只有0.3%[5]，也就是說，人類駕駛每開車30萬公里就會發生某種意外，小從輕微的擦撞意外，大至死亡車禍，就以此為標準再往上增加一點，訂為每32萬公里發生一次意外。

機器人可靠性的量化可以根據機器能夠獨自運作多久而無須人類干預，這個數字稱為平均故障間隔時間（mean time between failure，以下稱為MTBF）。機器人就和人類一樣，有時也需要幫忙，例如在家裏的掃地機器人平均每十個小時會需要有人伸出援手，例如機器人困在椅腳叢林中或者輪子卡進了討厭的電線團裏。高端工業機器人的MTBF就長多了，尤其是在遠端環境中作業的機器人，人類監督者大約一個月只會來看一次。

如果無人駕駛車必須比人類駕駛平均表現更安全二倍，這表示故障數據應該等同於每駕駛64萬公里（約40萬英里）發生一次意外，大概是人類駕駛能夠不發生意外的兩倍里程數。既然我們談的是里程數，而非故障間隔的時數，我們的數據可以改稱為平均故障間隔距離（mean distance between failure，以下稱為MDBF），這個數字可以透過常見的道路情況、交通狀況以及天氣狀況組合來測量。

來計算一下無人駕駛車要花多久時間才會累積到64萬公里

的MDBF。如果一輛自駕車每天可以行駛1,600公里（1,000英里），那麼在四百天內就會達到MDBF，大約是一年多。用另一種方法來看，一支1,000輛車的車隊可以在24小時內就達到64萬公里MDBF的標準。要讓這些數據更可靠，或許還需要重複幾次測驗。

　　教會機器人如何思考的其中一個絕大好處就是它們具有蜂群思維，只要一個機器人學會了一件事，軟體就能複製給其他十幾個機器人，再利用這份知識繼續學習，而隨著許多不同的機器人系統同時在學習，各自的學習成果就能匯聚成一個核心知識庫，然後再分流回到機器人各自的心智中，接著還能繼續用更快的速度學習。

　　有些人稱這種集體學習的方式為**車隊學習**（fleet learning）。無人駕駛車科技的一項最大好處就是車輛學得非常快，呈指數率成長，隊中的車輛吸收彼此過去行駛的里程數中總和起來的駕駛資料數位串流，藉此學習，谷歌、Volvo和特斯拉都用這個方法來精進自己的無人車科技。

　　車隊學習包括重複，重複非常、非常多次。2014年4月公布的一段影片中，谷歌自駕車計畫（Google Self Driving Car Project）的測試駕駛說：「我們的工作中有很大一部分就是要到外頭的世界，發現所有車輛可能會遇到的潛在情況，然後我們協助工程師教導車輛學會如何通過每一種情況。」[6]隨著影片一起發布的部落格文章還補充道：「因為我們遇到了幾千種不同的情況，於是建立了軟體模型來處理各種狀況，從有可能的（車輛

遇到紅燈則停）到不可能的（闖紅燈），我們還有許多問題要解決，包括教導車輛在加州山景城（Mountain View）內多開幾條路，然後再去征服其他城鎮。」

比人類安全兩倍

　　隨著儲存在知識庫內的駕駛情況繼續以指數率增加，無人駕駛車的能力會變得愈來愈好，但是為了要社會大眾及法律完全接納無人車，還需要一組透明清楚的可靠性標準，清楚定義並符合大眾的期待，究竟何謂安全而可接受的平均故障間隔距離。理想上，製造無人駕駛車輛的公司可以與美國聯邦政府合作，一同定義可接受的無人車MDBF。

　　在無人駕駛的新世代裏，MDBF等級會成為對消費者行銷資料中的關鍵，其重要性就像買新車要看馬力一樣。消費者要決定要買哪輛車時，無人駕駛車輛的MDBF等級會成為車輛已知的決定性特色之一。但是MDBF這詞有點拗口，我們想用另一個更好說的詞。

　　無人駕駛車的MDBF等級應該被視為無人駕駛車的**人身安全**等級（humansafe level）。說起來，早期車輛要展現其引擎能力不是用瓦特計算，而是使用過去較熟悉的詞彙，也就是馬匹的力量，稱為馬力。無人駕駛車也應該效仿，用一個我們已經熟悉的安全層級來展現安全駕駛的能力，也就是人身安全。

　　這詞是這樣用的。車輛行駛而不發生意外的里程數若是人類駕駛平均的二倍，在行銷上就能說自己的人身安全評等為2.0，若是人類駕駛平均的三倍半，那麼人身安全評等就是3.5，以此類推。人身安全等級端賴車輛軟體與運算的能力，還有硬體感應

器的數量和類型。

由美國聯邦政府制定人身安全等級的體制幾乎對所有在無人駕駛車產業中的人都有益，無人車的人身安全評等會是正面行銷的核心部分，汽車公司會打造特別的「超級安全」車輛，擁有高人身安全評等並為了額外的安全保障而售價高昂。或許法律會規定，用來載運無人陪伴孩童的無人駕駛車輛需要擁有10.0的最高安全等級，不過只用來載貨的車輛即使評等較低也可獲准上路。消費者可以言之有物，談論各種不同車型的人身安全和馬力之間的取捨，看著車身流線設計的跑車以及最先進的人工智慧與感應器組。

這份工作已經完成了一部分，要有一套運作順利的機器人系統成功處理到這許多問題，一個最好的例子就是民航飛機所使用的作業系統，民航客機在所有交通系統中的平均故障間隔時間（MTBF）評等相當高，平均而言，一架飛機每飛兩百萬趟會出現一次致命的系統失靈[7]（不計入機師失誤、人為破壞、恐怖攻擊和其他外部因素，這些加起來占了死亡空難中80%以上）。

每二百萬趟航班會出現一次失靈，比起過去的飛航安全算是長足的進步，大約比起1950年代的意外發生率改善了100倍，若考慮到現代的飛機比起1950年代所飛行的時間和距離都更長，這樣無懈可擊的安全紀錄就更加令人讚賞。現代的飛機還要飛得更快，雖然有這樣的要求，在過去50年來，航空電子系統的失靈次數卻減少了兩個數量級。

無人駕駛車能從民航客機學到什麼？一來，美國聯邦政府的

監督是關鍵，現代飛機要接受更多檢查，政府對維修的監督和機師訓練都更嚴謹。無人駕駛車需要具有機器人般精明、並有安全性資料為引導的政府監督，重要的是要用符合邏輯與透明的流程來評估及量化機器駕駛的各項數據，藉此定義無人駕駛車的安全法規。

但是，監督只是拼圖中的一塊，同樣重要的還有更佳的作業系統設計。各位會記得電腦作業系統中有一項致命傷，就是軟體的建構設計是要讓所有系統在單一整體的工作空間中處理，而將一切丟進一個軟體桶子裏，就會讓軟體變得不可靠而不安全，也就是**有漏洞**（leaky）。一篇討論作業系統安全的論文這樣解釋：「現有的作業系統就像隔間建築法發明之前的船隻，每一處漏洞都可能讓船沉沒。」[8]

無人駕駛車需要高度模組化並有額外的作業系統。眾人皆知飛機擁有額外的建造設計，大部分都是由美國聯邦航空管理局（Federal Aviation Administration, FAA）嚴格規定，在飛機上重要的實體子系統都會有二或三套備用，例如民航客機的油管就必須有雙層鞘套，這樣若內管有漏，便能由外管接漏並測出漏油位置。

飛機的重要軟體子系統也是高度模組化並有額外預備。航空電子作業系統的組成包括數個互相連結但又獨立的電子子系統，關鍵就在區隔，例如負責引擎的軟體和負責落地架的軟體分開來，而兩者又都和與乘客互動的資訊娛樂系統分開。

額外預備及防錯也很重要，每套航空電子子系統的設計中

都能夠偵測到其他系統的錯誤，如果出現了這樣的錯誤也能夠容許，而若是數套子系統之間「互有爭執」，利用數位多數決（digital majority vote）就能解開僵局。

無人駕駛車也和飛機一樣，法律規定要具備一套額外的即時作業系統，包含內建的獨立、可自我測試的系統。例如，無人駕駛車可以擁有三套各自獨立的視覺感知子系統，每一套都使用各自的感應器，並有獨特技巧來分析從那些感應器蒐集而來的資料。車輛的作業系統會需要定期調整，確保是以最新資料集訓練過的最新軟體，而且機械系統與軟體系統之間的溝通無礙。

而另一個與飛機相似的狀況是，車輛的線路及車載電腦應該有實體上的隔離，以防無知的乘客或壞心的劫車者伸手亂碰。車輛的自動駕駛軟體應該具備強大的監督軟體模組，並且定期必須要由非軟體製造商的獨立第三方檢查，如果一套子系統的決定和另一套所做的決定不同調，監督軟體應該「調整」系統的性能，或者馬上引導車輛去接受維修。

幾十年來的人工智慧及控制工程研究催生了現代無人駕駛車輛的作業系統與控制系統，無人車的作業系統必須可靠又聰明，機器駕駛的作業系統必須即時「處理這個世界的問題」，而且絕對不能當機。面對這些挑戰，有些人會懷疑無人駕駛車是否有可能成真，他們會問：「是否有一套作業系統引導車輛的表現能夠和人類一樣好？」更有趣的問題應該要問：「為什麼無人車沒有早幾年發明？」

第六章　首先是電子高速公路

　　1939年，通用汽車公司當時還剛起步不久，喜歡大膽創新及創意行銷，在紐約皇后區舉辦的世界博覽會上推出世界上第一台無人駕駛汽車原型，大眾興奮不已，但是一直要到六十多年後，通用汽車的展望才成就了谷歌高性能的無人車原型。

　　無人駕駛車的發展拖延幾十年是因為一個我們稱之為**達文西問題**（Da Vinci problem）的現象，直至今日仍困擾著眾多發明家。達文西問題的產生是因為發明家夢想出某項無法作用的科技，不是因為這個理念有什麼問題，而是因為要讓科技運作的關鍵技術尚未出現；發明家的遠見或許已步上軌道，但必要的科技還沒。

　　這裏有個經典案例。1493年，達文西（Leonardo da Vinci）發明了直升機，但可惜他的垂直飛行機器（他取名為**空中螺旋機**〔airscrew〕）飛不起來，其缺點並不在於基本概念，也不是設計有問題。

　　致命的缺點在於，他設計的空中螺旋機如果要飛起來，就需要一副輕量而堅固的機身以及強大的動力來源，這兩者在當時都尚未發明，現代的直升機一直到二十世紀才得以離地升空。在這個構想誕生後的幾百年後，他設計的垂直飛行機器終於起飛，裝載了現代的內燃機，並以輕量的鋁打造機身。

　　無人駕駛車的發展也依循著類似的軌跡。第一輛無人駕駛車是由通用汽車行銷部打造的幻想產物，在1939年的世界博覽會（World's Fair）亮相，這場博覽會占地廣闊，達到驚人的4.8平方公里（1,200英畝），全都用來展示最新穎的科技，例如電視、

路燈、螢光燈，以及自動洗衣機。通用汽車（General Motors, GM）的創新展示叫做「未來世界」（Futurama），展示出一條自動化高速公路，到了1960年會讓「手腳都放開」（hand-free, feet-free）的駕駛方式成為常態。

　　通用汽車的未來世界展示包括了一個縮小比例尺模型，打造出近未來的典型美國一景，博覽會的觀眾坐著會移動的座椅從制高點觀賞，座椅會帶著他們遊覽這座引人入勝的迷你世界，[1]觀眾滑行經過迷你城市、農田、鄉間景色，甚至還有迷你機場，全都和如緞帶般的流暢高速自動化公路（high-speed automated highways）無縫接軌。整趟旅程為18分鐘，觀眾會欣賞到一段錄製好的旁白，描述出這片小人國風光的愉快之旅。

　　在這趟旅程中，未來世界的旁白解釋說到了1960年，一般人也可以享受輕鬆的個人移動，坐在自動化高速公路的車輛中，交給遙控系統控制（究竟這其中的技術細節是如何控制這些遙控車輛，卻刻意模糊帶過）。根據旁白，在短短二十一年後的未來，多虧有了通用汽車打造出神奇的自駕車，人類駕駛就會成為放鬆的乘客，遙控車會自行控制方向上下自動高速公路，舒服、安全又省錢，接送人們從家裏到他們的辦公室、到機場，或者到任何他們想到的地方。

　　現在如果有這樣一座地景模型，主要賣點是高速道路和迷你城市，很難想像還能夠迷倒百萬觀眾，但是在1939年，美國大眾卻非常喜歡通用汽車對自動化高速公路的烏托邦描繪。通用汽車的未來世界是1939年世界博覽會上最成功的展覽之一，預估

總共吸引了千萬名觀眾，有些日子裏，一天就有2.8萬名觀眾排隊等候數個小時，隊伍有時綿延超過3公里（2英里）。[2]

通用汽車的人造迷你世界是一次傑出的演出，既迷人又神奇，就像電影《綠野仙蹤》（*The Wizard of Oz*）裏的全彩奧茲王國一樣（於1939年上映）。不過不像其他在世界博覽會上展出的新奇科技產品最後都成為商品，未來世界的自動化公路雖然展出相當精彩，結果卻證明了就像《綠野仙蹤》裏的飛天猴那樣不切實際。通用汽車跳過了技術細節，像是這些「不用手」的車輛到底如何運作，而是敷衍著說聰明地把電波和電子設備結合在一起，車輛就能自行導航。

或許說出來也不讓人意外，通用汽車的未來世界並非由工程師所發想，而是傳奇工業設計師諾曼‧貝爾‧蓋德斯（Norman Bel Geddes），貝爾‧蓋德斯最出名的就是打造奇幻的電影場景，以及將日常家庭用品重新包裝成充滿未來感的商品，例如雞尾酒調酒器、桌燈及收音機等等。在博覽會之後，貝爾‧蓋德斯寫了一本書叫做《魔法公路》（暫譯，*Magic Motorways*），談論設計良好的高速公路會帶來如何自由自在的可能性[3]，他將1939年未來世界的成功歸因於人們渴望自駕車能帶來的隱私及個人移動性，卻因其造價高昂而卻步：

> 這些成千上萬的人們排隊等候要坐上自駕車，因為他們受夠了每天要從一個地方趕到另一個，受夠了惱人的十字路口塞車、路面突然變窄而塞車、危險的夜間駕駛、討厭的警

圖 6.1 ➤「我們現在所看到的世界是一份遠見、一份藝術概念，在逐步發展為明日的驚奇現實時或許會經歷許多改變。」紐約世界博覽會，《未來世界：高速公路和展望》（暫譯，*Futurama: Highways and Horizons*）展示，1939 年。

資料來源：通用汽車（General Motors，GM）

察吹哨、汽車喇叭聲、閃爍的交通號誌、看不懂的高速公路
標誌，還有煩人的交通規則，他們每天聽到公路車禍的死亡
數字就嚇傻了；他們熱切地想找一個合理的辦法擺脫這堆亂
七八糟、自殺式的麻煩。[4]

許多現代觀察者可能會發現這段對早期道路交通的負面敘述
很令人吃驚，畢竟當時汽車仍然是昂貴的奢侈品，只有相當少數
的富裕人家能夠擁有，但是看起來即使在1939年，天堂中依然
存在著麻煩。早在州際高速公路系統建好之前、早在黃綠色的霧
霾沉降入洛杉磯和北京等城市之前，汽車顯然已經是一種不安全
又昂貴的個人交通方式，一堆「亂七八糟、自殺式的麻煩」。

貝爾‧蓋德斯將設計良好的高速公路視為經濟繁榮、更佳軍
事發展，以及增進公眾健康的基礎，除了實質好處外，貝爾‧蓋
德斯相信有效率的公路系統在形塑國家的政治氛圍上扮演舉足輕
重的角色，隨著第二次大戰開戰在即，法西斯獨裁者在數個歐洲
國家中崛起掌權，貝爾‧蓋德斯認為便利的個人移動是民主最根
本的基礎。

貝爾‧蓋德斯在《魔法公路》的結論中慷慨呼籲要正視設計
良好高速公路的重要性，表示優良道路是自由而團結社會的基
礎：

一個人民為自由的美國……踏在良好的道路上離開漂亮
的生活居所，能夠自由四處行動，光是看到、感覺到這樣的

道路就讓人神采飛揚，這樣的美國其內在改變或許早就超越了表面上的更改。如果城市居民能看到內陸的樣貌，東岸居民能認識西岸的朋友，居住在山中的人能看到港口和海洋，視野會變得更寬廣，個人的人生有所成長……從如此多元的交流中會另有收穫……我們稱之為團結，這不是由上而下強加的團結，就像獨裁政權下的那樣，而是基於自由和理解而生的團結。[5]

就在貝爾・蓋德斯寫下這段聳動的話之後一年，美國正式加入第二次世界大戰，通用汽車也轉移了注意力，從建造自動化公路轉向製造坦克、飛機和軍備武器以供同盟國使用。自動化高速公路的發展在1940年代幾乎停滯，然而，二戰卻成了未來數十年間的科技金礦。

大戰就是科技的戰爭，政府大量投資在軍事雷達、電腦及雷射上，為後來數種關鍵的輔助科技打下基礎，直到戰爭結束很久以後，這些戰時科技還能讓1950及1960年代的電子高速公路發展更快，催生了1980年代第一波完全自動化駕駛車輛。

黃金年代

　　1950及1960年代對汽車以及自動化高速公路的發展而言都是黃金盛世，隨著二戰結束後的經濟繁榮發展，許多人都買了自己的第一輛車。根據美國普查局的資料，到了1950年代末，大多數美國家庭都擁有至少一台汽車。

　　為了鼓勵汽車交通運輸的發展，美國在1956年通過了聯邦公路法（Federal Highway Act），開啟了數十年大興土木建設高速公路，最終的結果是重整了美國城市、郊區及鄉間的樣貌。隨著新車車主的數量急遽上升，上百萬駕駛急著開車駛上國內如雨後春筍般冒出的嶄新道路與公路網絡，而有了數萬公里的柏油路，再加上從東岸蔓延到西岸的全國州際高速公路網，美國的「汽車文化」於焉而生。

　　人們熱愛汽車帶來低成本又方便的個人移動方式，實現了貝爾·蓋德斯認為設計良好的公路帶來團結力量的漂亮言論。有效率的公路與汽車確實讓城市居民能夠探索鄉間風光，而居住在山區的人也能親身體驗港口和海洋；舉個比較不詩情畫意的例子，車輪上的國家可以在第一次出現的新型速食餐廳買到餐點，像是In-N-Out得來速（drive-through/drive-thru）漢堡店（加州第一家免下車即可點餐與領餐的速食店），顧客可以在車上享受吃漢堡的方便性，汽車變成了新一代的起居室。到了1950年代晚期一共出現了4,000家汽車電影院，等於全國電影院廳數量暴增了25%。[6]

　　就在人們知道在車內飲食、放鬆有多麼有趣時，汽車產業便製造出龐大而有力的車輛，擁有美麗流線型車體，內裝提供有如客廳沙發的寬敞感。現代的汽車或許在科技上比較先進，但對許多人來說，這些車輛都缺乏了二十世紀中期設計的那種靈魂，

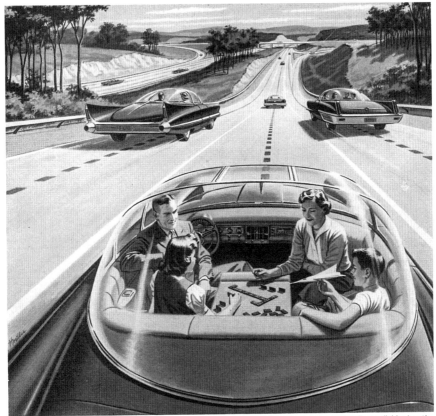

ELECTRICITY MAY BE THE DRIVER. One day your car may speed along an electric super-highway, its speed and steering automatically controlled by electronic devices embedded in the road. Travel will be more enjoyable. Highways will be made safe—by electricity! No traffic jams . . . no collisions . . . no driver fatigue.

圖 6.2　「電力也能開車。」未來的無人駕駛車輛，廣告：「美國電力照明與電力公司」，《周六晚間郵報》（*Saturday Evening Post*），1950 年代。

資料來源：艾佛列圖片典藏（The Everett Collection）

1950年代的汽車具有一種華麗的美感，其奢華、曲線型、符合空氣動力學的車身設計靈感來自於噴射飛機及火箭飛船。

我們最近像往常一樣開車去拜訪親戚，車程只需幾個小時，途中我們受到一面宣傳著古董車展示的看板吸引，因而離開高速公路。我們將自己租來的小型黑色本田（Honda）轎車停好（這台車實用又省油，但就是一輛普通的小車），然後走到停車場去癡癡望著一排排1950至1960年代的古董車，每輛車都回復到了往日榮光，一排排老別克（Old Buicks）、雪佛蘭（Chevrolets）和凱迪拉克（Caddillacs）轎車威風八面地佇立著，鍍鉻的古董車身見證了石油禁運時期、大量產品安全問題召回，以及海外汽車製造商競爭之前的風光。一群一群的參觀者大部分都是年紀稍長的男人，瞇著眼細看引擎蓋底下的巨大舊型化油器還有閃閃發光的油管。就像異國鳥類的羽毛一樣，這些高貴古董車的金屬彩色車身閃閃發亮，閃耀著亮紅、火橘和水藍色，在停車場單調的灰色中格外亮眼。

雖然許多美國人在1950年代接受了開著汽車四處遊玩的全新方便性與隱密性，卻不一定喜歡開車這項工作，自動化高速公路的概念仍舊在大眾心中揮之不去。在1950年代中，多家電力公司聯合起來做廣告宣傳，讓美國人發覺他們所使用的電力迅速增加，在當時這被視為經濟及社會進步的有力指標，在一則廣告中的圖片畫著一輛電動車，家庭成員在後頭圍著桌子面對面坐著玩骨牌，圖片底下的說明文字寫著：

　　未來，您的汽車將疾駛在電子超高速公路上，由道路內
建的電子裝置全自動控制汽車速度與轉向，旅行會變得更
愉快，高速公路變得安全，一切都是因為電力！不再有塞
車……不再有車禍……不再有疲勞駕駛。[7]

　　1958年，迪士尼在他們的熱門電視節目《迪士尼樂園》
（Disneyland）中播出一集節目叫做〈魔法公路在美國〉（Magic
Highway, U.S.A.），在這集節目的最後幾分鐘有一段動畫，演出
一輛家庭房車在車庫裏自動洗淨並充電，接著一家人上了車，爸
爸拉了幾根滑桿來設定汽車目的地，然後車輛就接管了方向盤自
行駕駛，爸爸在車程中進行公司會議，媽媽和小孩則在後座一派
輕鬆愜意。

　　通用汽車可不甘示弱，自從將近二十年前在世界博覽會上
的「未來世界」展覽抓住了人們的目光，大獲成功之後，他們持
續努力要建造出自動化高速公路，考量到早年的資訊科技發展程
度，利用公路而非汽車來引導車輛相當合理，那時的電腦體積就
占了一座小房間，要塞進車裏實在太嫌巨大而笨重，真空管（矽
電晶體的前身）又太過脆弱，承受不了道路上的碰撞和急轉彎。
當時人工智慧軟體才初問世，最前衛的研究包括教會一台IBM
701大型電腦如何下西洋跳棋或玩二十一點。[8]

　　攝影鏡頭也是龐大的類比科技，又易損壞。雷射和雷達仍然
只限軍事用途，而全球衛星定位系統則尚未發明。

　　讓事情更加難辦的挑戰在於，世界上大多數資訊和資料仍然

以類比形式儲存，在當時，文字及數據資料若非手寫在紙上保存，就是耗費心力去測量或觀察得知後在紙上畫成表格，又或者在比較先進的案例中，表格會以電子形式「存在」於大型電腦中。若是沒有資料、詳細的數位地圖、快速的電腦，或是準確的可攜式感應器，要將尚嫌原始的「智慧」塞進兩噸重的金屬機器中，實在是艱鉅的挑戰。既然運算科技還不夠成熟，不足以監管駕駛任務，通用汽車的工程師提出了另一項方法：彩色電視科技。

通用汽車的電子高速公路

　　通用汽車與美國無線電公司（Radio Corporation of America，RCA）組成團隊，RCA在當時是電子科技創新的溫床，他們聘僱了知名發明家弗拉迪米爾・佐瑞金（Vladimir Zworykin）來負責交通號誌，他是陰極射線管及自動化方案的先驅，此時已經開始擔心交通密度迅速增加、汽車速度提升會對國內公路帶來負面效應，他認為必須要提出新方法來處理一些機械式的駕駛工作，減輕駕駛負擔。[9]

　　佐瑞金的電機專家團隊與通用汽車的工程師合作，將設計自動化高速公路的挑戰分為三大領域，如他所說：「任一車輛控制系統必須知道公路上每一輛車的位置，這代表要有某種車輛偵測的方法；第二個需求就是要讓所有車輛知道其他鄰近車輛的存在，通常是後面跟著的車輛，這代表要有某種車輛之間、或是道路與車輛間溝通的方法；第三步是將自動化控制應用在車輛上，以回應接收到的資訊。」[10]

　　經過了幾年研究，RCA與通用汽車的工程師拼湊出一套高明的解決方案，他們命名為電子高速公路，只是若以今日的標準看來仍嫌粗糙。他們結合了無線電科技、電子迴路以及邏輯閘，再加上行之有年的電磁學理論，在1958年進行了電子高速公路的最高規格展示，在內布拉斯加州林肯市外一條長約120公尺的公路上安裝了特別設備，展示中使用了兩台1958年出廠的豪華

雪佛蘭汽車，裝著漂亮的尾翼以及雙頭燈。[11]

通用汽車和RCA還得到了內布拉斯加州道路部（Department of Roads）的熱切支持，一同打造了一套初步的偵測與導引系統，能夠在兩個重要面向控制汽車的動作：橫向來說，能夠讓汽車正確行駛在道路標線的範圍內；縱向而言，能夠讓車輛與前後的車輛保持安全距離。兩年後，通用汽車與RCA使用類似的方法，在紐澤西州又建造了一條電子高速公路測試軌，特殊裝備後的通用汽車在路面上成功啟動、加速、轉向並停止，完全沒有人類的直接監督。[12]

圖 6.3 ▷ 自動公路系統測試，1950 年代。

資料來源：美國無線電公司，大衛薩諾夫圖書館授權使用。

1960年，紐澤西州普林斯頓市的媒體發表了一篇相當樂觀的文章，描述了讓這條電子公路傑作得以成真的科技：

> 如此，偵測系統讓車輛自動與前車保持安全距離，並且在路上有障礙、或前方路線上有停止車輛時讓車輛停下。引導系統是一條連續不斷的纜線，埋在交通路線中央路面下，車輛前方裝設著兩副迴圈，引導纜線中也等距離裝設迴圈，能夠接收纜線中的訊號電流，如果車輛從任一方向偏離路線中央，一邊迴圈中的訊號就會比另一邊強，造成「差異訊號」，可以啟動燈光或者警示聲來警告駕駛，或者操控方向盤自動轉向。[13]

偵測系統是由許多精密的電子儀器組裝在一起，這套系統基本上是由接線在一起的電晶體、無線電發射器和燈泡組成的通訊基礎建設。RCA工程師為了建造偵測系統，先是裝了一系列四方形的電線迴圈，每一個都比車身長稍短一些，一個接著一個裝設在整條特殊測試道路上，車輛每次駛經一個迴圈，就會觸動埋在道路路面下的特殊電晶體偵測裝置發射出訊號。

當車輛快速經過這一系列四方迴圈，所產生的訊號就會送到連結著所有偵測單位的網絡，而這移動中的訊號連發會點亮放置在路邊的燈，形成電子「浮動尾翼」，能夠當成其他附近車輛的警示系統。多虧有了路旁燈光的照明，人類駕駛至少在理論上能夠看見無人車的位置，或者如果沒有人類在場時，訊號會以無線

電波發送到附近的控制塔台，然後塔台就會自動回傳指示給特定車輛，使其修正前後距離的位置，例如踩煞車或者踩油門。

引導系統讓車輛在道路標線內前後移動就牽涉到有些迂迴、想像力豐富的工程技術。為了模仿一名握著方向盤專心駕駛的人類眼睛及反射，通用汽車與RCA工程師巧妙運用綜合了電子機關與電磁力的力量，為了將車輛在車道內平行位置的重要資訊輸入系統中，工程師利用現代的電子技術以及存在已久但少有人了解的知識，也就是存在於電流和磁力場間的關係。

百多年來，科學家早就知道電流能夠製造磁場，而相對的，磁場變動也能在附近佇立或移動的導電體引發電流，導電體距離磁場愈近，所引發的電流就愈強。

雖然物理學家一直很難解釋清楚到底為什麼有電的電線會製造出磁力場，科學家和工程師卻已經相當擅長測量並利用磁力與電力這兩種原始力量之間的關係，為了量化電流在電線中流動時所製造出的磁場型態與規模，科學家與工程師會使用所謂的**安培定律**（Ampere's Law），相對來說，要量化由該導電電線引發之磁場會製造出多大電流，專家會使用**法拉第定律**（Faraday's Law），這條定律得名於十八世紀英國物理學家麥可‧法拉第（Michael Faraday）。

不意外的是，安培定律和法拉第定律都證明了大多數人已經直覺預測到的結果，通過導電線的電流量愈大，所造成的磁場就會愈強，同樣地，在導電線附近移動的磁場愈強，在附近導電體所引發的電流也會愈強。

利用電流與磁力場這層關係有許多實際應用，現在最知名的一個例子就是隱形的狗圍欄。而就像備受寵愛但總愛四處亂跑的愛犬，無人駕駛車在不受束縛時是最快樂的，但仍然要將其安全限制在特定地理區域中，所以同樣地，無人駕駛車輛開在通用汽車與RCA電子高速公路上時，只要安穩維持在車道中就能拿出最佳表現。

郊區家庭為了控制愛犬的行動，會花錢在住家範圍四周埋下通電電纜，埋著的電纜帶著變動電流進而產生磁力場，而特製的狗項圈內建可導電金屬感應器，會接收到這股振盪的磁力場，當特製項圈貼著小狗的頸部，在小狗跑得太靠近住家界線（及埋地電纜）的時候，狗項圈內的感應器就會啟動並發出電擊，最後就能讓小狗學會要待在住家範圍內。

早期自駕車的引導系統也使用類似的原則，只是RCA和通用汽車並不是在住家範圍四周埋下通電電纜，而是在電子高速公路測試設施的每條車道路面中央底下埋設電纜，接下來就像狗項圈的感應器一樣，工程師在每輛車上安裝兩個金屬「拾波線圈」，車輛兩側等距的地方各有一個，每個拾波線圈上還連接著測量儀器，能夠測量經過線圈的電流強度。

想像這樣的情境。裝備著兩個拾波線圈及測量儀器的車輛慢慢啟動上路，當移動中的車輛經過電纜時，車上的拾波線圈就會接收到電纜周遭磁場所引發的電流，如果車輛正確行駛在車道中央，兩個線圈接收到的電流強度就會差不多，但是如果車輛危險地偏離車道，其中一個線圈接收到的電流就會比另一個更強，接

收到較強訊號的感應器就會送出指示給車輛的特殊改造方向盤，讓車輛稍微轉向，直到感應器測量到的強度恢復一致。

這個過程稱為**回饋控制**（feedback control），在當時被認為是先進科技。利用連接在車輛拾波線圈上兩個反應器穩定接收到的測量資料，這些科技組合起來便是一套粗糙但有效的自動轉向系統。早在電腦視覺發明之前，通用汽車與RCA的改裝方向盤就能調整車輛在車道內的左右方向，其準確性和靈敏性堪比機警的人類駕駛。

在當時，大眾對於通用汽車與RCA的粗糙原型抱持著高度樂觀，普林斯頓市媒體發表的一篇文章便期待著，有一天這項電子高速公路的發明能夠讓「未來駕駛周末開車到度假小屋的途中打打橋牌或打個盹」[14]。只是雖然眾人殷殷期盼，通用汽車的電子高速公路再無進展，不過通用汽車和RCA之間的長久研究夥伴關係倒是多有斬獲。

使用在電子公路中的偵測系統，其核心概念在今日仍然廣泛使用在感應式交通號誌上，自動化交通號誌會偵測靠近十字路口或是等待左轉時機的車輛來管理交通流量，偵測到車輛時，埋管感應線圈和感應器組成的系統就會發送電子訊號來改變燈號。

或許是受到先前的成功所激勵，通用汽車又再度嘗試拋出無人駕駛車的構想，1964年在紐約皇后區舉辦的世界博覽會亮相，四分之一世紀以前，華麗的1939年「未來世界」就是在同一個地方展示。從宣傳的文案上看來，通用的概念車火鳥（Firebird）「期待著有一天家庭出遊能開著車，一上超級高速公路後便將車

子的控制權交給自動化、設計良好的引導系統，享受舒服且絕對
安全的旅程，速度可以達到今日高速公路的兩倍」[15]。儘管火鳥
擁有吸引人的外表，流線型車身加上單一垂直的尾翼，這卻是通
用汽車數十年來最後一次高調涉足無人駕駛車領域（本書完成於
2016 年，以當時而言是如此）。

　　在1960至1970年間，其他研究學者繼續改進不同形式的
自動公速公路，使用的就是通用汽車與RCA的基本系統，包括
電子纜線、金屬線圈和磁感應器。英國運輸及道路研究實驗室
（Transport and Road Research Laboratory）利用表面裝設纜線
的測試車道實驗過無人駕駛的雪鐵龍DS[16]；1960年代的美國，

圖 6.4 ▷ 通用汽車的「渦輪驅動」火鳥概念車進入自動導航車道，此圖為
　　　　 1956 年通用汽車世界展覽（GM Motorama Exhibit）上幻想出
　　　　 1976 年的科技烏托邦場景。

資料來源：通用汽車

俄亥俄州崛起成為領導汽車工程領域研究的樞紐，在當時就代表了自動化車輛導航及控制。

　　進入1970年代之後，大部分自動化車輛的學術研究都不再將焦點放在車輛上，轉而注意另一種自動化車輛，也就是屬於大眾交通的自動化旅客輸運系統（automated people movers, APMs），如今在各大機場如倫敦希斯洛機場和紐約甘迺迪機場等載運旅客[17]，電子高速公路的時代已經結束。

自動化高速公路的消亡

自動化高速公路這個美夢最終失去了吸引力，其中一個主要原因很簡單：成本。要拼湊出不可或缺的電子線路與路旁控制器所費不貲又耗時，鋪設一條短程測試道路的花費或許還算合理，但放到在美國與歐洲縱橫交錯的廣大高速公路網就行不通了，即使在1960年代對公路建設的預算比較寬鬆，要在數萬公里的州際公路架設並維修容易受損的基礎建設，包括埋設通電電纜、電晶體和其他電子設備，費用實在高得嚇人。

一份1969年的論文中，俄亥俄州的研究學者羅伯特・芬頓（Robert Fenton）和卡爾・歐森（Karl Olson）寫道：「平均建設每英里（約1.6公里）車道所投資的電腦和架設在公路上的感應器，總共在2萬至20萬美元。」[18]電子高速公路不僅太過昂貴，當時可用的電子及運算科技也太過簡單，芬頓和歐森都是充滿熱情且專門研究自動化高速公路的夢想家，不得不下結論表明，儘管經過了數年密集研發，「目前還無法完全了解所有必需的系統組件，因為我們尚未具備必要知識」。[19]

姑且不談成本以及必備科技，自動化高速公路研究的黃金時代遲滯到近乎停止的另一個原因是，汽車界已經失去了年輕的純真，汽車產業曾經就像塊磁鐵，吸引著最為大膽的設計者和最專業的科技專家，卻不得不成長並面對現實的世界，如今汽車已不再是新奇的玩意，汽車和公路已經成為日常生活的實用工具。

消費者權益倡議者拉爾夫‧納德（Ralph Nader）在1965年出版《無論多慢都不安全》（暫譯，*Unsafe at Any Speed*），馬上備受矚目，他在書中披露出大型汽車公司中粗製濫造的製造流程，詳細點出雪佛蘭Corvair車型的安全問題以及汽車產業過於重視外型及利潤，而忽略了駕駛安全，這本暢銷書促成了1966年國家交通及機動車輛安全法的通過，以及讓美國的49個州通過了安全帶法規（唯一持保留態度的是新罕布什爾州）。幾年後甚至還出現了更多爭議，美國運輸部針對較小型的車輛進行了一系列測試，最後認為雖然納德提出種種主張，1960至1963年出廠的Corvair，其安全性相較於「目前的國產車及進口車」而言仍占優勢。[20]

儘管Corvair獲得免責，卻已經來不及阻止大眾對通用、福特及克萊斯勒等汽車大廠施加壓力，隨著公路上的車輛數量不斷增加，提倡消費者安全的行動熱度也提升了。到了1970年，上百萬名過去居住在城市的人們遷徙到了郊區，結果每天通勤上班的人數增加了不只一倍，從1950年的3,600萬人上升到1970年的7,400萬人。[21]全國州際高速公路系統既是珍寶也是詛咒，隨著路網逐漸成熟為四通八達的交通基礎建設，隨之而來的新挑戰便是巨大流量。

1973年，便宜汽油的時代戛然而止，因為不少石油出產國抗議美國協助以色列，所以將每桶石油的公告價格上漲了70%[22]。美國汽車產業再也回不去了，汽車大廠放棄了他們曾經大膽的夢想中不用手也不用腳的自動高速公路，轉而聚焦在比較

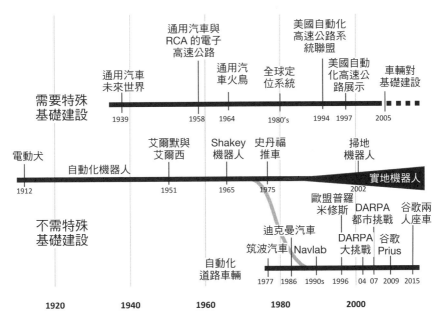

實用的挑戰，像是為汽車制定安全標準、改善燃油利用率，並且減少廢氣排放。

隨著1970年代結束，進入1980年代，無人駕駛車仍然只是個概念，而非現實，就在汽車產業轉移了焦點的時候，流線型的設計便排到省油之後，而利潤比美感更重要。雖然許多才華洋溢的工程師還在持續努力，二十世紀末的無人駕駛車依然深受達文西問題（Da Vinci Problem）所苦，其發展因這個世代的資訊與通訊科技尚未成熟而停滯不前。

圖 6.5 ➤ 自駕車進化的重要里程碑
資料來源：通用汽車

第七章　打造智慧車輛，而非智慧公路

在電子高速公路的黃金年代結束之後將近30年，在華盛頓特區附近的旅館密閉型大會議廳中舉辦了一場智慧車輛研討會，由監督美國國內機場、火車，當然還有高速公路和車輛政策的美國運輸部（US Department of Transportation, USDOT，相當於交通部）主辦，召集眾多專家，而我是250位參與者其中之一，一整天不間斷聆聽身穿保守黑西裝的人發表報告。

我來參加這場研討會，期待會聽到關於無人駕駛車輛的高見，然而一位又一位的講者卻只是秀出神祕難解的簡報，填滿了不加解釋的縮寫：RSU、FCC、TMC和V2I，這一天太漫長了。我在絕望中，趁著早上一次聯誼休息時間混入了一群人當中，他們正圍著一張桌子坐著，旁邊還有可取用的咖啡和餅乾，這些人似乎胸有成竹。

我自我介紹後知道了他們其中一人是某家汽車公司的顧問，另一個則是鑽研汽車工程的博士後研究員，還有一個是運輸科技的教授。我隨口問他們為什麼這些智慧車輛的演講中都沒有提到電腦視覺或深度學習，事實上就連谷歌的自駕車實驗都沒有被提起過，一次也沒有。

一束人孔蓋大小的光芒照耀著這一小群專家，他們看著我，一副我長了兩顆頭的樣子。沉默許久後，那位顧問終於屈尊為我解釋這個狀況：「喔，無人駕駛車那種東西，我想明天下午有另一場專門討論的會議吧。」我的無知顯露無遺，這群人刻意又回到先前的討論，我則摸摸鼻子走開，算是學到教訓，暴露出自己是個局外人，但卻多明白了一分。

　　多虧了我在美國運輸部研討會上的苦學，我發現**智慧車輛**（intelligent vehicles）一詞，在美國運輸部的心中和在大學機器人學學者的心中有不同意思，政府的政策制定者想到智慧運輸系統時，他們的策略並不一定包括機器人學（robotics），過去數十年來，由公部門所資助的研究中，反而將焦點放在發展**車輛間**（vehicle-to-vehicle, V2V）、**車輛對基礎建設**（vehicle-to-infrastructure, V2I）的通訊基礎建設（愈來愈多人用廣義的車聯網〔V2X〕一詞來代表V2V和V2I提案）。

車聯網（V2X）

美國聯邦政府V2X提案的目標是要打造無線網路基礎建設，讓車輛能夠互相連結並在路旁安裝訊號發射器，這樣車輛間就能交換資料，進而拯救生命。V2X研究使用政府專用短程通訊網路（Dedicated Short Range Communications, DSRC）中閒置的頻寬，該網路由美國聯邦通訊委員會（Federal Communications Commission, FCC）管理。負責V2X倡議的機構是美國運輸部的分支，叫做國家公路交通安全管理局（National Highway Transportation and Safety Administration, NHTSA）。

通常在我發現自己意外跌進了毫無幫助的研究研討會時，會趕快停損，看看自己能不能搭早一點的班機回家，不過在這個狀況，我發現放棄的代價太高了，我得留下來多了解一些。

午餐休息過後，我走回會議廳中再聽幾場充滿縮寫名詞的簡報，在那天結束之時，我知道了每年有幾百萬稅金都花在研究如何讓車輛彼此間交換資料，在接下來的五年，美國運輸部打算繼續投資百萬美元來資助幾項試驗計畫，探討車輛互聯環境的設計與建置。[1]問題是，研究這個主題就錯了。

在美國，無人駕駛車輛的命運就握在運輸部的手裏，以及兩個關鍵的分支機構：美國聯邦公路管理局（Federal Highway Administration, FHA）及NHTSA。根據1966年設立運輸部的法規中所闡述，其次級機構有權通過美國聯邦法令，美國所有州

政府及汽車公司都必須遵守。至少就理論而言，我們在運輸部的朋友能夠構思法令草案來促進無人駕駛車輛發展，畢竟這個部門擁有無比的決心，即使當時在推行安全帶為必要的車上安全裝置時遭到大眾強力反彈，最終依然成功了。

在運輸部研討會結束後，我發現自己不禁要問：「為什麼不減少對互聯的投資，而多投資一點在機器人科技上呢？」2014年，運輸部的預算達到令人咋舌的770億美元，其中有410億美元用在FHA，8億美元則由NHTSA運用在與全國車輛、街道、橋梁、隧道與公路安全相關的計畫，只要從這塊龐大的預算中瓜分出一點點就能完成許多無人車的科技發展。

我從華盛頓特區回來後懂得更多了，而在我更深入了解V2X背後的科技後卻更覺悲傷。美國聯邦V2X倡議中隱含的目標是安全，根據美國運輸部網站說明：「透過匿名交換以車輛為基礎的資料，包括位置、速度及地點（至少要有這些資訊），車輛間（V2V）通訊能夠讓車輛感應到危險情況，覺察到自身360度範圍內的其他車輛位置及其代表的危害，另外還有計算風險、發出駕駛建議或警告，或者預先動作以避免及減輕碰撞。」[2]

具備V2X科技的車輛及基礎建設會配備DSRC收發器，能夠在直徑300公尺的範圍內傳輸資料，互聯的車輛及基礎建設能夠在分配到的75百萬赫茲（megahertz）波段間通訊，從5.850至5.925吉赫（gigahertz），具備V2X的車輛能夠以每秒10次的速度傳輸資料，包括基本安全訊息給其他具備V2X的車輛，像是車輛速度、位置、大小、前進方向、煞車狀態等等。

典型的警示會包括警告不安全的天氣條件或是前方有道路工程，舉例來說，V2I科技同時也會接收車輛交通流量的資料，就能調整附近的交通號誌來因應，或者提醒其他駕駛利用替代道路。相關的科技包括在道路兩旁裝置DSRC無線電，或許還會在已安裝的DSRC無線電及具備V2I交通號誌的附近安裝光纖纜線。

平心而論，V2X科技的發展不是個壞主意，其實這背後的理論非常吸引人，但是NHTSA進行過研究，模擬幾種可能的車輛碰撞情境，結果預估如果所有車輛都具備V2X能力，系統會發出警報聲提醒人類駕駛其盲點和看不見的障礙物，每年能夠預防約四百萬起（相當於79%）車輛碰撞意外[3]，能夠省下許多金錢、避免許多損害，或許還能拯救人命。

讓我感到失望的是知道對我們國家首府而言，所謂的「智慧車輛」是如此原始，為什麼透過短程無線網路來交換道路情況資料，這種科技應用是很有用但相對比較不重要，反而成為偉大的運輸部制定應用資訊科技來改善駕駛安全政策中的焦點？聚焦在V2X乃至於排除其他智慧科技，美國的交通運輸官員始終執迷於一套科技的典範，比起1950年代以無線電控制的電子高速公路，其概念不過比這套原始科技往前跳了幾步。

過去的運輸部可沒有這麼保守，事實上就在幾十年前，運輸部是智慧車輛發展中最大膽的支持者，問題是那些想法前衛的運輸部官員也和幾十年前充滿遠見的通用汽車工程師遇到相同的問

題：他們對無人駕駛車的遠見還沒等到必要科技出現，因而無法成功驅動。

智慧運輸系統的歷史發展

　　1980年代，資訊科技重整了產業的樣貌。1986年，為了解決加州日漸增長的交通流量和霧霾問題，加州運輸部（California Department of Transportation, Caltrans）和加州大學（University of California）組成團隊，研究該如何在車輛中和公路上應用資訊及通訊科技能夠更有效幫助人類駕駛，這個團隊最後形成了一項全新的全州計畫，稱作高階科技及公路計畫（Program on Advanced Technology and Highways, PATH），但是加州運輸部和PATH很快就發現，如果沒有美國聯邦政府的支持與眾多汽車大廠的接納，他們的努力最終結不出什麼成果。

　　不過PATH團隊並不受影響，仍然繼續舉辦了好幾次工作坊和推廣活動。面對著國內愈來愈糟的交通壅塞和都市空氣品質，在1988年，有相當多團體對此表示興趣，由來自數個美國聯邦與州政府機構、產業和大學的人士組成了工作團隊，名為「移動2000」（Mobility 2000），移動「移動2000」向美國運輸部遊說成立一個正式的聯邦計畫辦公室，並特許能夠應用高階科技以改善全國公路和道路的安全與效率。在1990年代早期，美國運輸部成立了一個正式的計畫辦公室，任務就是要推廣智慧車輛及公路系統（Intelligent Vehicle and Highway Systems, IVHS）的發展。

　　為了符合如今做為美國聯邦計畫的新等級，美國運輸部的

IVHS計畫（現改名為智慧運輸計畫〔Intelligent Transportation System, ITS〕）有一項積極的任務。ITS是一項完全發展的聯邦計畫，負責研究與開發所有模式的自動化陸路運輸，包括自動化交統管理系統、駕駛資訊系統、商用車輛以及大眾運輸。同年錦上添花的是，國會通過了一項重大的新運輸法案：綜合陸路運輸效率法（Intermodal Surface Transportation Efficiency Act, ISTEA）。

　　法條中明定運輸部長「應建立自動高速公路及車輛原型，使未來全自動化的車輛與公路系統能夠建立。……這項計畫的目標是在1997年產生第一條全自動化的道路或一條可運作的自動化測試軌道」[4]。美國運輸部將執行這項遠大目標的重責大任交給美國聯邦公路管理局，FHA則將這項計畫命名為自動化公路系統計畫（Automated Highway System Program，AHS計畫），並且把工作分為三個階段：分析、系統定義，最後則是執行評估。

　　更棒的是，為了建造這條自動化公路原型，國會授權了將近6.6億美元來資助這項計畫在未來六年的研究、發展及執行測試。[5]如今有了新得來的充裕資源及專業知識來協助自動化汽車及公路系統的發展，看起來結果免不了就是能夠石破天驚地用創新方法來融合車輛、道路與電腦，可惜的是金錢與法條的結合不知為何卻無法推進自駕車的發展。

　　在美國運輸部內部建立起正式的計畫既是福音也是詛咒，一方面，在擁有億萬預算、5.5萬名員工的運輸部帝國內部有一個

正式的落腳處，至少在理論上來說能夠加速無人駕駛車科技的進展，讓制定政策的人更深入了解，當然也能得到研究經費；不過另一方面，將一項迅速發展、牽涉到大量科技的倡議放在一個巨大的美國聯邦機構中，而這個機構負責管理各種形式的運輸，包括飛機、高速公路、大眾運輸和汽車，如此便讓無人駕駛車輛科技面臨風險，可能會逐漸消亡在好意的官僚手中。

在自動化公路系統計畫開展時，眾人皆抱持樂觀態度。在一份1993年的文件中，有鑑於如今看來謹慎為上的美國聯邦V2X計畫似乎像是失落文明中的遺跡，至少在美國運輸部中有幾位員工相當熱誠相信自動化駕駛會帶來的益處，某人寫道：「這套高性能的公路系統被視為陸路運輸的下一步重要進化，有望成為下一世紀美國主要聚焦的執行任務焦點，就像在過去半個世紀以來，州際公路系統計畫是任務焦點。」[6]

1994年，如今資金都已到位，FHA所需要的就只是一群相關領域的專家實際著手設計並建造出可運作的自動化公路原型，在該年底，美國運輸部召集了一共120個成員的團隊，叫做美國國家自動化公路系統聯盟（National Automated Highway System Consortium, NAHSC），他們的任務是要提出策略，最終則要提出自動化公路系統的可用原型。[7]到了這個階段，各個聯邦倡議、機構、工作團隊和各種縮寫交錯成一片複雜的組織網，看起來開始有點像是歐洲皇室複雜的系譜圖了。

聯盟內的組成相當多元，包括九個主要組織：不同美國聯邦機構、汽車大廠、電子及貨運公司、大學、州政府及地方政府、

交通運輸部門，以及顧問公司。從1994年至1997年，聯盟採用共識決，試圖平衡各成員間不同的觀點和專為組織著想的意見，整合出一套共同的策略來逐步執行自動化公路系統。[8]可惜，聯盟並無法整合重要的關係團體成為焦點一致而有影響力的團隊，最後反而是淹沒在混亂的目標及利益底下。

聯盟的眾多成員費力地開始往前走，他們投入資金在三個計畫階段的工作：分析、系統定義，以及執行評估，美國運輸部和各個NAHSC成員簽訂政府合約，政府拿出吊人胃口的各項資金開始動作，聯盟中有錢的成員急著想要再拿到一大筆聯邦研究經費，排起隊來就像汽車科技專家名人錄：漢威聯合（Honeywell）、通用汽車、福特汽車、PATH、戴科電子（Delco Electronics）、卡內基美隆大學等等。

經過三年努力，研究有成的汽車及運輸工程師也盡了最大努力，美國運輸部試圖定義並打造「完全自動化車輛及公路系統」的可用原型，到頭來吸引了好幾千萬美元的研究經費，但是後來卻發現，聯盟的努力其實對於實用的見解或科技並沒有多大幫助。

為了展示過去三年的研究成果，聯盟在加州聖地牙哥的北邊舉辦了「1997年展示」（Demo '97）這項活動，邀請國會議員、當地政客以及企業高層搭上展示車輛，雖然有眾多知名人物參與、厲害的汽車工程師盡力表現，大眾也相當熱誠接納，「1997年展示」卻可能不小心在自動化公路系統的棺材上釘下最後一根釘子。

　　在「1997年展示」之前，眾人期望甚高，一篇文章中稱這項活動滿溢著希望：「未來的公路特色可能就是放鬆的駕駛在講電話、傳真文件或讀小說，讓自動化公路系統控制車輛的方向盤、煞車和節流閥，讓『手腳都放開』的駕駛方式成真……國家自動化公路系統聯盟（NAHSC）將描繪出自動化公路系統（AHS）的遠景，改善交通安全及公路效率的夢想終能成真。」[9]

　　「1997年展示」在聖地牙哥晴朗無雲的藍天下展開，地點設在十五號州際公路（Interstate 15）中的一段，連續七天讓參觀者看見一連不間斷的展示，每次展示都以不同方式描述自動駕駛系統如何管理車輛的橫向控制（車道維持）及縱向控制（與前後車保持適當距離）。目標是要展現即使沒有人類駕駛把手放在方向盤和變速桿上、腳踩在煞車及油門上，自駕車仍然能夠自行變換方向、加速及煞車。

　　參觀者大開眼界，利用類似於幾十年前通用汽車與RCA實驗的道路內建磁力系統，加州大學的PATH計畫展示出八輛有特殊配備的自動駕駛1997別克LeSabres，能夠以緊密、單一列隊的車隊駕駛方式（platooning）來節省燃料；本田汽車則展示出兩台AHS Accords原型車，能夠在人類駕駛與機器之間來回移轉控制權，並利用感應器來自動轉換車道並因應道路障礙；豐田汽車展示了一套雷射視覺系統，能夠警告人類駕駛注意障礙物及盲點，還能控制車道變換。

　　一切都按照計畫進行，車輛的表現完美無瑕，許多高官顯貴像是美國參議員及企業總裁等等都勇敢坐進展示車輛中進行測試

駕駛，媒體大肆報導並給予好評。但是，「1997年展示」是美國運輸部最後一次投資在前衛的高速公路科技，問題分成兩個層面：一來，當時的資訊科技尚未成熟到能夠在沒有駕駛的情況下安全引導車輛，二來，展示中的自動化高速公路系統仍然需要昂貴的特製基礎建設。

在1997年展示之後，自動駕駛的概念被認為是不實際的，運輸部減少資助自動化高速公路的研究，並且轉向資助愈來愈多的科技強化項目，這些科技旨在輔助而非取代人類駕駛，這個心態仍是今日的主流，而令人失望的結果就是時至今日，美國聯邦運輸官員曾經大膽嘗試的計畫中就只剩下車聯網（V2X）研究。

重新思考互聯車

聯邦運輸官員既有資源也有立法力量能夠給無人駕駛車輛撐腰，每年便能拯救成千上萬條人命。2013年，美國國家公路交通安全管理局（NHTSA）搖搖晃晃地踏出了第一步，考慮全面自動化，並發布一份謹慎的備忘錄，概略描述自動駕駛的幾個理論性階段。雖然這是個好的開始，但需要做的事還很多。

儘管在過去十年來，人工智慧軟體及硬體感應器的進展飛快，讓無人駕駛車輛這個方法愈來愈成熟可行，但NHTSA仍執著於繼續發展不思前進的V2X科技，事實上直至2014年，NHTSA都在認真考慮要砸下珍貴的政府銀彈，強制規定所有新車及卡車都要配備V2X能力[10]，這樣的規定雖然立意良善，卻對改進道路安全沒什麼幫助。

讓我們在無人駕駛車的情境下解釋V2X的價值及缺點，車輛之間能夠互聯（至少在理論上）的好處是安全，預防碰撞是一個目標，另一個則是交通更加順暢，進而減少汙染物二氧化碳的排放量。

理想上，V2X會這樣運作，一輛配備V2X能力的車輛會在即將進入十字路口前廣播出訊號，表明自己此時以某個速度行駛在某個車道上，在車輛發出警告後，附近其他車輛的人類駕駛就會接收到訊息，知道有一輛車開在他們的行駛路線上，必須因應情況踩下煞車或減速。

　　至少就理論上來說，車輛及基礎建設間的無線通訊會很有用，如果將交通號誌連接上資訊網絡，就能向接近中的人類駕駛廣播，說明哪個車道擁有路權，然後人類駕駛（如果他們願意遵守警告的話）就能因應訊號來決定要加速或變換車道。在糟糕的天氣狀況下，V2I路旁建設能夠廣播出路面條件的訊號，來警告人類駕駛前方有處濕滑。橋梁、柵欄、路障、人行道邊欄都可以標上資訊標籤來警告人類駕駛，以免車輛靠得太近。

　　這些是潛在的好處，現在來談談缺點。機器人學家會認為投入在V2X試驗計畫的一億美元，若是用來處理自駕車研究的問題會有創意得多、也更聰明。「互聯車」的概念不只在技術上不夠優秀又過時，還有好幾個明顯的實用性障礙，或許會讓真實世界永遠對V2X科技提不起興趣。

　　我們認為，美國運輸部目前的策略最大的瑕疵聽來相當諷刺，若要利用V2X科技來改進安全和交通狀況，只有在兩個條件下才有可能：車輛完全自動化（也就是說沒有人類駕駛），而且路上大部分車輛及所有道路都配備V2X能力，現在我們離這兩個條件都還很遠。事實上，美國運輸部將V2X科技當成墊腳石，逐漸朝著更全面的自動化前進，這麼做不只是浪費金錢，或許還會阻礙了全自駕車的發展。

　　首先來談談錢的問題。美國政府審計辦公室的V2X報告中估計，光是設置單一V2I地點就要花費高達51,650美元，其中有很大一部分是花在安裝新的光纖纜線，好讓路邊設備連結上交通控管中心[11]。考慮到美國公共道路、隧道和橋梁的糟糕狀況，州

政府不太可能會願意或有辦法做這種投資。因為各州的運輸局必須負擔V2X系統的花費，另一個明顯的障礙就是各州其實缺乏熟知專業知識的人力，能夠安裝、維持並操作V2X科技。

挑戰還不止於此，目前尚未有可接受的聯邦標準，規定那些資料可以透過V2X科技傳輸，若是沒有眾人都能接受的全國性資料標準，配有V2X的車輛很有可能只能在自家城市或州內的路旁傳輸器溝通，畢竟大多數車輛行駛都會在城鎮間穿梭、越過州界，如果一小塊、一小塊的地區都有各自不同的V2X資料傳輸標準，那麼全國基礎建設也形同無用。

然後還有討厭的人類問題，V2X研究的其中一個特色就是不合時宜，因此人類仍然扮演著關鍵的角色。完全自動駕駛的車輛總有一天能夠表現得比人類還好，但是配備V2X科技的車輛就不同了，系統只會發出警告，而如果人類並未適當因應，也就失去了安全的優點；更糟的是，就某個程度而言，警告聲還滿擾人的，人類駕駛可能會忽略、無法理解，或者更糟的是警告聲音會讓駕駛太分心，結果忘記了手邊最立即的工作：讓車輛安全行駛在道路上。

最後，就像所有點對點無線網路一樣，V2X系統很容易受到駭客、攻擊、入侵及冒充等侵害，如果軟體產業在一次次的失敗中學到了什麼鐵的教訓，就是任何分散管理的溝通方案都很容易遭到駭客入侵及破解，而不管是什麼製造系統都會有漏洞和危害。無論有多少博士和工程師團隊共同努力設計出百無一失的溝通系統，總還是會遭到某人破解。

　　V2X基礎建設必須能夠萬無一失，在一天中與幾百萬台車輛進行上千次資訊交換，而相對而言，駭客只需要破解系統一次，只要使用常見的通訊干擾器就能輕鬆干擾V2X訊號，高明的駭客還可以偽裝成值得信任的來源，然後藉此大肆破壞。如果某輛車送出錯誤的訊號說：「我正以時速160公里進入十字路口。」鄰近配有V2X設備的車輛就會以一連串急促的警告聲雜訊回應，讓人類駕駛陷入混亂的驚慌。

　　既然有這麼多缺點，為什麼聰明的人們還一直想推動V2X科技的構想呢？V2X網絡有個諷刺的點是，互聯車輛的好處只有**在道路上每輛車都是完全自動駕駛**（every single car on the road is fully autonomous）才會出現。在一個擁有取之不盡的資源和完全自駕車的完美世界裏，讓車輛和道路基礎建設交換資料有幾個好處，包括即時交通流量最佳化、優先讓路給急救車輛，以及道路狀況預警。

　　過去幾年，互聯裝置的數量成長迅速，因而讓物聯網（Internet of Things, IoT）一詞在科技圈中流行起來。顧能（Gartner）在一份報告中提到，到了2016年，智慧城市將會使用16億個互聯裝置，比起前一年成長39%，而在2018年，高德納預測智慧城市中的互聯裝置數量會達到33億。[12] 這些互聯裝置大部分都會用在保全設備（例如攝影機），或者控制商業大樓以及購物中心、辦公室園區、機場等公共空間的室內溫度。在住家裏，互聯裝置會當成智慧娛樂設備、保全及溫度控制。

　　想像一下，如果高速公路上的大部分車輛都是完全自動駕

駛，每個交叉路口和公路上匝道都配備了無線傳輸器，然後將學校和工地區域加入網絡中，再想像所有車輛都配有絕不出錯的防駭無線傳輸接收器，這樣就能和交叉路口、學區穿越道的傳輸器交換資訊，了解交通模式或者道路上是否有某種危險。

這裏已經有很多「如果」，但是為了這項思考練習，我們繼續吧。想像一下，每輛自駕車中的交通控制軟體都具有足夠智能，可以自動調整車速及軌道，以回應從周遭基礎建設蒐集而來的資訊。看吧，車輛不必再空轉。

每輛自駕車都能根據這裏所討論的道路物聯網所傳輸的資訊來規畫路程，不會再有塞車，而因為有三分之一的死亡車禍都發生在十字路口[13]，安全性的好處更是高到無法想像。

智慧車輛形成了網絡後，就能跟彼此保持聯繫，累積成一座核心集體知識庫。BMW買下數位地圖公司HERE後，便如此形容這種模式的好處：

群體智慧（swarm intelligence, SI；群智）對社會有極大好處：透過安全氣囊的啟動以及車外溫度等個別資料的計算，能夠針對像是路面結冰之類的危險即時提出警告。未來能夠更加精確發現前方的塞車情形，顯著降低意外發生率……預期交通號誌的綠燈時機便能導引車輛在「連續綠燈」（green wave）的情況下行駛過市區，調整引擎耗能並減少油耗。[14]

　　或許有一天，互聯的自駕車能夠彼此溝通，但就算這一天到來，未來配備V2X的車輛也不太可能使用目前美國運輸部政策中盤算的短波無線電科技。只要路上大部分車輛都是完全自動駕駛，屆時互聯成本就會更低廉。與其投資在昂貴的短波無線電傳輸基礎建設，車輛只要使用現有的手機基礎建設就能與其他車輛以及交通管控伺服器溝通。

愚蠢高速公路的價值

　　或許是因為聯邦政府和私人企業數十年來都將錢投資在智慧高速公路系統上，所以對於無人駕駛車輛總有一種揮之不去的迷思：需要大量投資在高速公路基礎建設上，直至2014年，Volvo汽車仍提案要在路面埋設磁鐵，以幫助無人駕駛車輛在濃霧中行駛[15]。提議要改善高速公路基礎建設聽起來很誘人，即使是高階程式設計師也會如此幻想著，如果在道路的每個十字路口埋設條碼或射頻識別標籤，那麼設計無人駕駛車的程式就會簡單多了。

　　投資智慧高速公路基礎建設是糟糕的政策，其中有很多原因，一是實用性：國家並沒有馬上可用的經費能夠用在非必要性的公路基礎建設，而這樣的政策必定會讓所有提案計畫只專注於發展這項科技。如今的年代我們看見岌岌可危的公共道路、瀕臨破產的公路信託基金，公路基礎建設的資金仍然是政治界的燙手山芋；就算有了可用的資金，花在公路基礎建設的錢愈多，剩下來能夠投資在快速進化的機器人科技的錢就愈少，而機器人才是真正比人類更優秀的駕駛。

　　另一項反對投資智慧高速公路系統的論點是，隨著車輛自身就有能力安全導航駕駛，對於交通標示、號誌及護欄的需求就會減少。在無人駕駛車輛上路的時候，最重要的道路基礎建設就是低科技的劃設路面標線，提供重要的視覺資訊給車輛的深度學習軟體，不過道路標線的視覺效果清楚與否，在不同地方的差異性

相當大，無人駕駛車輛的倡議者應該將他們的政治資本用來遊說，為畫設路面標線設定全國性的品質標準，這場戰鬥牽扯複雜，各直轄市和州郡政府都會攪進這一鍋混亂裏。

第三，投資智慧基礎建設的風險很高，因為硬體科技很快就一定會變得過時，軟體的更新速度通常會比支援的硬體要快，所以珍貴的研究資金最好投資在發展無人駕駛車輛的智慧機器人作業系統，這套系統的能力會不斷改進，或許甚至能以指數率成長。

最好的基礎建設就是「愚蠢的基礎建設」。來自奇點大學的自動駕駛專家布萊德・坦伯頓相信，網際網路就是愚蠢基礎建設價值的最佳示範。網際網路的基礎建設中很少有內建的智慧裝置，然而讓人意外的正是因為這個特性才讓網路能夠適應並進化，路由器和纜線傳輸資料包的同時可以完全不必了解這些包裏中的內容是什麼，無論是電子郵件、影片或網頁皆然。因為網路的架構建設就是要盡量愚蠢，才能夠讓科技快速而不受阻礙地成長。

想像在一個假想世界中，網路基礎建設是「聰明的」，根據對每個資料包的理解來決定路由及處理方法，在這樣的假想世界中，軟體應用程式每次改變，網路基礎建設也得跟著升級，為了知道投資在網路智慧的本錢是否值得，只好收回一次簡單的服務品質路由更新，這次更新原本讓路由器能夠優先處理串流內容，暫緩非串流內容；更近期的事件是對於網路中立性的爭論，消費者對抗電信公司，要求業者不得針對優先路由收取更多費用。若

非因為網路基礎建設其實很簡單，才能減少許多管理上的潛在頭痛問題，並降低可能的政治爭議。

　　無人駕駛車也有類似的狀況，交通基礎建設愈是簡單，就愈不受官僚干預、更有彈性也更有適應性。坦伯頓在智慧車輛及鐵路交通之間又做了一個實用的類比，支撐著火車的基礎建設明顯比支撐車輛的柏油路更特殊，柏油路有很多功能，能夠讓各種不同的車輛行於其上，包括腳踏車、行人、驢子、私家車到半掛式卡車，同時柏油路上也會出現更為複雜的交通模式，車輛駕駛會穿梭於各個車道間，而無變化又昂貴的火車軌道一次只能讓一列火車通過。

更新交通政策

　　數十年前悲劇的「1997年展示」之後，美國運輸部及其次級組織NHTSA和FHA對於無人駕駛車輛只願意採取大致上消極的方案便感滿足，坐等著看整個產業及各州要往哪個方向發展。曾幾何時，考慮到缺乏重要的資訊及通訊科技，謹慎的方案會是聯邦官員在理智下的決定，不過隨著無人駕駛車輛科技持續以驚人的步調進步，政府實在不應該繼續把焦點放在愈來愈多V2X研究試驗這樣的提案。

　　但是還是有些樂觀跡象顯示狀況正在好轉。2015年12月，美國國會通過了眾人期待已久的法案，要改善聯邦公路系統及交通系統的基礎建設，稱為修復美國地面運輸法案（Fixing America's Surface Transportation Act，縮寫為FAST法案），FAST法案提供約三千億美元在未來五年多的時間建設道路及交通系統，此法案確立了資助高階的交通控管科技並要求審計辦公室定期繳交報告給國會，說明自動化交通科技政策的狀態。

　　2016年，美國運輸部長安東尼・福克斯（Anthony Foxx）宣布在未來十年，聯邦政府將投注將近40億美元，透過試驗計畫推動並採取轉型的自動化駕駛科技[16]（在這本書寫作期間，尚不明朗這些試驗計畫的焦點會在哪裏，我們希望不只是V2X）。美國運輸部採取了比過去更為主動的方法，表明會將目標放在為產業提供指引，建立起自駕車安全作業的定義，運輸部同時也表

示會與各州合作，建立測試及採用自駕車的示範政策指引。

如果我們有辦法一路鑽進聯邦政府的高層，我們可以這麼做以加速無人駕駛車輛科技的發展。首先，我們會成立專責辦公室來負責完全自動化駕駛事宜，就稱之為聯邦自駕車管理局（Federal Autonomous Vehicle Agency）吧，很像是管理空中交通的聯邦航空管理局（Federal Aviation Administration, FAA），AVA會負責提出積極而有遠見的政策，讓無人駕駛車輛在美國50個州內成真。

FAA為飛機嚴格定義出備援及自行測試的標準，而無人駕駛車也需要相同等級的監督，運輸部官員必須要擔起領導責任，定義出關鍵的問題，例如無人駕駛車要到什麼程度才「夠安全」。例如，一輛自駕車平均80萬公里（50萬英里）發生一次碰撞是否夠安全，能夠上公共道路？（這比我們對計程車駕駛的要求高多了。）安全標準一經定義，就必須執行。

討論到安全性的一個面向對許多人來說都很難面對，這個令人不安的事實是導入無人駕駛車輛後會帶來風險、不確定性，或許甚至還有幾起意外。問題是另一種選擇，也就是人類駕駛，已經證明了他們更糟糕。我們人類開起車來的危險紀錄可不少，立法者必須停止妄想著要等到無人駕駛車成為完美的駕駛，因為那一天可能永遠不會來，聯邦立法者所應該做的反而是必須設定實際的新安全目標：就像我們先前討論過的，如果無人駕駛車表現出的安全性是人類的兩倍，也就是平均65萬公里（40萬英里）發生一次碰撞，那麼無人駕駛車科技就應該被認為是可行的。

　　AVA這個假想中的新機構還有另一種協助無人車的方法，那就是讓大眾和企業對無人駕駛車輛感到興奮期待，吸引更多人努力解決剩下的技術問題。除了谷歌、蘋果和汽車公司所聘僱的人才之外，AVA要確保會有更多聰明的人來思考無人駕駛車的問題，應該特別撥出經費舉辦常規賽，一年兩次讓來自產界和學界的隊伍互相競賽，想辦法解決艱難的技術問題。無人駕駛車輛的年度競賽聽起來很熟悉嗎？確實沒錯，這個概念會是重啟如今已經停辦的DARPA 2004年、2005年和2007年大挑戰，這幾次競賽讓十幾位聰明的天才發光發熱，從此便努力促成了無人駕駛科技的今日榮景。

　　各州及城市都需要聯邦政府的引導，AVA應該要規定各州，只要無人駕駛車科技能夠通過某個最低安全門檻，就應該發放標準駕駛執照給自駕車。2015年，只有四個州提供駕照給自駕車：加州、內華達州、密西根州，及佛羅里達州，政府應該鼓勵擁有綿長高速公路、車流量少的州政府設立專用車道，用來測試並驗證完全自動化車輛及卡車。

　　要達成這些目標並不容易，而且要寫出優秀的科技政策也是難到人盡皆知。當科技牽涉到車輛和安全時，要在鼓勵和警告之間達到正確的平衡更是難上加難。近來，加州政府更新了已通過的無人駕駛車輛法規，恰巧示範了前方的法規地雷有多危險，並強調出這類法規多麼需要聯邦強力及明確定義的監督。

　　2015年12月16日，加州車輛管理局發布了一份初擬草案，提案一套新的法規來監管無人駕駛車輛並邀請大眾給予意見，其

中最具爭議的新規定是所有無人駕駛車輛必須配有方向盤及煞車，並且隨時都要有人類在車上。這樣的方法有個缺點，那就是太冒險了，強迫人類隨時監看無人駕駛車輛會引起嚴重的安全問題（就像我們在第三章討論過的），當人類相信電腦有能力為他們處理一切時，駕駛表現就會很差。

要求隨時有人類駕駛在場還有一個缺點，這樣的法規仍依循著危險的「迴路中的人類」樣式，這項政策完全與谷歌的訴求背道而馳，谷歌希望能打造直接進入完全自動駕駛的車輛，而如今加州的法規草案有這樣的規定，谷歌的自駕車原型就會違法，因為車輛中只有一個簡單的黑色按鈕代表啟動、紅色按鈕則代表停止。

州政府的法規若沒有經過謹慎思考，問題是一旦通過了就很難撤回，布萊德·坦伯頓總結了眼前的困境：

> 州政府提案先禁止谷歌這種形式的車輛，然後未來再針對這種車型制定法規。不幸的是，一旦禁止了某樣東西，就很難解除其禁令，因為沒有人想成為那個解除禁令的立法者或政客，萬一造成了傷亡就會怪到他們頭上。而且這些車輛確實會造成傷亡，只是會比目前駕駛的人類更少。[17]

不過加州車輛管理局所提出的新法規中有一條倒是一個好的開始，加州考慮要求無人駕駛車輛的製造商要由獨立的第三方進行安全測試，因為在這本書寫作時尚未存在這種測試單位，所以

這條法規很難執行，不過這條規定相當合理，不只能夠催生一項新產業的發展（無人駕駛車輛測試），還能夠保護消費者不受低劣或無法發揮作用的軟體及誇張文案所害。事實上，這套法規提案應該要更進一步定義出州政府如何檢查個別的自駕車，就像車輛煞車及排氣應該定期檢查，無人駕駛車輛科技也必須定期由市政府檢查，以確保車輛的軟硬體都能順利運作。

　　AVA應該引導州政府定義並釐清另一項與安全相關的挑戰，也就是責任歸屬，必須釐清在無人駕駛車輛意外中該對誰究責。雖然無人駕駛車輛涉入的意外可能相對罕見，而這個問題可能最後會變得無關緊要，但這個問題仍然需要檢視。在美國，保險法是由州政府定義並執行，如果聯邦政府能夠釐清在無人駕駛車輛中每一主要系統（也就是軟體、硬體感應器及車體）的標準性能指標，保險公司就能提出清楚的框架來量化風險，也能保護製造商免於輕率提告的麻煩。

　　還有另一個問題需要在各州及城市有聯邦法規可參考，那就是隱私。無人駕駛車輛就像一處金礦，蘊藏著來來去去乘客的資料，也是一處道路及路旁視覺資料的寶窟。在寫作這本書時，有幾項針對處理隱私權問題的方法似乎滿有用的，2015年，紐約州眾議員孟昭文（Grace Meng）提案保護自駕車中的消費者隱私，這一步朝著正確的方向前進。[18]

　　我們希望美國運輸部很快就會放寬對智慧車輛的定義，其最佳前進路徑是將焦點放在改善公共安全，利用智慧政策讓機器人車輛能順利發展，幫助城市及各州能夠蓬勃發展自駕車。能夠提

出思考最先進政策的的區域和國家就會成為無人駕駛車科技的核心，並收割未來的相關經濟利益。

　　如果無人駕駛車輛的發展在1997年展示後就停止，這本書就不會存在。我們對歷史的簡短檢視後發現，在二十世紀中大部分時間裏，一個又一個發明家努力想推出可用的無人駕駛車但都失敗了，他們因為缺乏重要的關鍵科技、深度學習、資料、運作快速的電腦以及現代感應器而裹足不前，好消息是故事不會就此結束。

　　現代的無人駕駛車在二十一世紀初的一處無人沙漠中央出現了，距離電子高速公路以及聯邦運輸智庫辦公室的煤渣磚走廊遠得很，這些車輛跳脫了高速公路基礎建設的束縛，新一代的無人駕駛車輛能夠使用移動機器人的突破性科技，並將自身的智慧背在身上，這個新型態的無人駕駛車輛就是機器人。

第八章　機器人的崛起

　　第一輛現代的無人駕駛車輛是相當粗糙且近乎全盲的機器人，一旦視覺系統發現任何無法分類的物體就會突然停止動作。在1980及1990年代，德國自駕車的先驅恩斯特·迪克曼斯（Ernst Dickmanns）打造了好幾輛無人駕駛車原型，利用感應器和智慧軟體來自行導航；義大利的艾伯托·布洛吉教授（Alberto Broggi）打造了一輛使用機器視覺軟體的車輛，能夠依循畫設的道路標線前進。雖然以今日的標準來看，這些早期的無人駕駛車輛相當原始，不過比起過去依靠無線電波引導的別克轎車卻有個重要的優勢：車輛的智慧設置在車輛上，而非埋設在道路裏。

　　有兩件事幫助現代的機器人車輛成真：一是微處理器體積縮小且功能更強大，第二項觸媒則是2001年，國會通過法規要求在2015年之前，在軍事戰區中所使用的車輛應有三分之一為完全自動化。就像手機、全球定位系統和網際網路一樣，無人駕駛車輛又是一項根源自軍事科技的消費設備。

　　法規中有一部分是國會指定DARPA負責推動必要科技的發展，並授權該機構發放獎金給任何展現出打造自駕車能力的單位。DARPA握著一大筆引人垂涎的獎金，官員便想出一套計畫，他們會贊助一場道路競賽，讓研究者可以利用自家的機器人車輛，與來自其他大學和企業的同儕為了贏得獎金而比賽（讀者應該還記得，後來DARPA利用類似的方法，進一步推動像是CHIMP這類救災與災後重建機器人發展）。

　　在2001年至2007年間，DARPA贊助了三場道路競賽，也

就是2004年、2005年及2007年的DARPA挑戰賽。第一場在2004年的DARPA挑戰賽在美國西南部的莫哈維沙漠（Mojave Desert）無人居住區域中舉行，只要團隊的自駕車能夠贏得長達240公里（150英里）的道路競賽，就能獲得百萬美元獎金。第一場挑戰賽很自然會選擇在沙漠中舉行，畢竟在當時早期的自駕車科技還在初創階段，這些機器人學家必須在遠離鬧區的地方測試自己的作品，這些鬧區包括購物中心還有擠滿行人、嬰兒車與其他可能造成危害障礙物的街道。

結果證明沙漠是正確的選擇，參加競賽的15個團隊帶來自家的機器人車輛，上頭配備的軟硬體都太過粗糙，無法處理眼前的任務，硬體感應器和GPS設備運作緩慢又不可靠，參賽車輛的機器視覺軟體表現還更糟，將車輛困在沙堤和岩石中，其他車輛也因機械問題而停擺。比賽時間過了幾個小時後，15台參賽車輛中沒有一輛能夠在賽道上前進超過12公里（8英里），百萬美元獎金始終無人得手。

經過了這次令人失望透頂的比賽結果，要相關人等放棄易如反掌。在2004年競賽之後，CNN訪問了DARPA大挑戰賽的計畫副主任湯姆・史崔特（Tom Strat），他仍然相當樂觀表示：「雖然大家連賽道的百分之五都沒達成，卻讓這些工程師更加堅決。」[1]

DARPA並未改變心意，隔年繼續提供獎金再次舉辦競賽。2004年的參賽機器人組成相當有趣，有各式各樣不同的自動化車輛，有兩噸重的小型卡車，也有在動作敏捷的沙灘車裝上超大

輪胎。2005年這一次的競賽，DARPA對參賽者的篩選過程更加
嚴謹，開放賽場參觀，還有一場全國資格賽來決定誰能上場。這
次贏得競賽的獎金加碼到200萬美元。

　　根據資格賽的表現，DARPA挑選了23組隊伍參加2005年
DARPA挑戰賽，這一年的競賽同樣舉辦在無人居住的沙漠，規
則基本上跟2004年相同：參賽車輛必須自行駕駛通過212公里
（132英里）的越野賽道，毋須倚靠路旁的基礎建設或人類協助等
支援。

　　2005年DARPA挑戰賽對於移動機器人的發展是個關鍵的
轉捩點，若是半個世紀以前，建造通用汽車與RCA電子高速公

圖 8.1 ➤ 2005 年 DARPA 超級挑戰賽的啤酒瓶彎道，距離終點大約有 11
　　　公里（7英里），大約有超過 20 個迂迴彎道。

資料來源：美國聯邦政府DARPA；維基百科

路的工程師能夠親眼見證在空曠沙漠中發生的奇蹟，不知道有多好。結果是前所未有的，有五輛自駕車安全導航通過崎嶇的沙漠賽道，只依靠自身的人工感知（artificial perception，即為機器感知）來尋找方向。

2005年挑戰賽的贏家是史丹福賽車隊，他們以不到七小時的時間拔得頭籌；緊追在後的是兩輛來自卡內基美隆大學的車輛，拿下第二及第三名；第四名的車輛屬於葛雷保險公司（Gray Insurance Company），第五名的車輛則是由豪士科卡車企業（Oshkosh Truck Corporation）所打造。

不過更令人興奮的是史丹福大學的得勝車輛如何贏得競賽。有些競賽隊伍使用地形圖和空拍影像來手繪出路徑，讓自駕車能依此行駛，不過冠軍車則採用另一種方法。冠軍隊伍的車輛是一台改裝的福斯Touareg叫做史丹利（Stanley），史丹利的中階控制利用機器學習軟體來處理車輛的感知及反應。

機器學習與駕駛

　　史丹福教授賽巴斯汀‧瑟朗（Sebastian Thrun）領導一組學生打造了史丹利，在幾個關鍵之處採取不同做法。首先，他很清楚能夠決定競賽勝負的關鍵在軟體，而非硬體，第二，在創造車輛的導航軟體中能夠「感知」（perceiving）及「反應」（reacting）的中階控制軟體時，瑟朗和他的團隊選擇不使用當時人工智慧的主流模式，也就是以規則為基礎的軟體。在計畫初期階段時，瑟朗和他的團隊就已經明白，想要寫出一套邏輯規則來處理各種不同的地形細節，以及車輛在競賽中可能會碰到的隨機物體，根本不可能成功。

　　因此，瑟朗和他的團隊採用機器學習，瑟朗解釋道：

　　　許多參賽的隊伍都把重心放在硬體上，所以很多人最後都建造出自己的機器人。我們經過微積分計算後認為，比賽重點不是在機器人的力量或車輛底盤的設計，人類可以完美通過這些賽道，這也不是複雜的越野地形，其實只是沙漠賽道而已，所以我們決定這單純只是人工智慧的問題，我們所要做的就是把電腦放進車裏，賦予其合適的眼睛和耳朵，讓車子變聰明。

　　　在試圖把車子變聰明的時候，我們發現駕駛其實不是遵循兩、三條規則而已，而是幾千、幾萬條，可能會發生太

多、太多不同的事件，某一天會有小鳥停在路上，在我們車輛靠近時就飛起來，而我們也知道對機器眼睛來說，小鳥看起來就跟一塊石頭一樣，所以我們必須讓機器聰明到能夠分辨小鳥和石頭的不同。

最後，我們開始倚靠稱為機器視覺的東西，或者叫大數據，也就是說我們不再努力把所有規則都手動寫進程式裏，而是用教導人類駕駛的方式教會我們的機器人。我們會進到沙漠裏，我來開車，機器人就會觀察我、試著模仿相關的行為；或者我們會讓機器人開車，出現錯誤之後就回頭去看資料數據，向機器人解釋為什麼這是錯誤，讓機器人有機會調整。[2]

為了理解為什麼瑟朗決定使用機器學習在當時看來是一種激進手段，我們來複習一下在前面章節中介紹過二種主流人工智慧軟體模式：由上而下的規則模式人工智慧，或者由下而上的資料驅動人工智慧。正如我們先前討論過的，由上而下的人工智慧需要先由程式設計師編寫出對真實世界的理論模式，然後再寫出一套稱為條件陳述的規則，才能以邏輯跟模式互動；而相反地，由下而上的人工智慧技術，例如機器學習，是將某種演算法運用在大量資料上，並利用統計技術來處理這些資料，最後讓軟體接觸到夠多的資料，使其能夠「學習」辨認出規則，而毋須人類監督。

在第五章中，我們做了一項練習，想像自己想要寫出中階控

制軟體來引導車輛通過忙碌的十字路口，我們從這次練習中得知，我們寫出的編碼不可能預期車輛可能在現實世界中遇到的每一種狀況、定義每一種障礙物，使用邏輯條件陳述的軟體來監控車輛的感知與反應，很快就會被邊角案例和規則的例外所干擾。

現在想像一下我們要面對類似的課題，不過這一次我們的目標是寫出能夠引導車輛越過沙漠的中階控制軟體。我們的軟體必須能夠辨認車輛前方的地面有哪個部分能夠安全駕駛（可駕駛〔driveable〕），而哪個部分不能（不可駕駛〔undrivable〕）。一個方法或許是使用空拍影像和沙漠地貌的GPS資料來為車輛設定路徑（2005年DARPA挑戰賽中有些參賽者就是這麼做），不過幾番思考後，我們發現這種方法無法解決我們的車輛在地面會遇到的問題，車輛導航時會遇到未能標記在地圖上的坑洞、碎片、大石頭和溝渠。

在這個課題中，我們的結論是若要確保車輛只行駛在能夠安全行駛的路面上，最好的方法就是建立能夠解讀從車輛視覺感應器傳來的即時資料的中階控制軟體。即使有這樣的方法，許多程式設計師依然會試圖要用規則為基礎的方法來定義「可駕駛」。在2005年DARPA挑戰賽中，有一個隊伍花了好幾個月寫出一套邏輯規則，將之應用在從車輛視覺感應器傳來的資料串流，當資料指出車輛前方地面有明顯隆起，控制軟體的回應是轉動方向盤，讓車輛繞過障礙物。

經過數月的努力，他們的編碼庫變得龐大又精細，可惜這個團隊對百萬美元獎金的追求卻中止，在競賽期間，他們的車輛在

進入一處隧道前踩下了煞車。團隊後來發現他們的中階控制軟體缺乏一條處理隧道的特定規則，因為程式設計師中沒有人以為賽道上會出現隧道。因為沒有清楚指示，車輛只能盡其所能猜測，而根據隧道頂的高度及其占據前方大部分的路面，車輛軟體判斷這座隧道是某種巨大而陡峭的牆壁，因為意外出現了機器認為是牆面的物體，軟體做了正確的決定：煞車並拒絕移動，直到人類設計師過來「哄勸」車輛回到比較安全的路面上。

如果我們是史丹利計畫中的開發者，最後的結論也會與瑟朗和他的團隊一樣，那就是駕駛「不是遵循兩、三條規則而已，而是幾千、幾萬條」，實在遠超過人類程式設計師能夠處理的。即使是一片空曠無垠的沙漠中也會出現無數種陌生情況，只有讓沙漠莫名凍結在某個時間點，這樣一組調查者與開發者團隊就有很多時間、無限的資源，能夠畫出一張完美複製出地貌的數位地圖，小至每顆石頭和突然飛來的垃圾都囊括進去，以規則為基礎的人工智慧才能夠發揮作用。就算真的能畫出這樣一張完美的數位地圖，根據這個模型寫出的編碼還是有可能失靈，因為這個世界不但混亂又無法預測，同時也充滿動能，隨時都在變化。

以規則為基準的軟體可以是無人駕駛車輛工具箱中很重要的一部分，可以用在像是路線規畫這類高階控制應用上，也可以用來管理低階活動，例如確認油箱狀態。但是以規則為基礎的人工智慧很容易在架構混亂的環境中失靈，因此有些機器人學家認為由上而下的人工智慧軟體很「脆弱」。在2004年DARPA挑戰賽中，大多數參賽者使用的軟體結果都太脆弱，無法完成任務，所

以那年沒有一台自駕車能夠走完賽程,第一名只行駛了12公里。

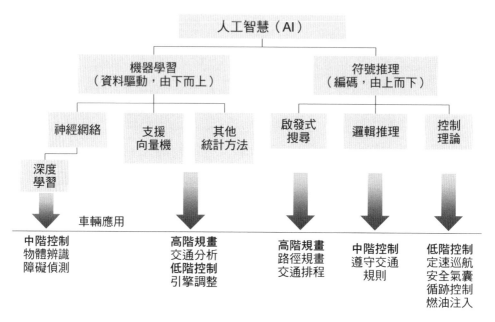

圖 8.2 ▷ 無人駕駛車輛中使用的人工智慧科技。大部分機器人系統都會使
　　　　用多種技術,能夠即時偵測到障礙物的物體辨識以及交通協調對
　　　　人工智慧而言最具挑戰性(圖的最左方)。

資料來源:IBM資料庫

　　等到第三次也是最後一次DARPA城市挑戰賽在2007年舉
行,自駕車已經有了不少進展,為了讓參賽隊伍有事可做,主辦
單位決定這條96公里(60英里)長的賽道會放在一處無人使用的
空軍基地,位於洛杉磯東北方約120公里(75英里)。這條賽道處
在混亂而經常變化的環境中,類似於自駕車會在混亂戰區(或者
忙碌的高速公路)中遇到的狀況。要贏得第一名的200萬美元,
隊伍必須建造出能夠安全導航車輛的中階控制軟體,可以在陌生

環境中與其他移動車輛並行，而毋須精確的程式設計引導。在當時，這樣的任務相當困難，對自駕車的挑戰就像人類要在沒有地圖的情況下，頂著不見五指的暴風雪攀爬聖母峰。

2007年的都市挑戰賽規則很直接：每輛車上不得有人類駕駛，必須在都市環境中完成一系列簡單的駕駛工作，或說是「任務」，包括在十字路口左轉、通過圓環交叉路口、停車，並在雙線道上維持在適當的位置而不會撞上迎面而來的車流。為了確定車輛都是真正自動駕駛（而不是為了這次特定環境而事先設定），直到比賽開始前一個小時，各個隊伍才拿到賽道說明的網絡檔案，這在數位檔案上就相當於人類駕駛對於特定地理區域道路的熟悉度。

隨著2007年競賽日到來，幾百個滿懷自信的人成敗就在此一著，來自頂尖大學及企業的11個隊伍在起點閘門前列隊，發令員是個戴著棒球帽的男人，他放下綠旗宣告比賽開始。無人駕駛車輛一個接一個小心駛出閘門，車輛的後車廂及後座都塞滿了電腦，方向盤來回轉動，就像有一雙看不見的手在操縱著。附近搭了一座帳篷，大到能夠容納馬戲團表演，上千名粉絲及觀賽者盯著巨大螢幕上車輛的行動。

2007年的挑戰賽進行時會產生許多不同結果，穿著可反射光橘色安全背心的評審會四處奔走，拿著碼表，記錄參賽隊伍在南加州沙漠的豔陽下如何對付所交付的任務。這些車輛就像一群視力不好的八旬老翁，一輛接一輛小心翼翼移動著，同時DARPA的計畫管理員則待在巨大的水泥路障後監測整個賽程。

　　即使在這次全世界最頂尖的機器人學家大對決中，在2007年仍然難以預測最佳的無人駕駛車輛科技。為了確保評審和參賽隊伍的安全，每輛自駕車後面都跟著一輛由人類駕駛的「保母」車，由專業駕駛開著特別加強過的福特金牛座（Ford Taurus）房車，萬一車上搭載的人工智慧出錯，每輛機器車輛都強制配備了可遙控的緊急電子停止按鈕，如果會對附近人類或車輛造成危險就能使用。

　　當地的沙漠地貌曾經是二戰及韓戰期間戰鬥機駕駛的訓練基地，如今看起來就像喜劇電影的場景，到處是慢動作的輕微碰撞意外。麻省理工學院參賽的自駕車Talos慢慢接近康乃爾大學的自駕車Skynet側邊發生碰撞（我們在第五章提過這場意外）[3]；另一輛參賽車很快就讓自己失去比賽資格，因為並未遵守規則而偏離賽道，一頭撞上附近建築物的牆壁；這場碰撞在競賽紀錄中被記載為「車輛與建築物的意外」（vehicle vs. building incident），聽起來就是這麼回事。還有另外兩輛車在第一步就像有舞台恐懼症而癱瘓，在考慮要轉到哪個方向時，一動也不動地留在原地，一台停在十字路口，另一台則停在環形道路。[4]

　　雖然參賽的自駕車大出洋相，其實競賽結果是好的，11個競賽隊伍中有六組完成了任務並行駛完賽道，勝出的車輛是一台叫做老大（Boss）的車輛，這是卡內基美隆大學及其為此競賽而結盟的企業夥伴，也就是汽車巨擘通用汽車。老大以四小時又十分鐘完成賽程，時速維持在每小時22公里（14英里）上下；史丹福大學推出的自駕車叫做小子（Junior），以些微差距拿到第二

名，維吉尼亞理工大學的自駕車奧丁（Odin）則是第三名。

　　但是這天真正的贏家是機器人社群，2007年挑戰賽的結果證明了自駕車能夠成功導航通過十字路口，並偵測到路面上其他車輛的存在，在將近一個世紀研究不用手也不用腳的駕駛方法後，自我導航車輛終於第一次看起來可能成行，而或許數十年來困擾著無人駕駛車發展的達文西問題也可望終結。

下西洋跳棋

　　有些人認為2007年是現代全自駕車的誕生，但事實上，現代無人駕駛車輛的出現是一個階段接著一個階段的過程。在DARPA先前贊助的2004年及2005年競賽，車輛的表現一次比一次更好，等到在2007年舉辦第三次挑戰賽，參賽隊伍不只得益於努力得來的經驗，也學習到關鍵硬體科技的快速進步與人工智慧軟體的突破，尤其是機器學習。

　　有個活躍的網站叫做Stack Overflow，為機器學習提供了一個實用的解釋，這個網站是一個聚集了幾百萬程式設計師的全球社群，彼此問答科技問題，然後投票決定答案的品質。在網站上有人提問：「什麼是機器學習？」票數最高的回答是這樣說的：

　　　基本上這是一種教導電腦根據一些資料去做出並改進預測或行為。這個「資料」（data）是指什麼呢？那就完全要看問題是什麼了。如果要機器人學會走路，那麼資料就會是感應器的讀數，或者也可能是輸入特定資料後程式的正確產出。能夠對過去從未見過的輸入資料有所反應，是許多機器學習演算法的核心原則。想像你試圖教導電腦駕駛如何在高速公路中的車流中行駛，用「資料庫」（database）的比喻來說，你就要教會電腦在百萬種可能的情況中精準的反應方式，而有效的機器學習演算法（希望是這樣）能夠學習不同

狀態中的相似性，並以相似的方式反應。

　　各種狀態之間的相似性可以是任何情況，就算是我們可能會認為平凡無奇的性質，也可能讓電腦一敗塗地。比方說，電腦駕駛知道如果前方的車輛慢下來，自己也得慢下來；對人類來說，如果把汽車換成機車並不會改變什麼，我們知道機車也是車輛的一種，但是對機器學習演算法而言，這可能真的極度困難。資料庫必須儲存各種個別案例的資料，說明汽車在前方以及機車在前方的狀況，不過機器學習演算法會從汽車的例子中「學習」，能夠自動推論到機車的例子。另一種思考機器學習的方式是將之視為「模式辨認」（pattern recognition；圖形識別、樣式認知），能夠教導程式根據模式反應或辨認。[5]

　　機器學習的技巧聽起來很像生物，這些軟體學著去辨認模式或者解決某個問題，但其實箇中原理是讓演算法解析巨量的資料，從中尋找統計模式，接著演算法就能利用所找到的統計模式去建立一套數學模型，依序排列出各種可能結果發生的機率，據此做出預測或下決定，然後演算法會將自己的預測放在陌生的新資料中測試，以驗證是否正確（或者這個決定是否適當）；如果錯了，再回頭去更新模型。用這樣的方式，機器學習程式在人類設計師的監督下，接收資料從「經驗」中「學習」，而設計師的工作包括選擇演算法，並提供資料及最初的正確與錯誤回饋。

　　人工智慧研究者長久以來都很喜歡用棋盤遊戲來展示新的模

型，機器學習也不例外。1950年代期間，機器學習科技才剛起步，有限的電腦運算能力大大限制了研究能夠應用的棋盤遊戲，因為當時的電腦無法處理西洋棋局所需要的計算數量，所以研究者改用西洋跳棋。

1949年，亞瑟‧薩謬爾（Arthur Samuel）當時才剛進入IBM任職，他想要證明電腦也能進行複雜的智能任務。在薩謬爾進入IBM那一年，這家公司主要的業務仍是製造計算機器，薩謬爾的想法是如何提升公司的知名度，他想，如果他能提出某種是電腦能做的應用，而加數機做不到的，就能藉此展現IBM第一台商用電腦IBM 701的分析能力。

要展示一台電腦的認知能力，還有什麼比下一局精采的西洋跳棋更好的應用？薩謬爾的目標是要教會電腦如何下西洋跳棋，並且達到世界級的水準。如果他選擇用當時主流的人工智慧模式來解決這個問題，他就得寫出一大堆條件陳述，試圖預測電腦可能會遇到的所有棋盤布局，並引導電腦去解決。

這種以規則為基礎的方法可能會讓人勞心勞力，必須事先寫下每一種可能的棋盤布局，每一種都有一條規則對應特定的情況。利用以規則為基礎的方法可能會像是這樣：一條規則可能是「優先採取能夠吃掉對方棋子的棋步」，而另一條又說「優先移動即將碰到對手底線的棋子」。

薩謬爾很快就發現了這種人工智慧的問題，要下一局西洋跳棋所需要寫下的規則數量迅速膨脹成為一長串看也看不完的指示，但是更麻煩的問題是，就算有人費盡心力寫下規則列表去處

理每一個可能的棋盤布局，遵守這些規則的電腦仍然只是中庸的西洋跳棋玩家，就像一個人類新手玩家，遵守著固定的準則而非直覺性的策略，電腦無法選擇細膩而看似不合邏輯的棋步，因而算不上是個厲害的西洋跳棋玩家。

眾多人工智慧專家或許能獲得相當不錯的成果，只要寫出更為詳細的規則，或許加進一些例外和看似隨機的棋步，可以營造出彷彿使用了某種策略的錯覺。但是薩謬爾選擇了不同的方法，他決定要採用機器學習，這樣電腦就能從自己的經驗學會如何下西洋跳棋，而非依循一套制定的規則。

人類玩家能夠成為專家並不是靠著計算所有可能的結果，而是觀察特定的棋盤局面、銘記於心，然後記得棋局的結果為何。人類玩家會記得導致輸棋的棋步，而記得能夠獲勝的棋步也有類似的學習價值。薩謬爾決定要在他的電腦中設定能夠模仿人類高手的程式，藉由學習辨認出特定棋盤局面的模式來下棋，尤其是那些能夠贏得遊戲的。

薩謬爾所設計的電腦程式一開始先隨意下幾步符合規則的棋步，對手就是軟體自身的副本，有時候西洋跳棋程式的原始版本會贏，有時會輸，每下完一盤棋，電腦會花一點時間把過程記錄在大資料庫裏，包括所有導致贏棋的棋步以及所有導致輸棋的棋步，電腦也就有了經驗。

到了下一回棋局，軟體憑藉著不斷成長的經驗資料庫，在下每個棋步前都會先在資料庫裏查找棋盤布局，看看是否已經達到特定的布局，如果是，下哪一步才能致勝；如果眼前的布局正好

是軟體從未見過的,軟體會再隨機下一步合法棋步,然後記錄該棋步的結果。

　　一開始,薩謬爾的機器學習軟體只是隨意下棋,就像一個小孩嘗試著下完第一局棋,但經過了幾千局棋後,好棋步與壞棋步的資料庫逐漸增長,再多玩幾千局,軟體所下的每步棋就更熟練,有些觀察者可能會稱之為「策略」。因為大部分棋步都可能同時導致輸棋及贏棋,端看後續棋步為何,所以資料庫不只會記錄贏或輸的結果,而會記錄每一步最終可能贏棋的**機率**(probability),也就是說,資料庫基本上就是一個大統計模型。

　　而在軟體學習時,電腦會花上無數個小時「自我對戰」,累積比任何人類一輩子加起來都還多的遊戲經驗。隨著資料庫增長,薩謬爾必須發展出更為有效的資料查找技術,例如現今許多

圖 8.3 ➤ 亞瑟・薩謬爾在 IBM 7090 上玩西洋跳棋(1956 年 2 月 24 日)。
資料來源:IBM 資料庫

大型資料庫中依然會使用的**雜湊表**（hash table）。薩謬爾的另一項創新是利用資料庫預測對手最有可能的下一著棋，這套演算法就是今日所知的**極小化極大演算法**（minimax）。

最後，薩謬爾成功了，他的西洋跳棋玩家程式後來在他的實驗室之外乃至整個世界，都產生重大影響。幾年以後，在1956年2月24日，這個程式透過電視轉播展示在大眾面前，1962年，電腦打敗了西洋跳棋大師羅伯特・尼利（Robert Nealey），IBM的股價一夜之間上漲15%。

軟體能夠贏過西洋跳棋大師真的是很了不起，不過更了不起的是，這個程式變得厲害到比它的創造者薩謬爾本人，更會下西洋跳棋。以規則為基準的人工智慧程式能力會受到人類創造者能力的侷限，薩謬爾則教會他的機器學習程式無限的可能，那就是如何學習。

許多人無法接受一台機器、一部電腦居然懂得學習，我們經常聽到誤導的論點，例如「電腦不可能比設計它們的人類更聰明」，這個想法根植於舊時的思考，認為電腦是一種自動化機器，只能執行預先下的指示。機器學習的力量，讓薩謬爾的機器能以和人類相同的方法學會技巧，也就是從自己的成敗中學習，正如同孩子到後來可能會知道得比父母還多、學生成就能夠超越師長、運動員能夠打敗教練，電腦最後也能夠贏過自己的設計者。

有些專家跟軟體對手對戰過後表示，他們覺得程式在下棋時似乎是有意圖、有策略，甚至有熱情的。例如俄國西洋棋大師

加里‧卡斯帕洛夫（Garry Kasparov）第一次輸給IBM超級電腦深藍（Deep Blue），深藍是薩謬爾西洋跳棋玩家演算法的曾孫輩，卡斯帕洛夫在1996年接受《時代》雜誌（*Time*）專訪時說：「我可以感覺到，可以嗅到，棋桌對面坐著的是一種新型的智慧。」他後來總結說：「雖然我覺得自己確實看到某種智慧的跡象，卻很奇怪、不夠有效率、不夠靈活，讓我覺得自己還有幾年時間。」[6]卡斯帕洛夫錯了，隔年在1997年，深藍便贏得了比賽。

深藍擁有「很奇怪的、不夠有效率的新型智慧」，其核心就是統計學的應用，機器學習其中一項有趣又令人困擾的特色就是其不透明性，有些工程師對機器學習感到不安，因為他們從來無法完全理解究竟人工智慧是如何產出結論。

無論如何，機器學習還有一項關鍵特色，那就是機器學習演算法會在軟體中發展數學模型用來預測，而人類通常無法理解，因此人類監督者無法看一看軟體編碼就知道是否有用，要驗證機器學習模型的預測，只能再給予新的測試案例。

無窮狀態空間

雖然機器人研究學者已經使用機器學習科技數十年，這些機器人仍然只能在結構高度完整的環境中運作。機器學習在西洋跳棋中運作良好，因為跳棋棋盤是個簡單的狀態空間，玩家可能移動的棋步有限，薩謬爾的西洋跳棋程式能夠在資料庫中查找進而辨認出棋局，每一種棋盤布局都是獨特而嚴謹的，因此很容易儲存。

下西洋棋比跳棋更困難，因為每種棋盤布局，都有更多種可能的下一著棋，或者人工智慧科學家會稱之為**更高的分支因子**（higher branching factor）。而城市街道或者忙碌的高速公路就更複雜了，其狀態空間中包括了無限多種可能的「棋步」和「布局」，在人工智慧研究中，能夠無止盡提供機器人陌生狀況的環境稱為**無窮狀態空間**（infinite state space）。

無人駕駛車輛必須面對無窮狀態空間，機器人車輛經常會遇到新的狀況，這些狀況中每一種都是陌生的，讓機器人無法製作查找表來儲存這些經驗，每一種新的經驗不但很難拆解成有限的可儲存單位（就像棋局那樣），儲存無限多種經驗之後也會讓查找資料庫變得太過龐大，就算是強大的現代電腦也很快就無法負荷。

多年來，無窮狀態空間這堵障礙一直讓機器人學家無法利用機器學習，讓機器人能夠在無架構的動態空間中運作，直到最近出現了一種新的演算法、電腦能力增進，再加上可取得足夠的訓

練資料，機器學習才能夠運用在無窮狀態空間中。在2005年的DARPA挑戰賽，史丹福的工程師們是第一個成功將機器學習應用在駕駛上的團隊。

瑟朗的團隊破解了無窮狀態空間的問題，他們將車輛外頭的真實世界簡化成只有二種類別：可駕駛和不可駕駛。他們在車輛上配備光達和攝影機，訓練機器學習軟體將傳來的原始即時視覺資料分類為這二種有限類別，為了教會機器學習軟體如何辨別可駕駛的地面，史丹福團隊每個周末都回到沙漠中去蒐集更多沙漠地貌的視覺資料，如果程式犯了錯誤，他們就做調校，然後繼續訓練。

接下來要以處理過的資料建造視覺模型，以供中階控制的占據式格點地圖使用，瑟朗和他的團隊以顏色為資料串流編碼，在車輛前方保險桿前面的那一部分地面，若機器學習軟體認定是可駕駛的是一個顏色，不可駕駛的那部分則是另一個顏色。史丹利的動態占據式格點地圖影片看起來是一片讓人出神的明亮色彩，隨著車輛往前移動而旋轉著在螢幕上律動，機器學習軟體將沙漠中的無窮狀態空間簡化成只有二種類別。

史丹利在2005年DARPA挑戰賽的勝利證明了，電腦視覺應用可以利用機器視覺來導航通過複雜而無法預測的真實世界環境，而發展機器視覺軟體其中一個關鍵的可行因素就是新出現的過多訓練資料，這在過去很難取得。以無人駕駛車來說，訓練資料的來源是數個車上配備的硬體裝置，其硬體能力在過去幾年來大有長進。

現代工具箱

　　無人駕駛車輛完美示範了何謂**重組式創新**（recombinant innovation）的力量，這個過程便是以新的方法結合數種現存科技。雖然大家習慣想像在創新背後只有單一的天才發明家，但其實許多新出現的科技，尤其是複雜的，都是將舊有科技以前所未見的方式重新組合在一起。[7]摩爾定律間接促成了重組式創新的出現，現在大家都知道這條定律是說隨著時間推進，半導體的能力會以指數率成長，而成本也會以相應速率降低。

　　摩爾定律對這幾十年來的半導體科技都沒出過錯，其影響力也擴展到其他種類運用電腦晶片的硬體，例如數位攝影機、電視和電子玩具。摩爾定律的影響也讓一些專家將表現能力以指數率成長的科技形容為**指數率科技**（exponential technology）。

　　自駕車原型自1970年代起便不斷進步，展現出重組式創新的力量，同時也是摩爾定律的有利影響。[8]在1980年代，卡內基美隆大學的導航實驗室（Navigation Laboratory，Navlab）打造了一台自駕車原型，叫做卡德加（Codger），大小跟一輛快遞公司優比速（UPS）卡車差不多。卡德加的體積必須有一定分量，因為車上裝載著各種昂貴的高科技，包括一台笨重的彩色電視攝影機、GPS接收器、雷射測距器，以及幾台一般用途的昇陽三代（Sun-3）電腦。卡德加行駛在空曠道路上的最高速度，大約是每小時32公里，這輛車對城市街道而言並不安全，因為軟體

每一次導航「任務」都相當耗時，若車輛前方道路淨空大概需要10秒鐘，如果在比較「雜亂」的環境則會花費到20秒。[9]

快轉前進到另一輛在2007年最先進的自駕車，情況看起來比較樂觀。康乃爾為了在越野休旅車上裝設配備以參加2007年DARPA挑戰賽，團隊花了195,850美元購買光達、雷達反應器、GPS、攝影機，另外花了46,550美元購買了好幾台桌上型電腦、筆記型電腦和周邊設備。[10]雖然在2007年要改裝一輛自駕車比起1980年要便宜許多，但是電腦和感應器的速度還是太慢了，無法支援自動駕駛。卡內基美隆大學團隊領導人克里斯・厄姆森（Chris Urmson）後來進入谷歌的自駕車計畫，擔任第一任計畫主持人，他在2007年DARPA挑戰賽後的分析中相當遺憾地表示：「目前可用的現成感應器都不夠強，無法用在都市駕駛中。」[11]

再次將時間快轉到現在，情況看起來又樂觀許多。如今要提供車輛中階控制軟體所需的資料，成本已經比2007年明顯低很多。在這本書寫作的時候，要拼裝出自駕車所需的硬體設備，一輛車的成本大約是5,000美元，而在五至七年間還會降得更低。[12]

現代的硬體設備不僅是更便宜，而且體積更小，所以能夠整齊塞進車體及內裝中，一個雷達偵測器大約就是一顆冰上曲棍球冰球大小，GPS接收器也能輕鬆放進車輛儀表板。現在一台輕薄的筆記型電腦處理能力比起1960年代的大型電腦主機還強，而後者體積就像一台迷你廂型車，幾顆光達設備也能直接塞入車頭燈旁邊。

現在的可行科技運作也比較好，在2014年，就在厄姆森描述現有感應器不足之處的七年後，隨著谷歌自駕車達到了100萬公里（70萬英里）的里程碑，他指出：「兩年前在城市街道上可能有上千種會阻礙我們的狀況，但是現在都能自動導航通過了。」[13]在2007年，無人駕駛車輛是一種讓人心動的「指日可待」科技，只過了短短幾年，谷歌的進階版原型就在城市街道上成功行駛了超過160萬公里（100萬英里）。

谷歌自駕車計畫（Chauffeur Project）團隊人員花費短短幾年就設計並打造出可運作的無人駕駛車輛，雖然我們可能會認為谷歌的成功似乎只是再一次證明，這家公司似乎就是有種魔力能夠領先業界其他人好幾步，不過谷歌還有其他幾項優勢，其中一項明顯的優勢就是資金，谷歌擁有豐富、可運用多年的研發預算，能夠用來解決棘手的工程問題。

2007年，谷歌的年度研發費用高達21億美元，估計占了該公司年度收益的12%。[14]雖然不清楚其中有多少分配給了無人駕駛車研究，不過相對來說，同一年從DARPA拿到資金的團隊總共有大約100萬美元，能夠用無人駕駛車輛所需的科技配備來改裝（還有為貢獻時間給團隊的學生辦披薩派對）。

谷歌也有錢能夠負擔許多頂尖人才的薪水，DARPA在一系列挑戰賽中的投資，也間接幫助了谷歌無人駕駛車輛的發展。因為DARPA挑戰賽而聚集起來的才智，後來果然成為谷歌自駕計畫的珍貴人才金礦，該計畫於2007年啟動，事實上，賽巴斯汀・瑟朗就是在最後一次DARPA挑戰賽結束後不久，獲得谷歌

聘用。

後來在一次訪問中，瑟朗描述了谷歌為自己召集專家團隊的方式，就像「從超級挑戰賽中遴選最頂尖的人才……然後再向外延攬其他領域的天才」。[15] 一旦DARPA挑戰賽的豐富人才礦脈已經開採殆盡，谷歌又從幾個不同領域中吸引來更多世界上最傑出、最聰明（且高薪）的專家人才，例如機器學習、機器人學、介面設計，以及雷射科技。

谷歌所雇用的工程師中，有幾位最終設計出該公司的第一代自動駕駛Prius。曾經參與DARPA挑戰賽的安東尼‧萊凡多夫斯基（Anthony Levandowski）最有名的事蹟，是他在就讀柏克萊大學時打造出全世界第一台「無人駕駛機車」，他在畢業後創立的公司叫做510系統公司（510 Systems），在DARPA超級挑戰賽後，探索頻道（Discovery Channel）雇用510系統公司來展示自動駕駛的披薩遞送機器人。

這次遞送的成功也引起谷歌的注意，510的布萊恩‧馬尤席亞克（Bryon Majusiak）回想道：「從那之後，我們開始密切跟谷歌合作……他們的硬體整合幾乎都是我們負責的，他們只做軟體，我們會拿到車輛然後建立起（低階）控制，後面就由他們接手。」後來經過了五代自動駕駛的Prius，谷歌在2011年買下了這家公司，全部一手包。[16]

當然，對於重大而具有野心的工程計畫來說，金錢和合適的人才是關鍵的成功要素，不過谷歌的無人駕駛車能夠勝過早期其他嘗試還有第三個原因，那就是足夠的準備時間。機器學習軟體

就像青少年一樣，都需要時間才能學會開車，而在幾次DARPA
挑戰賽中，競技的車輛都是僅僅在12至18個月間，由學生、教
授和專業工程團隊努力不懈的智慧與辛勞的成果。

因為DARPA挑戰賽的規則如此，讓參賽隊伍無法擁有好幾
年充裕的研發時間，也沒有機會能夠在實際賽道上，私底下測試
他們的軟體。為了確保不會有哪個城市挑戰賽的參賽者享有不公
平的優勢，DARPA刻意避免讓參賽隊伍能夠到封閉的空軍基地
道路上（或者在沙漠裏），也就是競賽舉辦的地點，去測試機器
人車輛，因此隊伍必須在不知道確切細節、不了解他們的車輛在
實際競賽中可能會遇到的障礙及情況下，修正他們的機器視覺軟
體。

在競賽當天，城市挑戰賽的參賽者都賭上自己的名聲，公開
展示自家車輛。相對而言，因為谷歌決心要維持自己的公眾形
象，仍然是大家熟知的那個軟體公司，擅長在資料中提供快速而
正確到詭異的洞察力，所以他們偷偷進行最初的無人駕駛工程實
驗。他們早期的科技失誤，無論那是什麼，永遠都不會曝光或者
在媒體留下難堪的紀錄。等到谷歌終於在2011年公開展示他們
的Prius車隊，車輛已經調整到近乎完美，表現也無懈可擊。

大筆研究預算、厲害的研發人才，再加上能私下準備的時間
讓谷歌打造出無人駕駛車隊，似乎能夠一擊中的。雖然這些都是
重要因素，我們猜想或許其實還有另一個比較普通的原因，能夠
解釋谷歌的成功：時機，摩爾定律那股看不見而強大的力量，以
及重組式創新在過去幾年完全發展成熟，今日的無人駕駛車輛終

於能夠充分發揮，由智慧軟體導航，能夠接收來自高速數位攝影機、高解析度數位地圖、光達和GPS裝置的數據。

第九章　無人駕駛車輛解剖

　　無人駕駛車輛在車身上裝了數個不同類型的感應器，接收到即時湧入的資料後就「看得見」（see）也「聽得到」（hear），車輛運用GPS裝置和高解析度的內存數位地圖來辨認目前的位置，接下來我們繼續深入檢視整套硬體設備，看看是什麼提供資料給車輛的作業系統。

高解析度數位地圖

　　人類到一個新地方時認識環境的方法是辨識獨特的地標，無人駕駛車則利用GPS、視覺感應器，並且依循著一份高解析度數位地圖（high-definition digital map），地圖上有詳細而精確的模型標示出該地區最重要的地表特色。無人駕駛車利用機器學習軟體來處理即時交通狀況，資料豐富而詳細並時常更新的高解析度數位地圖就能用來處理長期導航。

　　無人駕駛車只要在高解析度數位地圖上查找GPS經緯度就能知道自己大致的位置，不過GPS經緯度通常會跟標記地差了幾公尺，對自動駕駛來說不夠精準，因此無人駕駛車的設計者想出了不同的技巧來彌補GPS資料的不足，定位出車輛的確切位置。早期的無人駕駛車輛作業系統比較重視數位地圖內儲存的資料，較少關注即時GPS和感應器資料，隨著機器學習軟體和視

覺感應器能力的進步，尤其是數位攝影機，車輛的作業系統愈來愈傾向倚賴感應器的即時資料串流，從附近環境的描述中找出視覺線索，便能計算出目前位置。

高畫質（high-definition, HD）數位地圖跟傳統數位地圖的差異在於精細程度，HD地圖不僅能夠描繪出大的地形特色，例如山脈和湖泊，也能畫出小的地形細節，例如樹木及人行道的存在。無人駕駛車輛的HD地圖會著重描繪道路或十字路口的靜態地表細節，例如車道標線、十字路口、建築工地和道路標示。

為人類眼睛而畫的傳統地圖，是針對特定地點的平面繪圖，以靜態標籤來表示需要注意的地標，而相對來說，HD數位地圖在檯面下有強大的後端作業。HD地圖通常也會替使用者描繪出特定地區，不過在圖像的背後其實是一座資料庫，其中包含了上

圖 9.1 ➤ 十字路口的高解析度數位地圖與感測數據

資料來源：HERE

百萬條內存的地形細節,每一條都和其他相關細節記錄在一起,例如其地理位置、大小和方向等。

　　普通人類的大腦中儲存著精密的當地地圖,事實上,我們的大腦能夠「自動更新」並「自動校正」,這種能力會讓任何軟體工程師或數位地圖繪製師感到嫉妒。要更新一份高解析度數位地圖相當勞心勞力,過程中要不辭辛勞地開車繞來繞去,車上裝載了數個攝影機和**光達**(LiDAR,雷射雷達〔laser radar〕)感應器,本章稍後會討論細節。

數位攝影機

　　數位地圖是內存的靜態資料，有助於辨認車輛的位置。相對來說，數位攝影機就相當於人類的雙眼，捕捉車輛外的視覺環境並轉為即時資料串流。隨著數位攝影機科技持續變快、變得更精準，機器人學家迫切地想將掌握這些快速進展並應用於改進中階控制軟體的表現。

　　就在20年前，蘋果的QuickTake 100被視為劃時代的數位攝影機，由柯達（Kodak）製造的QuickTake不但輕便可攜，還能一次儲存8張64乘以480的彩色影像（而且重量只有約450公克），因而聲名大噪。而今，市面上一台普通的攝影機一秒都能拍下30張高解析度影像。

　　理解數位攝影機的運作方式相當重要，因為數位影像的構成會直接輸入深度學習軟體。數位攝影機透過鏡頭以光子的形式來蒐集光線，每個光子都帶有一定能量，而光子穿過攝影機鏡頭之後會落在矽晶圓上，晶圓就是由極小的個別感光細胞組成格網所構成。

　　每個感光體都會吸收一定數量的光子並將之轉化成電子，然後以電荷的形式儲存，光束愈是明亮，光子的數量就愈多，電荷也就愈強，接著打在感光格網的光就會轉化成電腦能夠理解的格式：格網上的一組數字，能夠代表個別「圖像元素」的位置，也就是「像素」（pixel），JPEG、GIF或其他圖像檔案都只是各種

不同能夠儲存這些光強度陣列（array of light intensities）的格式。

　　數位攝影機向哺乳類動物的眼睛借用了一些概念，矽感應器在某方面就類似於視網膜，無論是視網膜或攝影機，視覺資料都分割成數個較小的單位以進行處理，在視網膜上有幾百萬個特化的生物感光細胞，稱為**視桿細胞**（rod）和**視錐細胞**（cone），能夠吸收光子並將能量轉化成神經訊號，送到大腦後便能處理成視覺資訊。

　　在人類眼睛中，視桿和視錐細胞的排列相當隨機，在視網膜中央的排列很緊密，在邊緣就比較稀疏；相對而言，在數位攝影機內的矽感應器中，個別像素都以固定間隔以四方形排列，一台百萬像素攝影機中的矽感應器就是由一邊1,000個感光細胞排成的陣列，加乘總和就有百萬像素。

　　有些使用在自動駕駛中的特製數位攝影機能做的不只是記錄像素值，高階的汽車攝影機不是只會輸出矽感應器格網像素的原始數值陣列，而是能夠在攝影機硬體內即時分析圖像資料，這麼一來能夠更快處理圖像，攝影機也能先消除不相關的資訊，然後才往上送到中階控制軟體。

　　更加精細的汽車攝影機還能再多做一個步驟，也就是開始處理辨認圖像中包含的資訊，列出偵測到的物體並將結果製成表單。例如，汽車攝影機會這樣描述一個場景：「（一）前方左側角落有一位行人以每秒1.23公尺的速度往左邊移動。（二）右側遠方有消防栓，靜態。（三）左邊車道有一輛卡車以每秒五公尺

圖 9.2 ➤ 你的眼睛所看到的（左）與攝影機所看到的（右）。若只看數字，
　　　你能看出人類與背景有何不同嗎？

資料來源：從紐約第五大道往西看的曼哈頓十四街，維基百科。

速度接近。（四）東南側有一未知物體，靜態。」

　　生物在臉部兩側各有一顆（或以上）眼睛，這項演化適應
能力是為了辨識深度，或者以生物學家的話來說就是**立體視覺**
（stereo vision）。不過數位攝影機沒有立體視覺，這項限制一直
都是應用在自動駕駛上最大的問題。數位攝影機攫取了光線強度
的資訊轉化成像素格網，如此能順利以數位科技將三維的立體世
界轉化成二維格式，可惜在這個攫取的過程中，卻會消弭一項能
夠做深度感知的關鍵資訊：物體距離攝影機有多遠。

　　專家學者試過了好幾種不同的科技來克服這項必然的限制。
一種解決方法是在同一台車上放置多個數位攝影機，在一台無人
駕駛車輛上策略性放置多個攝影機，就能從稍稍不同的視角來捕
捉同樣場景，這樣的設計能夠讓車上內置電腦重建出場景的3D

模型，就能更加瞭解周遭空間。

另一種可能的解決方法是結構光攝影機，結合攝影機和投影機便能用深度資訊來增強圖像資料。為了模擬出深度感知，結構光攝影機會在場景上投射一套模式，然後評估其失真度，結構光攝影機從失真度中便能計算出深度。雖然像是XBOX Kinect這類結構光攝影機相當適用於室內應用，例如互動式電玩遊戲，但尚不清楚是否能夠用在無人駕駛車輛上。

結構光攝影機的一個最大的弱點在於，雖然這類攝影機能夠提供迅速的深度感知，在白天時的運作卻不是那麼流暢，因為反射光的模式可能會跟自然光混在一起；而且其應用範圍也不超過十公尺，若是安裝在快速移動的車輛上可能就會是致命的缺點。因為有這些限制，結構光攝影機最好是應用在室內環境中，或許是引導無人駕駛車行駛通過停車場，或者是安裝在車輛內部，用來感應車內乘客的實際位置及移動情形。

數位攝影機不斷有快速且驚人的成長，但諷刺的是卻存在著低科技的致命傷：塵土。就算是最棒的汽車數位攝影機，只要潑到一些泥水就會幾近全盲。路旁塵土、沙子、鳥屎、小蟲子和其他戶外駕駛會遇到的髒東西，都會讓最精細的數位攝影機和機器學習軟體失去作用。或許解決的方法也一樣低科技，那就是讓車上攝影機自備清潔機制，就像人類駕駛所倚賴的擋風玻璃雨刷那樣，或者相應的人體部位會使用淚水和眼皮。

對於數位攝影機的種種限制，許多解決方案最終都會建立在車輛的作業系統中。為了確保車上的攝影機保持乾淨與乾燥，每

輛無人駕駛車都應該具備一種軟體工具，能夠定期自我測試數位攝影機所傳來的資料品質。隨著引導車輛中階控制軟體的人工智慧軟體會持續進步，總有一天這套軟體能夠自動校正錯誤的視覺資料，即使處在人類駕駛會看不見的環境中依然能夠看得清楚，例如濃霧、大雨和刺眼的陽光。

光學雷達（光達）

　　另一種主要的影像感應器是**光達**，全名是**光學雷達**（light detection and ranging, LiDAR），也稱為雷射雷達。數位攝影機的運作方式是將三維視覺世界拆解成二維像素矩陣，而光達裝置則是會在周圍環境「噴漆」，發射出強力的脈衝光束，測量每束光要花多久時間彈回來，然後計算出附近實體環境的三維數位模型。

　　光達感應器也和數位攝影機一樣依循著摩爾定律的發展軌跡，從1960年代時龐大而昂貴的靜止物體發展成今日強大的可攜裝置，但是和數位攝影機的相異之處在於，光達感應器仍然相當昂貴，並非一般人負擔得起，儘管成本每年都在下降，不過在2016年由威力登公司（Velodyne）製造的16通道即時光達感應器，重量只有600公克，精準度能縮小到只有幾公分差，價格是8,000美元。

　　數十年來，調查人員一直在使用光達感應器來描繪特定地區的地形細節，不過要把能夠往周圍環境發射雷射光束的裝置安裝在移動機具上，這個概念是近來的創舉。在現代數位攝影機出現以前，早年的機器自駕車發展期間，光達是自駕車中視覺資料感應器的標準配備，在三次DARPA挑戰賽中，要能捕捉車輛前方的視覺場景，光達扮演了關鍵角色，谷歌第一代自動駕駛Prius車隊上頭的標誌性圓錐筒，裏面就是光達感應器。

　　光達感應器能夠成為無人駕駛車的重要工具，是因為能夠建立出十分精細、具備準確深度感知的3D數位模型。感應器會向周遭環境射出一束或多束雷射光，然後記錄雷射訊號碰到物體後反彈所需的時間，因為光速大約是每10億秒30公分，運用具備吉赫茲速率微處理器的光達感應器來丈量深度，準確率就能達到幾公分之間。

　　雷射光束是理想的測量工具，不像蠟燭或白熾燈泡那樣會往四面八方發射光束，雷射光束能夠射出直線光束達到極遠距離，也不會像手電筒發出的光那樣散開來，會保持筆直，也就是平行，無論是打到距離僅幾十公分或幾公尺以外的物體都一樣。

　　要建立周圍環境的完整3D數位影像，光達感應器會以高速不停旋轉雷射光束，一組旋轉鏡也會以旋轉掃描的方式讓雷射光束偏離。

　　光達就和數位攝影機同樣有不同的解析度，多道光束可以一起運作，不斷平行掃描並丈量周圍環境，運作中的雷射光束愈多，最後得到的場景數位模型解析度也就愈高。

　　想像一間房裏塞滿了各種形狀卻看不見的物體，再想像拿一罐紅色噴漆將所有隱形物體都噴上漆，直到完全現形為止。

　　如果你只有一罐油漆，那麼要「看見」隱形物體的形狀就得花很長一段時間，不過如果有好幾個人手上都拿著紅色噴漆，隱形物體很快就會覆上油漆，就能看見了。光達感應器差不多就是這樣運作的。

　　在無人駕駛車內，從光達得來資料會輸入一套軟體，軟體將

這些資料整理成稱為**點雲**（point cloud）的數位模型。如果雷射光束直接射入遙遠的天空中，在數位模型裏就會呈現空白，因為沒有實體能夠反射雷射光；不過若是雷射光指向尖峰時刻的市區街道，最後呈現的點雲就會充滿了有趣的細節。

看著一套數位點雲成形有點像看著全像投影（hologram，全息投影）出現在薄層上。光達的雷射光束會以特定模式向外發射，旋轉鏡將雷射轉向為一系列快速平行的光束，越過車輛前方的道路。利用光達資料所建立起的數位點雲是以許多紋理細緻的掃描線所組成，數位模型中的每一排都對應著旋轉鏡上的一條掃描線。

圖9.3是由光達建立而成的點雲，仔細看的話就可以看見旋轉鏡平行發射出的掃描線。一般的觀察者可能會認為光達點雲跟數位影像是差不多的東西，但事實上，光達點雲跟數位照片還是

圖 9.3 ➤ 車輛行駛經過擁擠的停車場時，車上的光達所捕捉到的 3D 點雲資料，可以看見幾輛車和行人。

資料來源：威力登

有許多相異之處。

最顯著的一個差別就是光達感應器不會接收顏色資訊，**圖 9.3** 中的影像有一種鬼魅而浪漫的氛圍，彷彿是在一場暴風雪後的月夜行車中所拍下的，其實解讀點雲的軟體會後製加上色彩，用藍色調標示較近的物體，紅色調則表示較遠的物體，黑色天空代表不存在實體，也就是說雷射光束並未反射。

光達點雲和數位相片的第二個不同點是所描繪的時間點。旋轉的光達感應器會不斷更新所建立的數位模型，一方面來說，這麼做的好處是點雲能夠時常更新，但另一方面來說，整個過程完全比不上數位攝影機的立即「快門」捕捉。光達感應器的速度較慢，雖然用來描繪靜態地形的全貌或移動緩慢的塞車狀況是非常有效，在有些緊急的駕駛情境中，卻無法快速提供視覺資料好讓車輛在瞬間做出反射回應。

今日的無人駕駛車輛會同時使用數位攝影機和光達，在幾十年前人工智慧尚未發達的世界裏，光達是最重要的視覺感應器，如今光達感應器相較於數位攝影機太過昂貴又緩慢，但是光達所建立的點雲能夠引導移動車輛通過大多數經常出現的駕駛環境。

過去幾年，數位攝影機終於能夠獨力做為移動機器人的工具，數位攝影機用作機器視覺感應器長久以來都面臨一個困境，那就是3D感知能力不足，拆解像素矩陣來處理資訊需要巨量運算能力，因此就很難即時產出結果，這對移動機器人而言是個嚴重缺失。隨著數位攝影機及數位影像處理軟體中的微處理器速度能力持續增長，數位攝影機很有可能會取代光達而成為視覺感應

器王者。

　　有些專家同意這種看法。在2015年10月的一次記者會中，特斯拉（Tesla）執行長伊隆・馬斯克（Elon Musk）針對特斯拉未來的無人駕駛車輛科技做出評論：「我認為不需要光達，我覺得只要利用無源光纖網路就能做到這一切，然後或許只要在前方架一個雷達，」他繼續說，「這樣應該可以在不使用光達的情況下解決一切，我不是很喜歡光達，在這個條件下沒什麼必要。」[1]

無線電波偵測及定距（雷達）

除了攝影機和光達，無人駕駛車還會用雷達感應器來「看」附近環境，數位攝影機以像素化格網來描繪場景，光達感應器則像是一罐數位噴漆，雷達感應器的運作方式比較像往池塘裏丟石頭，然後持續追蹤引發漣漪的來回反彈。

雷達的發展基礎是軍事應用。在二戰期間，海灘上和田野中都會放置雷達塔台，以偵測敵機、敵艦及飛彈接近。在戰後，航空交通的控制也會用雷達追蹤並確認民航機的飛航軌跡，而如果各位曾經收過來自公路巡警的超速罰單，也是親身體驗了雷達科技的直接影響。

雷達感應器再一次展現了摩爾定律的發展，體積愈來愈小，功能愈來愈強，足以安裝在移動車輛上。現代由人類駕駛的車輛中，定速巡航控制科技中就有用到雷達感應器，內建的雷達裝置會感應車輛前後方車輛的速度與位置，定速巡航控制就能相應來調整煞車及油門。另一種雷達感應器常見的駕駛輔助應用是警告駕駛，其盲點範圍中是否出現車輛。

雷達感應器會利用電磁波回聲來偵測附近環境中的實體存在，雷達裝置發送出一連串電磁波向外發射，雷達感應器的組成包括送出電磁波的傳輸器以及等待電磁波回來的接收器。

如果電磁波在路徑上並未碰到物體，就會持續以環狀向外擴張，直到波能量在長距離中消失。如果電磁波在路徑上確實碰到

了物體，便會反彈並改變方向，而也可稱為無線電波的電磁波以光速前進，整個過程運作便相當迅速。

雷達感應器愈來愈靈敏、愈來愈聰明，因為回傳的電磁波比剛傳送出去時要弱很多，接收器便會利用增強技術來偵測比靜悄聲還微弱的回聲，而為了避免感應器不小心接收到附近另外一台雷達傳輸器的電磁波，這些電磁波發送出去時還會加上一個獨特的識別「噪音」。

回傳波的形狀和時間點便包含了回傳物體的形狀及其材質等資訊，有些雷達感應器能夠分析回傳波的頻率，並據之計算出回傳物體往哪個方向移動。

電磁波的波長就是兩個波形波峰之間的間隔，不同的雷達感應器會使用不同波長，間隔愈大的波代表波長愈長，傳送的距離也就愈長。不過因為電磁波比較有可能會忽略環境中較小的物

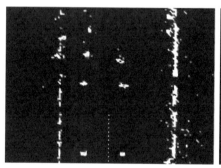

圖 9.4 ➤ 前方雷達的原始目標密度圖（左），以及相對應的車輛前方景象（右），能夠捕捉到大型靜態物體（停放車輛、建築物障礙、街燈等），格網為基礎的運作速度為 24 吉赫茲（Ghz）。

資料來源：SmartMicro 3DHD

體，對於鄰近環境的描述也就比較不精確，短程雷達感應器會朝遠方送出微波，能夠偵測小如貓兒或薄如單車的物體。

電磁波遇到高導電性的表面反射效果最佳，想像成是平滑、明亮的表面，例如閃亮的金屬單車或者潮濕的路面。非導電性的物體，例如以多孔塑膠或木材製成的物體，對雷達來說相對就顯得「透明」，比較難偵測到，幸好多數車輛，即使是以許多塑膠組件打造的車輛，其中也有許多金屬，因此輕易就能被雷達感應器偵測到，

雷達感應器能朝向特定、狹窄的方向「觀看」（look），因此大部分雷達感應器都會成列安裝，範圍稍有重疊。在無人駕駛車上的典型布置是將三具雷達排成一排安裝，這樣就能形成清楚的180度視野範圍。對自動駕駛來說，雷達感應器的最大優點是跟攝影機不同，能夠「看穿」（see）濃霧、大雨、塵土、沙塵，甚至刺眼的車前燈。

另一項優點是電磁波能夠輕易穿透非導電性而薄透的材質，因此不會受到被風吹過高速公路的塑膠袋或乾草團干擾。電磁波比較適用於大型物體，因此能夠「注意」到駕駛在意的大型障礙物，相較之下，雷達感應器最大的缺點就是其相對較低的解析度。

雷達感應器還有一項優點是其不只能偵測到物體的位置，還有（對超速駕駛來說最讓他們失望的是）其速度，運用的是以十九世紀奧地利物理學家克里斯欽・都卜勒（Christian Doppler）命名的**都卜勒效應**（Doppler effect），都卜勒效應最常被觀察到

的現象是，當一個人站在高速公路路邊聽見高速駛近的車輛發出「轟轟轟隆」的聲音，在車輛飛快開過去時會突然消音，音頻突然降低的原因是引擎加速時所發出的音波會在車輛高速接近時壓縮（聽起來音頻較高），在車輛呼嘯而過之後，音波擴散開來，音頻就會變低。

雷達感應器運用都卜勒效應來追蹤移動物體的速度，只要記錄傳送出去和接收近來的電磁波頻率變化，雷達感應器就能判斷偵測到的物體是正在接近或遠離。感應器同時也能計算物體的速度，這項速度資訊對於分類偵測到的物體究竟是什麼很有幫助，以時速48公里沿著路旁移動的東西可能不是行人。

在無人駕駛車輛上，雷達感應器能夠補強視覺感應器的功能，判斷周遭的環境狀況，雷達感應器感應到鄰近物體的大小、密度、速度和前進方向，將這些有用的資訊遞交出去，便能和數位攝影機與光達的3D點雲互相比對，坐在路旁的那個小東西是貓或者一個空紙箱？小心！我們後面跟著一個像是箱子的金屬大型物體！

現今的雷達偵測器比起前幾代都更聰明，二戰時使用的雷達能在綠色螢幕上顯示出原始的類比回聲訊號，還有一條迴繞線代表目前掃描方向；現代雷達感應器運作過程類似於高階攝影機，能夠處理原始資訊後製成各種物體組成的**目標清單**（target list），包括其大小、位置和速度，該資訊更為簡潔，所需的通訊頻寬較小，無人駕駛車的「大腦」就比較容易消化。

為了不在報告中塞入過多資訊，雷達會試圖從感應到的物體

清單中刪除柏油路本身的存在，雖然瀝青會反射電磁波，因此有些雷達感應器會自動消除報告中任何未移動的物體。雖然消除目標清單上的靜態物體會比較有效率，仍然有風險，雷達可能會忽略某些大型而致命的物體，例如某輛停放在橋下的車輛，雷達會認為那輛靜態車輛只是橋梁基礎建設的一部分。

超聲波感應器（聲納）

　　如果光達和攝影機相當於人類的眼睛，聲納（Sound Navigation And Ranging, SONARS；聲測位儀）就像人類耳朵，聲納是雷達的近親，跟雷達同樣能發出波能並偵測其回聲，不過聲納使用的是聲波而非雷達的電磁波，**聲納**一詞結合了「聲音導航」（sound navigation）與「雷達」（radar）。

　　聲納感應器能夠根據時間、頻率以及從物體表面反彈回來的聲波形狀，來偵測物體的位置與速度，聲納裝置包括了兩個子部件：發送器及接收感應器，發送器能發出頻率兩萬赫茲以上的聲波，這個頻率超過了人類聽力所及，而接收器則會聆聽發出聲波後的回聲並予以處理。

　　聲納感應器有許多優點和缺點都跟光達及雷達相同，就跟雷達感應器一樣，聲納也能看穿濃霧及塵土，不會受刺眼陽光影響，而因為聲波的傳播速度比電磁波慢很多，所以能夠以較高解析度看到更小的物體，不過也因為能量會隨著距離和風力而快速衰退，聲納只能偵測到相當近距離的物體，所以通常是用來補強雷達，應用在需要近距離精確偵測的情況，例如停車。

全球定位系統（GPS）

目前為止我們談過了數位地圖和感應器，而移動機器人其中一項比較關鍵的科技並非地圖，也不是感應器，卻對於引導無人駕駛車輛有重大影響，全球定位系統裝置能夠提供經緯度，在HD數位地圖上定位出車輛的確切位置。

GPS同樣是已經存在數十年、基於軍事發展的科技，並依循摩爾定律，如今已蓬勃發展為可靠而低成本的消費電器。僅僅幾十年前，典型的GPS接收器大小還跟一台冰箱一樣，如今只是一塊小小晶片，能夠嵌入手機、攝影機、筆記型電腦和汽車中。

GPS裝置是高階工程的奇蹟，能夠聽見盤旋於天上的衛星傳來的訊號，這些在高空中繞著地球轉動的衛星群會發出訊號，在車輛或手機上的GPS接收器就能據此判斷你的經緯度，每個衛星都依循著預先設定的橢圓軌道，同時每秒穩定發射出電磁脈衝。

總共有24個衛星能提供GPS訊號，不過GPS接收器只需要四個衛星就能計算出自己在地球上的位置，每個衛星都會發出獨特的專屬訊號聲，讓GPS接收器能夠透過特定訊號聲就知道是來自哪個衛星。隨著GPS接收器穩定收到訊號聲，接收器也會仔細聆聽，計算出每次訊號聲之間的時間間隔，GPS接收器就能利用所謂**三角定位**（triangulation）的數學運算來計算自己的確切位置。如果來自兩個衛星的訊號聲在同一時間抵達，GPS接收

器就會知道自己一定處在平分面上某個位置，正好在兩個衛星中間。總共需要四個衛星來定位出接收器的位置，額外的第四個衛星訊號能夠進一步修正位置。

在正常的駕駛環境中，典型的GPS接收器精確度能達到4公尺以內（13英里）。[2]如果GPS接收器能夠提供完美而最新的位置資訊，要打造無人駕駛車輛就容易多了，不幸的是衛星訊號可能會遭到阻擋或延遲，諸如大氣亂流、雲或降雨都可能導致計算不精確。

在市區駕駛還有另一個嚴重的問題，那就是反射脈衝（reflected pules）。如果你曾經在曼哈頓使用過GPS接收器，就體驗過衛星脈衝碰到高聳的摩天大廈反彈後會發生什麼事，混亂的GPS會開始發狂，每隔幾分鐘就通知你一個新的地點位置，幾乎是隨機發布。這個情況是衛星發射出的脈衝打到摩天大廈後反彈，讓GPS接收器誤以為脈衝抵達的時間比較不一樣，即使是最厲害的GPS接收器都會受到**都市峽谷效應**（urban canyon effect）誤導。

內耳

　　GPS的失誤可能造成大災難，而要解決失去衛星訊號可能導致傷亡的問題，就要借用另一項傳承自軍隊的科技，這項裝置具有兩種重要功能：一是補足GPS的不準確，二是充作無人駕駛車輛的「內耳」（inner ear），基本上就是要感應哪一邊是上面。

　　慣性測量單元（Intertial Measurement Unit, IMU）是一種多目的裝置，具備好幾種功能，IMU包含加速及方向感應器，能夠不斷追蹤車輛的位置，確認車頭指往哪個方向、左邊輪胎是否跟右邊輪胎高度一致等等。現代的IMU包含了多重裝置，包括里程表、加速規、陀螺儀和羅盤，加總起來的資料會融合在一起再運用精密的預測演算法來分析。

　　IMU是一種獨特的感應器，其作用範圍侷限於車體本身，人類具備一組差不多相同的感官，叫做**本體感**（proprioceptive senses），本體感跟我們向外的視覺或聽覺不同，會記錄自己身體內所發生的事情，平衡感就是一種本體感，如果你搭上火車，在離站時閉上眼睛就會感覺到車輛加速，即使不必視覺的確認就知道自己向前移動，這也是一種本體感。

　　為了在每次GPS讀數更新前追蹤車輛的確切位置，並彌補GPS的不準確之處，IMU利用的是一種古老的航海技術，稱為**航位推測法**（dead reckoning）。幾世紀以來，水手在廣闊的海域中導航前行，會參考星星的位置，但是在暴風雨來臨的日子，

問題就來了，這時星星都隱身在厚重的雲層之後，怎麼辦呢？水手運用航位推測法，測量距離上一次看見星星後，船隻已經航行了多遠，藉此來計算船隻的位置。水手測量的是相對的地理位置，而非絕對位置，如此就能讓船隻盡量保持在航道上，直到撥雲見天明，星星又再次探頭出來引導他們。

航位推測法的進行方式如下，在一連幾天都是陰天的情況下，水手會在船隻航行時於船身後放下一條繩子，繩子上在固定間隔都打了結，他們會計算繩子上的結飛出船身的速度，這樣就能計算出船速。即時在今日，船隻向前航行的速度也是以**節**（knot）來計算。水手只要知道船速有多快、往哪個方向（使用羅盤），就算看不到星星，他們也能計算出自從上一個已知位置後，船已經航行多遠，這個已知位置是一個導航點，稱為**定位**（fix）。

在無人駕駛車上，IMU也會在車輛進入隧道或者通過會阻擋衛星訊號的都市峽谷時，運用類似的方法。IMU並非計算繩子上的結飛出車外的速度，而是利用里程表來計算輪胎自從上一個已知位置後轉了多少圈。雖然輪胎轉數是一個相當精確的計數機制，其總和仍然會累積出不確定性，輪胎在胎壓改變時可能會滑動，或者在車輛幾次變換車道時都有影響。在高速公路的彎道路段，里程表的讀數可能會有不同的輪胎轉數，端看車輛是行駛在內側或外側車道，而這個差別隨著行駛的距離不同，可能會差到幾十公尺。

既然單一里程表從定位的讀數並非完美無異，IMU還會運

用加速規感應器來幫忙解決這個問題。車輛以一定速率行駛時，其加速會記為零（或許違反了一般人的直覺認定），只有在車輛提高速率、降低速路或突然變換方向時，加速讀數才會不同。

　　為了計算在GPS訊號消失後車輛行駛了多遠距離，IMU會結合來自加速規及里程表的資料，但是加速規讀數中看不出車輛行駛的方向，因此才會用到羅盤。配備有GPS和羅盤的IMU是強大且萬無一失的組合，但是IMU不僅僅是在GPS失靈時的替代品，IMU同時也讓無人駕駛車擁有平衡感。

　　機器學家稱機器人在空間中的方向為姿勢（pose），要判斷車輛的姿勢就必須測量車頭指向的方向，以及車身側斜的角度。要測量姿勢，我們必須在IMU整個組合中再加入一個感應器：陀螺儀。陀螺儀是一個轉輪，可能是機械式的，或者在某些案例中是光學的，用來測量姿勢。

　　IMU需要三種資訊才能測量並追蹤車輛實體在空間中的方向：車輛面向的方向、車頭往上或往下的角度，以及往側邊傾斜的角度，而海上導航的古老技藝再一次於現代IMU中留下印記。古代造船者與現代航太工程師都以相同的名稱來稱呼車輛（或船隻）方向的三個不同維度：**偏航**（yaw；車輛左轉或右轉的角度）、**俯仰**（pitch；船隻或車輛的鼻子指向高處或低處），和**翻滾**（roll；車輛有多偏向側邊）。

　　讓車輛了解自己的姿勢是一項重要的安全特性，就算GPS設備的運作良好也一樣。想像車輛在結冰的路面上開始煞車，其偏航測量很快就會從0度轉向360度；而車輛打滑往下坡走時，

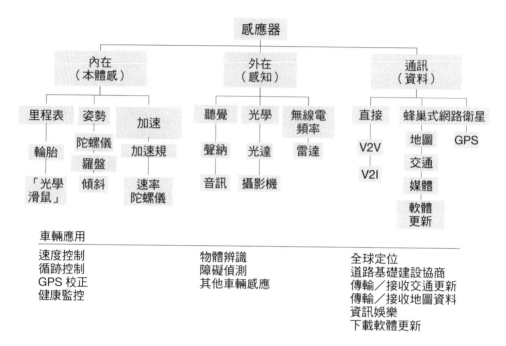

感應器		
內在 （本體感）	外在 （感知）	通訊 （資料）

里程表	姿勢	加速	聽覺	光學	無線電 頻率	直接	蜂巢式網路衛星
輪胎	陀螺儀	加速規	聲納	光達	雷達	V2V	地圖　　　GPS
	羅盤						交通
「光學 滑鼠」	傾斜	速率 陀螺儀	音訊	攝影機		V2I	媒體
							軟體 更新

車輛應用

速度控制	物體辨識	全球定位
循跡控制	障礙偵測	道路基礎建設協商
GPS 校正	其他車輛感應	傳輸／接收交通更新
健康監控		傳輸／接收地圖資料
		資訊娛樂
		下載軟體更新

圖 9.5 ➤ 無人駕駛車輛中所使用的關鍵感應器，大部分自駕車都會使用多種由其中幾種感應器組成的套件。

俯仰也會往前傾，而如果繼續往下滑到有兩個車輪離開了路面，就會開始翻滾。

　　IMU 會即時測量車輛的翻滾、俯仰和偏航，並將資料輸入能夠協助車輛自我校正的軟體，例如在打滑時解鎖煞車，或者在傾斜得太危險時發出求救訊號。無人駕駛車輛必須有 IMU，今日大多數由人類駕駛的現代車輛也有內建 IMU，能夠追蹤車輛的動作並相應之，拉緊安全帶或者動態穩定車輛輪胎的減震器。

　　現代的 IMU 又是另一個受到摩爾定律影響的例子。在二戰期間發展的 IMU 是在矽晶片出現之前，專家打造出這種龐大的

機械裝置來計算火箭的最佳發射軌道。在1980年代，IMU科技因軟體和小型感應器的發明而有所轉變，這種感應器叫做**微機電系統**（micro electro-mechanical systems, MEMS），MEMS科技的發明改變了IMU，原本是昂貴且高度特製化的裝置，專供太空旅行及軍事行動使用，如今成了相對小型又可負擔的導航設備。

高端的IMU相當精確，能夠使用在貨船及潛水艇中，價格大約是一百萬美元，但是摩爾定律不斷降低IMU的成本，現在每支手機裏都有簡單的IMU，大部分智慧手機都能使用內建的羅盤來判斷手機指往的方向；如果你困在長途飛行中，看著旁邊的乘客在玩iPad，他們搖動或輕擺平板來控制跳來跳去的電動人物，當中所使用的就是IMU科技。

無論價格高低，這種科技最大的弱點就是IMU無法在長久缺乏GPS的情況下運作，否則就會慢慢偏離軌道。從各個不同感應器蒐集來的計算結果當中都有些微的不精確，日積月累就會變成問題，若是沒有精確的衛星資料來導向，就像古代船隻在烏雲密布的夜空下航行幾個星期，就算是高端IMU也會逐漸偏離軌道。

線控驅動

　　無人駕駛車輛的感應器包括數位攝影機、光達、雷達、聲納以及IMU裝置，能夠穩定傳輸即時資料，而資料匯流在一起，讓車輛作業系統能夠處理時，魔法就發生了。正如我們在前面章節所提到的，車輛的作業系統使用了好幾種人工智慧技術，才能不斷做出決定，最後一步就是將這些決定轉化成實際動作，例如轉動方向盤，或者踩煞車或踩油門。

　　在過去，工程師將普通車輛轉變成無人駕駛車輛的方法，是運用特殊的特製機械「線控驅動」（drive by wire）機關來代替人類的手和腳，這些機關叫做**致動器**（actuators），必須能夠真正轉動方向盤或壓住煞車。要造出準確而可靠的機械致動器，本身就是一種工程專業，其過程幾乎就跟要創造可用的人工智慧來引導車輛一樣複雜。

　　過去二十年來，汽車子系統的發展愈來愈自動化，要打造出人工駕駛「肌肉」也變得簡單許多，由電腦主導的控制功能也取代了液壓和機械控制，大多數現代汽車都具備數套電腦主導的子系統（也稱為低階控制），其中包含了內嵌的微處理器，能夠運作好幾百萬條編碼。而在這段日子以來，機器人學家拼裝出無人駕駛車輛，不會打造特殊的機械「腳」來踩油門，而只是整修車輛的電子系統。

　　軟體是機器中的鬼魂，一輛無人駕駛車利用電子通訊系統，

將作業系統的指示轉譯給高、低及中階控制。現今，一般的人類駕駛車輛包含了好幾套子系統，例如**發動機控制器**（Engine Control Unit, ECU）、**防鎖死煞車系統**（Antilock Braking System, ABS），以及**傳輸控制器**（Transmission Control Unit, TCU），這些子系統利用**匯流排**（bus）互相溝通。

以電腦的行話來說，匯流排是一種通訊管道，能夠將資料從電腦中的一個部件傳輸到另一個，因此城市中的公車與電腦資料匯流排自然就有了類似的詞源，都是從拉丁字omnibus來的，意思是**全都適用**（for all）。就像城市裏的公車將人們從一個地方載運到另一個，在無人駕駛車輛中，資料匯流排也會將資料在不同子系統之間傳輸，就像是**通用序列匯流排**（Universal Serial Bus, USB）能夠將你電腦的滑鼠、鍵盤及印表機連結在一起。

現在有許多車輛使用**控制器區域網路協定**（簡稱為CAN BUS〔CAN bus Protocol〕，CAN是Controller Area Network的縮寫）以大約每秒一兆位元（Mbps）的速率來回傳輸資料，CAN協定是「點對點」（point-to-point）的協定，由國際標準ISO 11898及11519管轄，既然有一套公開的標準，表示任何裝置只要是能夠插入CAN匯流排並「理解」協定，就能參與車輛模組間的對話。

汽車公司通常不會公開宣傳他們的特定控制協定，不過他們經常會跟其他製造商分享資訊，這樣對方才能接觸車輛的控制系統並安裝新的內建裝置，又或者汽車公司會和汽車製造廠分享詳細的網路協定敘述，由這些製造廠販售汽車外殼給另一家可能是

打造休旅車的製造廠。

在汽車的CAN就跟其他網路一樣,最關鍵的挑戰在於網路的頻寬和可靠性。頻寬是資料在構成網路的纜線中能夠傳輸的最高速率,這個標準通常是以每秒多少位元(bps)來計算。在無線網路中會以無線電波來取代實體纜線,或稱為頻率通道,以微處理器編碼及解碼隨著纜線或通道傳送的電子脈衝速度有多快,還有在匯流排中有多少可用的平行通道,來決定網路頻寬。

頻寬在任何網路中都很重要,但是移動車輛內部的網路速度甚至更為關鍵。大部分網路節省時間的方法都是使用一組共識編碼來代表特定行動,例如想像一台無人駕駛車輛的軟體剛發出一個指令:「煞車!」車輛的軟體會準備好一組特定二位數字來代表「煞車」,然後透過網路傳送到煞車子系統,因為二位數是一組小而有效率的意義單位,系統只需花費約16微秒便能傳輸並接收訊息。

16微秒對無人駕駛車來說是可以接受的反應時間,比我們眨眼要花費的100至400毫秒還要快。[3]雖然CAN可以快速串流小單位的資料,但是若車輛的CAN必須處理從各個感應器系統湧入的資料串流,頻寬的挑戰就出現了。

系統在串流從汽車感應器湧入的龐大即時資料時會慢下來,對於能夠以每秒一百萬位元的速率傳輸資料的網絡,要將攝影機中一張一兆位元影像傳輸到車輛的中階控制軟體模組得耗費漫長的8秒鐘,如果考慮到還有從車輛其他感應器流入的資料來增加網路的負載,很快就會明白一秒一百萬位元對於駕駛來說還不夠

快。在即時視覺資料的負載量下，車輛的CAN最後只能一跛一跛前行，而這樣的反應速度對真實世界的駕駛情況而言絕對無法接受。

在未來的某個時間點，汽車製造廠必須要討論出一個有力而透明的無人駕駛車輛通訊標準，能夠處理大量的串流感應器資料，又能阻絕資料外洩。也就是說，無人駕駛車輛需要一個高頻寬的匯流排。每一種網路基本上有二種方法來解決通訊的困境：第一，增加可用的電纜或通道數量，並以平行串流資料；第二，利用壓縮演算法將占用大空間的資料壓縮得更精簡，就能分成更有效率的單位，壓縮的時間點可以在感應器階段進行，例如說有些汽車攝影機當中就有內建的軟體，可以即時分析影像，並且只送出攝影機認為相關的資料。

除了頻寬以外，可靠性也是車上汽車網路中另一項關鍵的特性，網路可靠性有好幾種形式。一是抵抗駭客的能力，如果有惡意第三方製造出某種裝置來干擾網路傳輸資料的能力，CAN就會變成戰場，有點像是某個好鬥而不守規矩的賓客在晚宴桌上打斷了有禮的對話。真正惡意的裝置可能做的不只是干擾，一旦能夠連結上車上網路，還會劫持車輛的控制權。

可靠性的另一個面向是網路對錯誤的容忍能力，以及是否能夠修正因網路雜訊而產生的錯誤。無人駕駛車需要有彈性且有效率的錯誤修正協定，就像飛機航空電子設備所使用的那種。駕駛的過程應該就像下載一個音樂檔案那樣順利，而且要比做金融交易的過程更安全。

　　想像一下，如果無人駕駛車的軟體送出一條訊息：「節流閥增壓1%。」可是燃油注入子系統卻誤解為「節流閥增加100%」，會造成何等重大傷亡？為了避免錯誤傳達的訊息造成這種差錯，錯誤修正協定能夠監督，就像有一位冷靜沉著的校稿人員，再三確認送出的每條訊息內容。無人駕駛CAN上的子系統必須互相信任，良好的溝通協定也能讓子系統確認所收到的訊息確實和送出的訊息相符。

　　考慮到我們人類坐在高速行駛的車輛中，無論是自動駕駛或人類駕駛，遇到惡意攻擊時有多麼脆弱，你應該認為車輛製造商會謹慎編寫CAN的通訊協定，不幸的是，這種安全考量尚未深植於汽車產業的核心。[4]要駭入（hack into）現代的汽車並不是太困難，或許是因為在過去，部分車主很喜歡改造自己車輛的引擎。

　　車輛有些弱點是舉世皆然，大部分車輛都有一個實體的連接頭叫做**車上診斷系統**（On-Board Diagnostics, OBD）插口，技師能夠插入裝置來診斷機械的問題，業餘玩家可以利用OBD插口將自己的裝置插入CAN，插口的實體接頭通常會藏在方向盤柱的附近，汽車製造商認為這個插口很安全，因為位置在車體內，所以只有擁有汽車鑰匙的人，才能接觸得到。

　　OBD插口讓使用者能方便進入車輛的作業後台，有幾種商品就利用了這一點，其中一項高明的產品叫做DASH[5]，這是一款手機應用程式，利用藍芽（Bluetooth）連接到車輛的診斷系統，或者用這家公司的宣傳口號來說：「讓你的車子說話。」

DASH運作的方式是「偷聽」CAN，追蹤駕駛人踩了多少次煞車或油門。

　　DASH是一種立意良善的裝置，用意是幫助車主開車更有效率，同時也匯集了所有資料，讓地方政府知道一些數據，例如駕駛人通常會在哪個路段踩煞車或者突然轉彎。DASH這類裝置的問題是隱私，因為DASH知道你所有的駕駛習慣，所以企業主和行銷公司就會對你的車輛有興趣，就像他們關心你的網頁瀏覽習慣一樣。

　　時機成熟了嗎？從提供資料的硬體感應器這個角度來看，我們可以大聲回答：「是。」如今的感應器組合品質與成本對於無人駕駛車輛來說再適合不過，事實上，隨著摩爾定律持續發威，感應器還會以指數率變得更快、更便宜、更厲害，每隔幾個月就能讓感應能力加倍成長、成本折半。現在讓我們把注意力移轉回到軟體上，深入探討拼圖上失落的那一塊，如今終於擺到正確的位置上：深度學習科技，也就是控制軟體的關鍵核心，能夠引導機器人的人工感知與回應。

第十章　深度學習：最後一塊拼圖

我們人類會根據物體的明顯特色來辨識，例如你朋友特有的駝背姿勢，或者那個色彩鮮豔的吊牌，幫助你從擁擠的行李轉盤上把你的黑色行李箱拿下來。現在，軟體同樣能夠學著以物體的獨特外觀特色來辨識。還記得不變表徵的古老謎團嗎？也就是即使在完全不同的情況下，我們還是能夠辨識物體或事件。深度學習或許就是讓機器終於能夠擁有相同能力的解方。

深度學習軟體能夠辨識出數位影像中的物體，即使是在陌生的情境中以及不同亮度下拍攝，事實上深度學習軟體已經在多項不同應用中表現出相當於人類的能力，我們可能終於發現解決莫拉維克悖論的方法，如今機器人學家及電腦科學家不斷開發出創新方式，將深度學習應用在自動化機器感知與回應上。

自從深度學習在2012年趨於成熟後就應用在許多活動上，讓無人駕駛車輛能夠看見，並改進了語音辨識軟體的語言理解能力。2016年，深度學習軟體高調展示出自己的能力與多功能性，谷歌的AlphaGo程式打敗了世界圍棋高手，許多人都認為圍棋這種棋盤遊戲比西洋棋更具挑戰。為了鼓勵第三方開發者運用自家軟體工具來打造智慧應用程式，谷歌、微軟和臉書各自推出了自己的開放資源深度學習開發平台。

就像其他類型的機器學習軟體一樣，深度學習網路需要大量運算能力與豐富的訓練資料。賦能科技（enabling technologies）的成熟，例如高速電腦與感應器，並非讓深度學習軟體近來廣受接納的唯一因素，另一個原因是政治，深度學習軟體潛藏在人工神經網絡的發展中，而其數十年來發展的速度卻有如冰川移動般

緩慢，這是因為在大學電腦科學系所中出現一連串定期發作的意識冰凍。

　　自從在1950年代，人工智慧研究崛起而成為正式的研究領域，一直以來就是意識形態的交戰區，因為沒有人真正了解大腦是如何運作，幾百年來，哲學家便挑起了猛烈的學術戰火，爭辯著人類心智的謎團。大腦和心智之間有何分別？什麼是智慧？什麼是知識？在現代學術界中，那些努力要打造出人工大腦的人發現自己也得面對同樣的棘手問題，而幾百年來沒有一個哲學家能提出解答。

　　在人類知識的正式研究中，研究學者傾向將自己歸類於一個特殊的思想群體，他們大部分的學術生涯中也極力捍衛自身領域。人工知識的研究也依循著類似的動態，不過，競爭對手的思想群體形式當然不盡相同。對大學以外的某人而言，究竟哪種人工智慧的研究法更勝於另一種，這樣的學術論戰聽起來就像是針對抽象化的戰爭，然而對身處在領域中的某人來說，這些爭辯一點也不抽象，不過確實包含著非常實際的資源稀罕困境。

　　年輕的AI研究學者很快就發現，自身認同哪一個思想群體將會決定職涯的軌道。教授和研究學者們定義何謂可接受的研究界限時，其中一個方式，就是認為研究AI的某些方法比起其他的更為「嚴謹」，而不意外地，他們也認為只有研究那些「嚴謹」形式的AI才有發表價值，而研究生是否能夠發表自己的成果會決定他們是否能在知名大學拿到工作，受聘之後，接下來的發表記錄也會決定是否能拿到政府資助來繼續AI研究，然後就

讓他們更有優勢能拿到終身職。

　　過去幾十年來，神經網路研究一直在大學電腦科學系所的意識形態中得寵又失寵，全心奉獻追求知識的 AI 研究學者知道自己或許是踏上了一條高風險的職業道路，在神經網路研究還不受重視的時期，政府的研究經費寥寥無幾，而在那段後來被稱為「AI 寒冬」（AI winters）的艱困年月裏，神經網路研究學者面對一個困難的抉擇，他們可以選擇無視酷寒的研究氛圍而繼續向前，或者可以轉換工具，擁抱另一種資金更充足、也更有專業回報的人工智慧研究。

神經網路

在前面幾章，我們探討了一種人工智慧軟體，如果試圖將這個世界分解成一連串邏輯條件陳述來將感知自動化，所能做的很有限。神經網路研究則採取不同的方法，不像是以邏輯驅動的軟體，神經網路模仿了人類和其他動物的神經系統，雖然我們並不十分清楚大腦如何運作，卻知道大腦是由幾十億個稱為**神經元**（neuron）的細胞組成，神經元是建造神經系統的磚塊，同時也會出現在脊髓和全身各處。

神經元通常會運用電化學過程來互相傳遞訊號，一個神經元細胞能夠透過一系列微小的分支樹狀突來接收從其他神經元傳來的訊號，神經元細胞接收到另一個神經元傳來的訊號後，就會將訊號沿著看起來像蒲公英根的長長附加物，也就是細胞的**軸突**（axon），傳遞下去，接著軸突將訊號從細胞體傳達給其他細胞，跟其他細胞的連結點稱為**突觸介面**（synaptic interface），當一個神經元發射訊號，就會釋放出稱為**神經遞質**（neurotransmitter）的化學物到其他突觸。

在大腦中，神經元只要受到特定刺激而活化，就會「發射」，也就是傳遞訊號給彼此。如果眼睛視網膜中的神經元受到光芒照射而活化就會發射，釋放出電子能量沿著軸突跑，然後就會通知突觸要釋放出神經遞質，其他神經元接收到釋放出的神經遞質，便進一步活化幾個其他神經元，這些又會再活化其他神經

元，如此繼續下去。

最後經過一長串的活化，某處的神經元會在大腦的最高執行階層活化，也就是前額皮質，在這一長串神經元互相接觸的連鎖中，魔法發生了，我們的意識心智會說：「啊哈，我朋友在那裏！」或者「小心！有熊！」

在這個沒有人完全理解的過程裏，我們大腦中的神經元不知怎地學會了只會為了回應適當的刺激而發射，並忽略不相關的刺激，而隨著時間和經驗的累積，神經元可能會變弱或變強，這個概念叫做**突觸可塑性**（synaptic plasticity），有些大腦科學家相信當大腦體驗到正面經驗時，腦內啡會增強活化神經元之間的連結，而負面經驗則會阻止或減弱這些連結。突觸可塑性的概念在神經網路研究中扮演了關鍵角色，同時也是深度學習的核心。

對神經元來說，關鍵的問題是：「我應該發射或者不要發射？」神經元不傳送訊號的時候就會休息，而當周圍的神經元網絡傳遞著一個訊號，該神經元可能會也可能不會發射，而神經元是否發射取決於從其他神經元傳來的訊號總能量是否夠強，是否達到關鍵的閾值，若訊號剛好在必要的閾值之下，那麼細胞就完全不會發射，就連微弱的訊號也不會有。

這裏只是簡單描述神經元網路如何運作，用來解釋真正的生物神經元功能實在太過簡化，不過為了講解人工智慧研究，這算是基礎，現在我們要回頭討論人工神經網路在電腦視覺中的角色。

人工神經網路究竟是何時誕生眾說紛紜，不過從1940

年代開始是個好主意。1943年，華倫・麥卡沃克（Warren McCulloch）和華特・匹茲（Walter Pitts）二位電子工程師出版了一篇論文，發表第一個人工神經元的數學模型，稱為**定限邏輯單元**（threshold logic unit）。[1]他們形容這套簡單的模型就像是大腦中的「神經網」，之後成為幾種人工神經網路類型的基礎。

1949年，心理學家唐諾・赫布（Donald Hebb）根據神經連結提出一套生物學習模式，赫布假設當神經元之間的活化連結經由正面強化而加強，大腦就會學習，而神經元之間的活化連結因負面加強而弱化時，大腦也會學習。赫布在他的著作《行為的組織》（暫譯，*The Organization of Behavior*）中說明這套大腦如何運作的新理論。

我們通常將他的理論稱為**赫布定律**（Hebb's Law）：「一同發射的神經元也會連結在一起。」赫布對於突觸可塑性的簡單推測，後來被稱為**赫布學習**（Hebbian learning），赫布學習理論應用在人工神經網路上之後，訓練電腦學習的科學於焉誕生。

今日，人工神經網路領域的研究包括了幾種不同的方法，其中有幾項核心概念是共通的，一是神經元在分散網路中是彼此連結的這個概念；另一個是個別神經元之間的連結強化或減弱時，大腦就會學習；第三是為了發射訊號，也就是將訊號傳遞給其他神經元，必須達到特定閾值。在人工神經網路研究中，依據所設計的神經網路類型不同，這些關鍵概念也在許多不同方面有細微差別。

感知器

其中一種最早的人工神經網路是在1957年由法蘭克‧羅森布拉特（Frank Rosenblatt）所打造，當時他是紐約綺色佳康乃爾大學的心理系教授，羅森布拉特將他的龐然造物命名為「馬克一號感知器」（Mark I Perceptron），雖然使用的科技相當原始，例如木頭架子、電線纏繞和燈泡，這具感知器卻是現代深度學習神經網路的曾曾祖輩。

這具感知器最高明的地方就是簡單，馬克一號應該可以說是讓機器學習辨識模式最簡單的實現方式，其學習辨識模式的方法是在八個人工神經元之間微調連結的強度。

羅森布拉特的感知器還有另一項在當時不常見的特色，那就是並非由人類程式設計師將編碼寫死，而是由機器經由訓練過程「學習」自己辨認模式，這個過程類似於人類學習的方式：經驗。想想這樣的方式在當時是多麼激進，畢竟那時的人工智慧科技主要都是以模板匹配和邏輯規則組成。

感知器的實體組成包括六組電子設備[2]，每一組都對應生物視覺系統中的一個理論層面，其中包含了幾百個連結，加總在一起的組合能夠驅動單一層八個神經元。今日，現代深度學習網路包含了超過一百五十層人工神經元，以將近十億組連結彼此相連，全拜有了快速而強大的電腦及精細訓練演算法才能成真。

在生物學來說，神經元之間的連結強度是由神經遞質的濃度

決定，要為化學性的神經遞質找到合適的電子類似物，羅森布拉特認為可以用連結人工神經元的電線電阻程度，低電阻（高導電性）可以對應到高濃度的神經遞質，而高電阻（低導電性）就可對應低濃度神經遞質。

　　感知器利用電線和電晶體仿造生物大腦的結構，第一層模仿生物視網膜，由四百個光感應器組合排列成20乘以20的矩陣，

圖 10.1　　法蘭克‧羅森布拉特與連接著電視螢幕的感應器，展示出 20 乘以 20 的「眼睛」，以及 A 單元的電線。

資料來源：羅伯特‧赫特－尼爾森（Robert Hecht-Nielsen），《感知器》（*Perceptions*），加州大學聖地牙哥分校神經運算中心技術報告 0403 號，2008 年 10 月 17 日。照片由 Veridian Engineering/General Dynamics Corp. 提供。

這個感知器中的光感應器格網是不是讓你想起數位攝影機中的矽光感應器？先記在腦海裏，待會兒我們就會回頭來談談這點重要的洞見。第一層的功能是**感應單元**（sensory unit），或者羅森布拉特稱為 **S 單元**（S Units）。

第二層是模仿生物視覺系統中的神經元樹狀突，羅森布拉特將這個架構稱為**關聯單元**（association unit），也就是 **A 單元**（A Units），A 單元是一組 512 個連結，實體上跟第一層的光感應器連結在一起，這些連結的功能就像突觸一樣。

第三層是感知器的產出層，這一層就相當於生物系統中的**反應神經元**（response neuron），羅森布拉特稱之為 **R 單元**（R Units）。這層由八個有燈泡的神經元組成，每個都標記上特殊的形狀，像是「三角形」或「方形」。神經元只有在接收到超過關鍵閾值的電子訊號後才會發射，感知器中的 R 單元也依循著同樣原則，每個 R 單元都有各自的閾值，連結到感知器第一層光感應器的 A 單元會傳導電流，達到特定閾值後才會點亮燈炮。

構想是，如果把一個三角形放在感知器面前，那麼機器最後就會學會「辨識」這個特定形狀，並點亮標示為「三角形」的燈泡來宣布答案。

這個粗糙的機械玩意兒，究竟是如何學習辨識模式？首先，羅森布拉特會用投影機將影像投射到 400 個光感應器上，投射出的影像會是一個簡單的形狀，例如三角形、圓形或方形，除了投影影像之外的地方就是黑暗的背景，因此形狀模式會比投影影像中非形狀區塊更為明亮，然後光感應器矩陣就會據此反應。

　　如果強光打到光感應器上，其回應是發送一道電流到中間的A單元，而未接收到光的光感應器則會待命不動。如果從光感應器傳來足夠的電流能導到足夠的A單元上，這些電流最終就會引發R單元的特定閾值，而R單元發射後，就會點亮標示著適當形狀的燈泡。

圖 10.2 ▷ ImageNet 2012 的圖片採樣，類似的影像會放在彼此附近。
資料來源：安德雷·卡帕西（Andrej Karpathy）與李飛飛（Fei-Fei Li），史丹福大學。

　　無論是古老或現代的機器學習演算法都必須接受訓練才能學習自己的能力，以感知器來說，當光的形狀投射在光感應器矩陣上，人類操作員會坐在一旁評分機器的回應，操作員會投影出影像，等著機器點亮一個或多個燈泡，然後為每個燈泡按下「正確」或「錯誤」的開關。

　　這個訓練過程相當勞心勞力，必須不停調整機器（或軟體）人工神經元的發射閾值，還有各神經元之間的連結強度（稱為**突觸權重**〔synaptic weight〕）。如果機器的回答不正確，發射訊號的人工神經元之間的連結就會減弱；如果機器回答正確，那麼發射訊號的人工神經元之間，其連結可能不予調整，或者在某些類型的神經網路中會予以增強。

　　要訓練感知器，每一次人類操作員按下「錯誤」的開關，感知器就會收到像是爛成績的回饋，會增加點亮錯誤燈泡的A單元電線電阻。經過幾次練習後，錯誤的答案會讓A單元中某些電線減弱表現，這樣下一次特定的A單元又從第一層特定的光感應器接收到電流的時候，人工神經元R單元就比較不可能達到閾值，而如果R單元沒有達到能夠發射的閾值，下一次再看到相同模式就比較不會亮起。如果機器答對了，那就不必做什麼調整，就好像老師說：「很棒，繼續保持喔！」

　　感知器才剛新生、毫無訓練之時，大部分的回應都會是不正確的，然後訓練過程會一再重複，一次又一次使用同樣的幾張影像，直到機器終於都答對了為止。接下來數十年間，神經網路研究者會在同樣這個主題上嘗試數不盡的各種方法，嘗試在得到正

確答案的情況下增加連結強度的效應、改變電線連接的方式，或者增加神經元及重組連結的數量。

　　人類成功的祕訣在「練習、練習、再練習」，而不管人工神經網路受訓的內容是什麼，機器學習的祕訣也差不多：「重複、重複、再重複」。要學會辨認圓形與方形之間的差異，感知器需要重複，這樣機器才能啟動每次錯誤答案會引起的連結電阻設定。現代機器學習也會使用相同的技巧，不過手動的訓練過程已經由自動化的數位過程取代，不斷輸入資料、資料、更多資料給軟體。

　　感知器的認知資料庫顯然是有限的，就像 Shakey，1959 年的感知器只能夠根據少數幾項參數運作，但是跟 Shakey 的不同之處在於，感知器的人工智慧並非人類程式設計師的成果，感知器的機械根據人類「教師」的正確或錯誤回饋來學習，而非在程式上設定出精確、由上至下的規則，例如如何分辨方形和圓形。

　　媒體知道這件事的時候，感知器獲得空前的成功，羅森布拉特又進一步添油加醋，聲稱感知器是一台能夠學習任何事情的機器，《紐約客》雜誌（*New Yorker*）非常欣賞這個重要的科技成就，而在 1958 年，《紐約時報》（*New York Times*）甚至稱之為革命，刊出一篇文章，標題是〈海軍新機器能從做中學〉。

　　羅森布拉特的感知器讓他在人工智慧的歷史占有一席之地，在我機器學習的入門課程上，第一項回家功課就是要仿照羅森布拉特機器做出一樣的軟體，但是羅森布拉特的成功以及後續的媒體狂熱，卻惹毛了敵對思想群體的電腦科學家。

第一次AI寒冬

如果在這塊人工智慧的全新領域中有更多研究者追隨羅森布拉特的方法，我們可能會早幾十年成功做到自動化感知，但是在感知器成功亮相後不久就失去了吸引力，其中一個原因是，要適當訓練神經網路所需要的運算能力及感應器資料仍相當不足，還有一個原因則是另一種人的問題，那就是政治角力。

綺色佳是羅森布拉特和感知器的家鄉，那裏的冬天漫長而黑暗，但是就連 綺色佳的冬天也比不上羅森布拉特首嘗成功喜悅後潑來的那桶冷水。諷刺的是，對抗感知器的元凶正是羅森布拉特過去的高中同學馬文·閔斯基（Marvin Minsky），當時他是麻省理工學院中有所成就的電腦科學教授。就在媒體盛讚著感知器自主學習的驚人能力時，閔斯基公開挑戰羅森布拉特聲稱感知器有潛力「幾乎什麼都能學」，閔斯基堅持這麼說並不是事實，而且感知器「不具科學價值」。

舞台已經準備好了，在人工智慧研究中兩方主要的思想群體就要展開一場漫長的意識形態之爭：一邊是符號AI，特色是由人類仔細編寫設計出邏輯模型；另一邊則是神經網路，特色是機器學習、由資料驅動的方法。人工智慧研究大多數的資金都來自軍方，他們也密切注意這場哪邊AI陣營更為優秀的爭戰，而擔心最後會演變成只有一種AI研究值得支持，將專業賭在符號AI的研究者惶惶不安，因而參戰：神經網路研究必須消失。

　　閔斯基和他在麻省理工學院的同事西摩爾・派普特（Seymour Papert），共同在1969年出版《感知器》（*Perceptrons*）一書，書中最重要的是寫了一項數學證明，重點就是要表達感知器根本就連要辨識簡單的模式也學不會：邏輯異或模式（XOR pattern；XOR 是 exclusive or 的縮寫，另譯為「異或」、「邏輯異或」、「互斥或」〔互斥或閘 XOR gate〕）。就像音樂家會用C大調來測試樂器及熱身，AI研究者則用XOR模式來測試機器學習演算法；如果樂器走音，從C大調就聽得出來，而如果機器學習演算法就連簡單的XOR模式也學不會，那麼就沒有用處。

　　XOR模式會用在邏輯異或運算，如果兩個數值不同，XOR算符得到的數值為「1」，而如果兩兩相同，得到的數值就會是「0」。

　　閔斯基和派普特並未實際將XOR模式套用在羅森布拉特的感知器上，而是用數學來展示，他們簡單的證明顯示出，不管羅森布拉特的感知器經過多久訓練，永遠也學不會辨識這個特定模式，因此閔斯基和派普特論證，這台機器顯然不是「什麼都學得會」，就連基本模式也不行。

　　兩邊都是對的。確實，正如閔斯基所言，單一台感知器靠自己能學習的很少，不過羅森布拉特並未聲稱他的感知器什麼都學得會，雖然閔斯基就字面解讀羅森布拉特的大話，但羅森布拉特要說的其實是就理論上而言，以多層感知器重重疊起的機器或許有這樣的學習能力。

　　諷刺的是，羅森布拉特的預言在將近五十年後就會成真，此

時的運算能力便足以讓神經網路以數十個多層數位疊層組成，且每一層都包含幾百萬組連結。但不幸的是，在當時羅森布拉特缺乏能夠讓他捍衛自己名聲的科技，去面對閔斯基和派普特的挑戰，只要有一個多層網路就能證明羅森布拉特是對的，但是在那個時候，他的「感知器訓練演算法」只對單一感知器有用。

可是，在1960年代晚期，這場意識形態之戰正如火如荼時，電腦仍是緩慢的龐然大物。閔斯基的論點相當明白，讓他能夠贏得政府科學資助機構的心，讓他們接受閔斯基的由上而下AI範式是進步的最佳道路，結果神經網路研究所收到的政府資助日漸乾涸。

於是，感知器計畫中止了，而所有研究神經網路的研究學者也在自己學術職涯的存亡之際選擇放棄。不久以後，在1971年夏天，羅森布拉特生日當天在切薩皮克灣划船時發生意外，這場悲劇讓他在43歲時便英年早逝。閔斯基在完全勝過自己的高中同學後，一躍而成為符號人工智慧科技發展的領袖，在後來數十年間主宰了人工智慧研究。

有趣的是，後來閔斯基也和羅森布拉特一樣抵抗不了誘惑，在幾年後對媒體誇口說出人工智慧科技的可能性，讓他聲名大噪，這場1970年的訪談發表在《生活》雜誌（*Life*），閔斯基在媒體前小小出了點鋒頭，說得天花亂墜：「再過三到八年，我們就會看見擁有一般智力的機器，如同普通人類一般，我說的是機器能夠閱讀莎士比亞、給車子上潤滑油、參與辦公室鬥爭、說笑話、吵架，到那個時候，機器會開始以驚人的速度教育自己，只

需幾個月就能達到天才的程度，而再過幾個月，其能力將無法計算。」時間證明了閔斯基錯得離譜，不過他的事業仍然在接下來數十年間蓬勃發展。

在劍橋的麻省理工學院機器人博物館中，閔斯基呈現出的形象是英雄和偉大的遠見者，但是他頑固地堅持要毀掉才剛起步的神經網路研究，其實是將人工智慧研究導進一條冗長而無光的暗巷裏，幾十年都走不出來。1970年代是符號AI的黃金年代，但是愈多研究者試圖用程式設計來模仿人類的智能，他們就愈是在不知不覺間說明了，我們對於大腦實際運作的了解實在太少。

神經網路復興

在此同時，能夠辨識模式的神經網路發展依然跌跌撞撞地進行著，1975年，一位哈佛博士生保羅・沃博斯（Paul Werbos）創造出全新的改良版感知器，此時**感知器**（perceptron）一詞已經用來泛指在神經網路中單一層的人工神經元，這個時候，像最初的感知器那種類比式硬體機械已經被束之高閣，而人工智慧研究學者轉為在軟體中打造神經網路。

沃博斯提出兩種關鍵性的改良，能夠讓人工神經網路加速發展。首先，他的人工神經元不只能產出「1」或「0」的結果，還有分數值，比方說結果若是0.5，可能代表神經元「不確定」。相較之下，羅森布拉特原本的機器只能給出二種絕對的結果：若不是1就是0，而提供「答案」的燈泡若不是亮了就是沒亮，沒有中間的結果。

第二項改良是沃博斯提供了一種新的訓練演算法，叫做**誤差反向傳播算法**（error backpropagation），或稱為**反向傳播**（backprop），現在人工神經元可以用分數的方式來處理不確定性了，反向傳播演算法就可以用來訓練超過一層以上的神經網路。羅森布拉特的感知器有一個主要的限制，在於其產出層只能處理二種答案，而非範圍，所以學習曲線會陡到爬不上去。

沃博斯的新一代人工神經網路具備多層人工神經元，大大提升了辨識模式的能力，也就拓展了可能應用的範圍。這套新的架

構讓網路能夠處理更為複雜許多的模式分類問題，事實上，沃博斯用他的新網路最早完成的工作中，其中一項就是解決致命的XOR問題，過去認為這是無法用神經網路解決的。

　　現在來看看沃博斯的方法，想像我們要訓練人工神經網路辨識出狗的圖片。首先，我們要讓網路看到模式，例如是一張上面有狗的20乘以20像素格網影像，感應器層會將訊號傳播到由四百個人工神經元組成的第一層，接下來便將訊號再透過權重連結到第二層神經元，然後再透過權重連結到第三層，就這樣繼續下去。

　　最後，通過所有中間層之後，訊號會抵達產出層，這裏只會有一個神經元，這個神經元會有問題的答案：「這張圖片是狗嗎？」既然現在可以用分數來回答，網路會提供一個落在0到1光譜之間的答案，能夠反映出網路的自信程度。例如，如果網路的回答是0.9，表示相當有自信圖片中的物體是狗，但不是百分之百確定。

　　訓練的過程看起來像這樣。如果網路提供的答案不正確，沃博斯的演算法會計算出哪個特定連結最應該為這個錯誤答案負責，然後這些不幸的連結就要接受教育。在羅森布拉特的感知器中，機器會以改變電線電組的方式調整A單元（權重連結），而在以軟體為基礎的神經網路中，軟體調整連結的方法是改變這些要為錯誤負責的**連結權重**（weight coefficient）係數。通常在人工神經網路中，這些連結的權重是以百分比來表示，而究竟如何調整則是所有訓練演算法的關鍵部分。

如果答案正確，沃博斯的訓練演算法會計算出哪些連結最應該為正確答案負責，然後增加這些特定連結的連結權重來予以加強。這個過程會一再重複，使用不同的小狗影像及反例，也就是不是狗的影像。最後在經過多次重複後，神經網路能夠辨識出在訓練過程中所看到的小狗影像，能力達到爐火純青。

但是就算沃博斯有所改良，神經網路還是有一個嚴重的侷限，只要有一個夠大的網路，就數學上而言一定能夠學會辨識所有呈現的影像，但要是看到陌生的新影像，網路的能力就會大幅減弱。網路通常能夠看出狗和完全不同物體的差別，例如橋梁，但要是看到有點相像的四腳動物影像，網路的表現就會惡化到只比亂猜好一點，有點像學生在考選擇題的時候隨意亂選。

儘管如此仍有無窮的希望。更進步的數位攝影機科技，再加上沃博斯及時提出了反向傳播演算法，讓人對神經網絡研究又燃起了興趣，成功終結了1960至1970年代的漫漫AI寒冬。如果查看1980年代晚期到1990年代的研究論文，就會發現這段短暫狂喜所留下的痕跡，研究學者試著運用神經網路來分類太陽底下的一切：影像、文字和聲音。神經網路研究現在重新命名為**聯結論**（connectionism），出現在各種不同的應用，包括預測申請人是否值得擁有信用卡以及醫療診斷。

但是1990年代的神經網路復興並不長久，雖然研究論文中展現了神經網路在架構謹慎的環境中有多次成功經驗，但是在實務上的表現卻沒那麼好。很奇怪的是，問題在於網路學習得太好了，神經網路傾向過度特定或過度契合問題，就像一個小孩強記

如何回答數學問題，卻不理解背後的通用規則。

　　過度契合的問題在於神經網路能夠學會去分類在訓練時看到的影像，但卻無法再擴及超過所見過的東西，呈現方式不同的問題仍然沒有解決。如果網路受訓練去分類百張貓和狗的影像，基本上能夠重新分類這些影像，正確率達到百分之百，但是同樣的神經網路面對沒看過的、訓練中沒用到的「非範例」影像卻是慘敗，聯結論學者們要再花十年才能想出辦法，在網路開始過度契合之前停止訓練，使用的方法叫做**提早停止**（early stopping），不過已經太遲了。

　　這一次，對神經網路的打擊並非來自邏輯 AI 陣營，而是敵對的機器學習陣營。新穎的機器學習方法，尤其是**支援向量機**（Support Vector Machines, SVMs）大受歡迎，雖然展現出來的能力只比神經網路進步一點點，卻很吸引人。對視覺辨認工作而言，也就是對無人駕駛車最重要的能力，這樣的表現改進還不到百分之一，但是就像在奧運比賽中只贏零點幾秒也是贏，競爭激烈的時候，任何邊際優勢都足以扭轉局勢，贏者就能全拿。

　　回想起支援向量機所展現出的改善，大部分或許都要歸功於發展出避免了過度契合的聰明方法，這門技巧稱為**正規化**（regularization），如果將降低過度契合的同樣方法套用在神經網路上，也能改善其表現，不過已經太遲了。神經網路在 1990年代中期再度失寵，而呈現方式不同的問題還是沒解決。

新認知機

　　神經網路發展長篇史詩中又出現一次諷刺的轉折，早在
1990 年代那段短暫而註定失敗的 AI 復興期間，一套在 1980 年設
計的神經網路其實就解決了呈現方式不同這個似乎無解的問題，
但是詳細描述如何打造這套神經網絡的科學論文發表後，除了幾
個死忠的神經網路支持者以外，沒什麼人注意到。

　　1980 年，日本學者福島邦彥（Kunihiko FUKUSHIMA）提
出一種新型的神經網路架構，那就是新認知機（neocognitron）。[3]
這套新型神經網路使用的許多技巧都跟現代的深度學習網路相
同，後者如今的影像辨識能力已經厲害到讓人吃驚。但是，有個
問題各位應該已經很熟悉了，福島的天才發明缺乏重要的賦能科
技來吸引全世界的注意。

　　福島的目標是要創造具有強大視覺模式辨認能力的多層神經
網路，更進一步的目標則是打造能夠辨認手寫數字的機器學習軟
體，應用在自動分類郵件上。

　　福島的網路具備非常必要的三大進步，首先，在將影像
「餵」給網路時，影像被分解成像素子群，而非一次把整張影像
交給輸入層，這樣一來就不必把第二層每個神經元都連結到輸入
層的光感應器，每個神經元只要連結到一小撮像素就好，這些
像素群組稍微互相重疊，而每一層都使用了這種「滑動視窗」概
念。

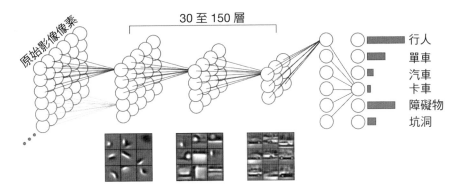

圖 10.3 ➤ 深度神經網路的概要性結構，圓球代表個別神經元，單一層上
　　　　　的所有神經元都是完全相同的複製，底下插圖則是實際視覺特
　　　　　色，部分神經元受過實際車輛影像的訓練後就會對之回應。最
　　　　　左邊的影像只呈現出邊緣，中間影像則呈現出部分的車輛，像
　　　　　是車門和輪胎，最右邊的影像則呈現出幾乎完整的車輛。

資料來源：插圖影像來自 Honglak Lee, Roger Grosse, Rajesh Ranganath, and Andrew
　　　　　Y. Ng, "Convolutional Deep Belief Networks for Scalable Unsupervised
　　　　　Learning of Hierarchical Representations," in *Proceedings of the 26th
　　　　　Annual International Conference on Machine Learning*, pp. 609-616
　　　　　（ACM, 2009）

　　第二項進步是神經元複製。網路中並未使用許多各自有分別
調整過連結的神經元，新認知機中每一層的所有神經元都是一模
一樣的複製品，擁有完全相同的突觸連結強度，那樣就算一層當
中可能有幾百、幾千個突觸連結，也只需要幾項參數就能調整這
些連結的強度。這個想法是根植於觀察的發現，要辨識出影像左
上角的數字，所需的神經元應該會跟辨識左下角的數字一樣多，
也就是說，影像中的變化表示在網路架構中也有變化，而這個概
念讓訓練變得更快、更強大。

　　最後一項進步是網路的人工神經元是以兩種類型組成：S細

胞用來擷取特色，C細胞能夠容許這些特色有所扭曲，而這些神經元會交替安置在各層中。

福島的新認知機使用沃博斯的反向傳播演算法，讓感應器層套用刺激模式，這個模式會拆解幾個較小的程式補釘，典型的補釘中可能包含將九個感應器視窗組成3乘以3的矩陣，連結到下一層的每個神經元。

在整個網路中，人工神經元S細胞和C細胞會放置在互相重疊的補釘中，重疊的部分能夠確保，如果影像中的某個特色並不正好落在單一神經元的接收區域中，也有機會被旁邊的神經元接收。S細胞及C細胞的交替層會共同運作，逐漸累積補釘上的影像資訊，用來處理整個視覺區。

每一層細胞都按階層排列，這樣下一層就能看見前一層的神經元補釘，如此這般累積多個細胞中的資訊，每一個都會看見愈來愈細微的影像補釘，即使是最深層的神經元也能間接感應到整個視覺區。一直到發展出新認知器以前，所有的神經網路，包括羅森布拉特的感知器，都是將整個視覺景象直接餵給整個第一層，而要一口吃下去實在太大口了，吞也吞不了。

新認知器是一個奇蹟，其獨特的架構相當強大，能夠分類出在一組手寫書信資料集中的個別文字，輕鬆辨識出文字的位置改變，新認知器的架構會成為現代深度學習網路的直系血親，比當時其他影像辨識網路的表現都要傑出。福島的概念後來被揚·勒丘恩（Yann LeCun）、約書亞·本希奧（Yoshua Bengio）及其同事擴大應用，打造出我們今日所知的**卷積神經網**

路（Convolutional Neural Networks, CNNs）[4]，「卷積」一詞指的是複製數學函數並重複應用在重疊的規律矩陣這個過程。

新認知器也經歷了類似感知器的命運，那就是利用在1980年代的運算能力無法以合理速度運作，沃博斯的反向傳播訓練演算法似乎不夠有力，還無法訓練超過三、四層深的網路，增加訊號會滋滋作響，而網路學習卻會停止，因為無法判斷哪個連結要為錯誤答案負責。我們現在知道，反向傳播演算法的概念是正確的，只是在執行上缺乏所需的科技和資料，正如其發明者的設計。

在1990至2000年代期間，有些研究學者試圖彌補電腦能力及資料的不足，因此使用「較淺」的網路，只有兩層人工神經元，而即使**通用近似定理**（universal approximation theorem）這套人工網路的數學理論受到注意，也於事無補。通用近似定理中闡明，至少在理論上來說，神經網路只需要一層「隱藏的」人工神經元，就能讓可測函數逼近任何想要的準確度，也就是說，根據這項定理，就數學而言，淺層神經網路的成功應該沒有任何理論侷限。

一方面，通用近似定理對神經網路而言是有好處的，畢竟神經網路的整體核心概念有了（至少在數學上來說）穩固的理論基礎，也就值得投資，這是好消息。不過另一方面，這項數學證明也讓研究學者紛紛轉往錯誤的方向，他們都想改善他們單層隱藏神經網路的能力，方法卻不是增加更多層人工神經元，而是改善訓練演算法。

　　不幸的是，考慮到1980及1990年代時的技術侷限，大部分實踐者都將通用近似定理的意義解釋成，試圖打造超過兩層的神經網路是無效的，要將寶貴的時間與資源花費在打造多層神經網路，這個想法往好處想是風險太高，往壞處想就是浪費時間。

　　時間最後會證明，人工神經網路需要的並不是更好的訓練演算法或單層人工神經元組成的巨大矩陣，神經網路需要的是多層，許多、許多層及特殊的神經元，排列堆積、重疊起來。而隨著新世紀的到來，多虧了社群媒體，另一項關鍵的失落材料也出現了：資料，許多、許多隨機的數位影像，可以訓練這些深層網路。

深度學習的誕生

　　機器就像新生兒一樣，要暴露在大量資訊下而學習，這是一種資料密集活動，要訓練一套演算法所需的資料量通常會跟問題的難度成正比，要教會機器分辨三角形和方形的影像是相對比較簡單的問題，而要教機器分辨男性與女性的影像就困難多了。

　　羅森布拉特的感知器演算法只需要調整512個連結的權重，因此所需要的訓練影像比較少，若是大型的神經網路，無論是不是深度的，都能夠包含幾百萬個連結，因此也需要幾百萬個影像。

　　如果將演算法比喻成引擎，那麼演算法所需的燃料就是資料，內燃機缺乏汽油就跑不動，而機器學習演算法沒有資料的注入，也只是一組無效的指示。

　　在二十世紀，大部分機器視覺研究者都發現了對訓練資料的需求，但現實是在運算發展歷史的大部分時間裏，數位影像一直很難取得，結果讓影像辨識演算法只能使用相對資料貧瘠的方法來發展，因為資料難得，機器學習研究就像是生物體必須適應缺乏食物的環境，專注在發展不需要太多資料也能有效運作的演算法。

　　數十年來，尋找有效率的機器學習演算法這項任務讓研究學者爬下兔子洞，查找、修改各種演算法，就為了從一個小資料集中壓榨出更優秀百分之零點幾的表現，同樣的想法也很重視人工

設計、可證明是正確的演算法，更勝於受生物學啟發的方法。人類認知的特色在於大量資料，以及非常快速的大規模並行運算。

但生物學不僅僅只重視運算效率，同時還有適應性和穩定性，生物的命運端賴其神經演算法是否能夠快速適應新情況。如果在我們大腦中真的有一組學習演算法在運作，架構可能相當簡單，或許也不大有效率，至少從傳統電腦科學的角度來看是如此。

從資料貧瘠的「聰明」演算法轉換到2010年代出現資料豐富的「簡單」演算法，要歸功於許多力量的融合：電腦變得便宜又快速、數位攝影機出現在手機裏，還有網路讓人們有許多地方能張貼數位影像，每分鐘就有約208,300張新影像出現在臉書上。[5]再見了，資料貧瘠；哈囉，谷歌圖片搜尋。

在電腦視覺搜尋的世界裏，水壩在2003年開始潰堤，一位叫做李飛飛的研究生創造了Caltech-101，這是將9,146張影像分解成101個不同類別的資料集。李飛飛的目標是要建立影像圖庫，能夠描述出各式各樣隨機發生的人類生活日常景象，然後將這些影像輸入機器視覺演算法好訓練它們看見。

到了2006年，李飛飛的影像資料集成長為Caltech-256，這個資料集將30,607張影像分成256個類別。在2009年，李飛飛在伊利諾大學香檳分校（University of Illinois at Urbana-Champaign）及普林斯頓大學（Princeton University）分別待了一段時間，然後進入史丹福大學電腦科學系任教，雖然好心的同事擔憂地建議她：「做些更有用的事吧。」李飛飛仍堅持繼續建

立並分享更大的影像資料集ImageNet。ImageNet將成為世界上第一個「超級資料集」，包含超過一百萬已標籤影像，如今史丹福的ImageNet仍然是不斷成長的資源，在寫作這本書的時候，ImageNet包含超過1,400萬張影像，類別超過兩萬種。

ImageNet照片都是原始而未分類的，出現的物體如果是實物，背景都相當凌亂，例如一個啤酒瓶的照片，並不是廣告出現的那種漂亮照片，而是一張躺在人行道上的棄置啤酒瓶照片。

ImageNet包含了不同類別、相當多樣化的影像，當然有很多一定要的貓狗照片，不過當中也包含蜥蜴、蝸牛、蛇、摩托雪橇和短襪的照片，還有奇怪而不專業的照片拍下蟾蜍、吐司烤箱跟番茄。

李飛飛的目標不只是隨意蒐集一大堆數位影像，這些影像也經過分類，網路上的影像暴增，總得有人去仔細檢視，然後正確分類影像中的內容，這樣就能用來訓練神經網路的視覺，要由人類來人工檢視上百萬張影像並為其建立合適的類別，在某個地方的某人必須要做這件耗費時間的難搞工作，翻過一大堆小狗照片，決定影像X是約克夏犬，而影像Y是其遠親斯塔福郡鬥牛犬。

正巧，此時興起的另一股文化浪潮就是救星，那就是群眾外包（crowdsourcing）。要分類ImageNet上幾百萬張影像，這份艱難的任務要運用幾千個亞馬遜（Amazon）的外包人工（Mechanical-Turk workers）[6]才能完成，讓他們為每一張影像貼上標籤就賺個幾毛錢。李飛飛記得在某個時間點，ImageNet

是亞馬遜眾包平台上的最大雇主，在全球各地聘用幾千人一天
24小時都在工作。[7]

圖形處理器

　　我們已經討論到更快的電腦、更多資料、數位攝影機，以及在人工神經網路上增加更多層，還有一項關鍵科技必須就位：快速的顯卡。為什麼？因為神經網路對運算能力的胃口大得不得了。

　　要尋找優秀的顯卡，最佳來源是遊戲社群，雖然有時候眾人對遊戲社群懷著負面的刻板印象，例如無所事事的年輕人虛擲了大好青春，在父母家的地下室打電動，但其實這也是創新的主要源頭，尤其是影像處理。

　　遊戲能夠測試電腦運算能力的極限，遊戲用的電腦需要能夠處理高解析度的三維圖像場景（three-dimensional graphic scenes）及快速影格率（rapid frame rates），還必須即時回應玩家的指令，彌補多個玩家之間的網路延遲，並且精確模擬出水花噴濺及擊碎椅子的物理情境。每一天，遊戲應用都需要更為精細的運算環境，就連一般人認為更為精細的應用，例如模擬試算表中的數字或搜尋資料庫都沒那麼高的需求。

　　就連摩爾定律都跟不上遊戲產業的胃口，他們不斷要求更低的成本及更高的運算能力。遊戲產業用另一種方式解決了處理資料的瓶頸：並行運行多個程序，而硬體製造商並未做出更快的處理器，他們迎合遊戲公司的方式是製造特殊的顯卡，包含幾千個能夠並行運作的處理器。

　　包含許多並行圖形處理元件的顯卡叫做**圖形處理器**（Graphics Processing Units, GPUs），這個名稱是為了和更傳統的**通用中央處理器**（General-Purpose Central Processing Units, CPUs）做區別。多年來，GPUs的應用僅限於圖像設計和遊戲，而CPUs的能力進步曲線以指數率成長，這個趨勢讓人無法忽視。在2006年，最大顯卡製造商之一輝達（Nvidia），推出了GeForce 8系列，這是第一套專門設計能夠使用在不僅於圖像用途的GPU架構。

　　Nvidia為了宣傳新顯卡，創造了一個新詞：「通用圖形處理器」（General-Purpose GPU, GPGPU），並推出了在將來會成為全新領域的大量並行桌面運算（parallel desktop computing）。在Nvidia推出GeForce 8系列之前，只有嚴肅的圖像設計師或硬頸科學家才會使用通用並行運算（General Purpose Parallel Computing），如今GPUs也找到門路能夠使用在許多其他運算密集的應用，這些都是需要高密集並行運算能力的應用，包括股票交易、工程分析，當然還有神經網路。

　　在大部分運算應用中，速度是最重要的，而在神經網路中，速度是關鍵。神經網路針對影像分類問題計算答案的速度，在GPU只比在CPU上快了不到一秒，不過神經網路的訓練卻可以快上幾百倍，因為訓練需要幾百萬次的反向傳播迭代（backprop iteration）。

　　使用GPUs來運作卷積神經網路的研究學者，比起使用一般桌上型電腦的同事，發現自己的速度進步了將近10倍。原則

上，訓練過程的速度對大多應用來說不是最重要的，畢竟訓練只要做一次就好；但實務上，如果一套演算法要花一個月去訓練，在實際的發展時程就無法讓人開發並除錯。可是，如果只需要三天就能訓練完成的網路，那可就不一樣了。

現代深度學習

現代的深度學習在2012年的一場影像辨識競賽中脫胎而生,競賽的目的是要實際好好運用ImageNet蒐集而來的大量分類圖片庫。在2010年,李飛飛和他的同事舉辦了全世界第一次影像辨識競賽:年度大規模視覺辨識挑戰賽(Large Scale Visual Recognition Competition),人人皆可參加。

規則如下,參賽者要提交自己的影像辨識軟體給競賽主辦方所管理的伺服器,軟體必須要分類十萬張新影像中的內容,因為這些影像可能相當凌亂而充滿許多隨機物體,軟體的設計應該要列出每張影像中所辨識出前五項物體。

ImageNet競賽有三項主軸:分類、以位置分類與偵測。分類這個項目是評估演算法是否能夠在影像加上正確標籤;以位置分類則評估演算法是否能夠模擬影像的標籤以及其中隱藏物體的位置;最後,偵測的挑戰則從其他兩個項目借用元素,但是會使用更嚴格的評估標準,並包含許多描繪數個小型物體的影像。另外還會加入一些新項目,例如影像串流的辨識,讓競賽能夠跟著科技發展而前進。

2010年的第一場競賽由恩益禧(Nippon Electric Company, NEC,原名日本電氣)和伊利諾大學香檳分校的團隊獲勝,在十萬張測試影像中,獲勝的神經網路在當時的錯誤率是28%[8],緊追在後的二個隊伍錯誤率分別是33.6%及44.6%。為了讓各位對

這個結果有點概念，一位未受過訓練的普通人對分類影像非常在行，平均的錯誤率大約是5%。

2011年，第二場ImageNet競賽中顯示機器視覺演算法愈來愈好了，只是沒有一支隊伍使用神經網路。一支來自科技公司XRCE的隊伍錯誤率只有25%，比起前一年的冠軍又進步了2.4%[9]，第二名和第三名的隊伍錯誤率分別是31%和36%。

第三場ImageNet競賽在2012年9月30日落幕時，機器視覺領域永遠改變了，現場沒有大批媒體報導，也沒有華麗的中場儀式，不過要是監督競賽的伺服器機架能夠回應，大概會互相擁抱慶賀。

由多倫多大學研究團隊為所創造的神經網路深度學習，命名為超級視覺（SuperVision，亦為隊名），在競賽中成功辨識出85%的物體，在影像辨識軟體的世界中是驚人表現。[10]錯誤率從25%下降到15%聽起來或許不算什麼，但是在電腦視覺社群中，這些人已經習慣了每年只看到一點點進步，這就像看到一個人第一次在四分鐘內跑完1.6公里這種奧運級表現。

打造超級視覺的人是學生亞歷克斯・克里塞夫斯基（Alex Krizhevsky）、伊莉雅・蘇特斯柯娃（Ilya Sutskever），以及他們的教授喬佛瑞・辛頓（Geoffrey Hinton），超級視覺使用的神經網路類型是卷積神經網路，許多特色就是根據三十多年前福島博士在新認知器上所使用的科技，另外還應用了紐約大學揚・勒丘恩、史丹福大學的吳恩達（Andrew Ng），以及蒙特婁大學的約書亞・本希奧等研究團隊的成果，做出更多改良。超級視覺是

龐大的神經網路，由30層人工神經元堆疊成的矩陣構成，而多倫多團隊還採取了大膽行動，將他們的編碼做為開放資源，讓其他人都能使用及修改，在電腦視覺的世界掀起熱潮。

深度學習人工神經網路成為影像辨識軟體的金科玉律，在超級視覺於2012年的影像辨識競賽大獲全勝之前，幾乎沒有人使用卷積神經網路，而在2012年以後，參賽者若沒使用就不敢參賽。

超級視覺獲勝後的隔年，優勝者的錯誤率達到11.2%，緊追在後的則是12%和13%，所有隊伍都使用各自改造過的深度學習卷積神經網路。[11] 2014年，來自谷歌的團隊達到6.66%的錯誤率，而牛津大學團隊使用更大的卷積網路達到7.1%錯誤率。[12] 2015年，微軟北京研究室的研究團隊（由首席研究員孫劍〔Jian Sun〕帶領）使用有152層的網路，在三個項目都贏得第一名[13]，更了不起的是，微軟團隊達到3.57%的錯誤率，史上第一次超越了過去無人能敵的5%人類等級錯誤率。[14]

在這些勝利之後，機器視覺的其他研究方法突然間都變得過時，在物體辨識的分水嶺式突破進展後，很快就從機器視覺延伸到其他所有AI領域，超級視覺所使用的演算法延伸出去，鑽進了其他AI領域中，例如語音辨識和自然語言生成。AI永遠改變了，而也因此讓無人駕駛車發展的最後一道阻礙，也就是能夠做到人工感知的軟體，終於開始消融。

在這場空前勝利過後不久，拼圖開始成形了。Nvidia推出了深度學習卡，內建了從克里塞夫斯基的超級視覺網路延伸而出的

演算法，能夠用在能力較低的硬體上。Nvidia瞄準的市場應用是什麼？無人駕駛車。這套系統有個恰當的名字：Drive-PX，能夠同時處理12個即時影像頻道，一年後又推出了更快、更便宜、更優秀的卡，而要打造讓汽車能夠深度學習的科技競賽就要展開。

在網路之中

　　影像辨識有好幾種不同的深度學習網路，每一種在基礎架構上都有自己的設計、在應用訓練演算法的方式也有獨特修改。深度學習這個領域正快速成長，每隔幾周就會出現新的架構與演算法，不過一項常見的特徵是深度學習網路使用串聯多層人工神經元，從數位影像中「擷取」特色，然後軟體就能依此辨識並標上標籤。最先進的深度學習網路通常有超過百層的人工神經元，相較之下，羅森布拉特的感知器只有單一層，由八個神經元組成。

　　有些人相信深度學習網路辨識物體的方法就跟人類一樣，首先辨認出一個特定的小細節然後再抽象推理出一個更廣、更為抽象的概念。例如，人眼看到一對尖耳朵、鬍鬚和尾巴，很快就能抽取出視覺資訊來分類：「啊哈，是貓！」不過生物系統究竟如何辨認物體仍然是個謎。但是，進行快速分析個別特徵來分類物體，將這個方法建立在神經網路中，結果就能讓人工感知達到人類的平均能力。

　　讓我們再更仔細檢視叫做超級視覺的這套深度學習網路，好理解這些多層分析機如何運作。克里塞夫斯基和他的團隊做了一項實際的改善，就是運用GPUs來加速訓練過程，將循環時間從幾周縮短到幾天。考慮到超級視覺網路的大小，一組大量的分析叢就牽涉到6,000萬可調整的參數，還有65萬個神經元，讓訓練過程刪減了好幾週，帶來相當明顯的好處。

　　在各層中，超級視覺（團隊以創造者的名字取了暱稱叫亞歷士網〔AlexNet〕）使用比閾值更簡單的形式，這樣可以簡化轉移函數，讓神經元運作得更快，也讓沃博斯的訓練演算法能夠調整更深入許多層的連結，這在過去是多層神經網路常見的問題。最後，為了避免討厭的過度契合問題，超級視覺團隊使用的技巧叫做**丟棄法**（dropout），這個技巧牽涉到在訓練過程中隨機讓神經元某些部分的連結失效，以確保不會由單一神經元負責全部的工作，所有神經元都平均分擔運算的工作。

　　要打造深度學習網路，第一步就是要將原始的視覺資料「餵」給網路。一張數位影像是由數值矩陣所構成，量化出每個單一像素代表了多少紅、綠、藍光。深度學習網路的輸入層有三個類似的互補輸入矩陣，接受每個數值。

　　深度學習網路剩下的神經元層就是運算進行的地方，不同類型的深度學習網路也會以不同方法排列放置各層。在卷積神經網路中，第二層的每個神經元都跟第一層一小方輸入區域連結在一起，例如在第二層的每個神經元可能會運算出第一層3乘以3區域的像素權重總數，很像福島的新認知器。

　　這些設定點就是調整網路的技術發揮作用的時候。如果總數超過一個特定閾值，神經元就會「發射」或發出一個訊號，訊號傳到內部下一層神經元。如果總數並未達到閾值，神經元就只會待命、休息、靜靜等待。隨著訊號傳播，從一個神經元傳到下一個，連鎖上的下一個神經元就會從3乘以3視窗中運算出訊號的總值。這個過程會在整個網路中進行。

　　大多數深度學習架構中也會包括**最大池化**（max-pooling）單位，類似新認知器中的C細胞，在一池（a pool）神經元中抽取出最大值，並忽略所有其他訊號，結果要讓網路穩定運作，這種單元還滿重要的。大部分深度學習網路在最後兩層，也會加入兩層或以上傳統的「完全連結」（fully-connected）兩層感知器，到最後，卷積神經網路能夠學會找到最佳特徵，好讓平凡的感知器終於能夠發揮作用。

　　當訊號到達連鎖的最後一環，也就是最後一層，產出神經元會加總內層神經元「投票票數」。在羅森布拉特的感知器中，產出是亮起貼上標籤的燈泡來表現，而在現代軟體中的深度學習網路，如果網路受訓練要分類狗和貓的影像，其產出值能夠表現出網路對自己所見有多確定，答案的數字從0到1。如果「狗」的產出值是1，那麼網路絕對很確定圖片中的是狗；而如果「貓」的產出值是0.5，那麼網路就不是很確定圖片中是不是貓。

　　顯然，這樣來解釋深度學習網路如何分析實在太過簡化，隨著領域進展，大部分網路現在都加強了處理程序，這些加強的方法包括將特定的人工神經元層插入中間層，用來執行及時數據分析，確保訊息在傳播過程不會失真。其他的變化包括試著用比較聰明的方式讓訓練擴展到更多層，2015年的微軟團隊稱之為**殘差學習**（residual learning）。

　　深度學習網路的一大優勢在於，如果安排得當，網路就能根據不斷接觸的新資料自行生成辨識物體的能力，諷刺的是，由網路而非人類程式設計師來生成機器辨識物體的能力，卻會衍生

問題。深度學習網路是程式設計師口中典型的**黑箱架構**（black-box architecture），也就是說軟體產出了結果，基本上就不可能以逆向工程（reverse-engineer）操作產出步驟。

　　想像一下，如果一台無人駕駛車看見車前有一群過馬路的行人，誤將其分類成玻璃和鋼筋蓋成的摩天大廈無害的倒影，而事後去檢視車輛的視覺辨識軟體想釐清執行出錯的原因，但可能永遠不會有答案。現代多層深度學習網路有幾十層，包含了幾百萬，有時還可能是幾十億個連結點，就像人也沒辦法釐清自己思考的確切邏輯，但還是能給出一個就是「感覺正確」的答案，深度學習網路也會給自己的百萬個人工神經元一個就是「感覺正確」的答案。

新型態的邊緣偵測

要拆解檢視深度學習網路的認知活動，一個辦法就是將人工神經元個別隔離起來，用一套特定模式測試回應。檢視過深度學習網路如何學習分類視覺資訊的研究學者發現，人工神經元在網路中的位置愈深，會回應的模式也愈抽象；相對來說，如果神經元愈靠近網路的外部那幾層，就會回應愈簡單的模式。

有件讓人意想不到的事情相當有趣，貓（或許還有其他動物也是）也是以同樣的方式來拆解世界。[15]1959年，生物學家大衛・休伯爾（David Hubel）和托斯坦・魏澤爾（Torsten Wiesel）給貓進行輕微麻醉後，觀察其視覺皮質細胞的活動，以不同類型的視覺資料、光點以及不同粗細的黑白條紋去刺激貓的視網膜。

休伯爾和魏澤爾在檢視神經元對視覺刺激的反應時，發現貓視網膜上的細胞會對條紋圖案有反應，對光點則否，條紋似乎能夠引發貓咪視覺細胞的反應，他們稱這種細胞為條紋偵測器或邊緣偵測器。

結果在深度學習網路的外層神經元同樣也對線條和邊緣表現出強烈反應，深度學習網路先把複雜的影像分解成簡單的線條和邊緣，才能理解影像裏究竟是什麼。過去幾十年來，人類程式設計師必須人工為機器人編碼，例如Shakey，將視覺資訊拆解成線條和邊緣來理解，今日，深度學習網路也使用類似的程序，只

是改成自動化了。

在深度學習網路中，愈是深層，個別人工神經元就會對愈複雜的模式有反應。如果用汽車的資料集來訓練網路，在第三層的神經元或許會對像是輪胎圓邊的圖案有反應，而第四層的神經元或許會對車輛的特定部位有反應，例如後車廂或前擋風架（front grille）；若是在網路更深層，神經元可能會對更抽象的概念有反應，例如符合特定3D視角的模式，就像從駕駛座看出去的視角等等。

久而久之，深度學習研究學者已經知道了深度學習網路的幾

圖 10.4 ➤ 深度學習應用在駕駛上，即時進行物體辨識。

資料來源：圖片由輝達（Nvidia）提供。

種學習習慣，不管卷積神經網路是應用在哪種用途，網路的第一層幾乎都會包括邊緣偵測器，邊緣偵測器似乎能普遍應用於影像理解上。

不過往深處走，在深層的神經元就開始「特殊化」：訓練來分類車輛的網路就會專注在跟車輛相關的「特徵」，或許會出現特別用來辨識車體形狀的神經元，還有其他專門分辨倒影的色調，而訓練來分類狗的網路，可能就會出現對特殊毛色或耳朵有反應的神經元。

我們稱神經元會有所反應的模式為「視覺特色」（visual features），在較淺層，影像特色相當簡單：線條和圖案，隨著愈往深層探討，這些特色會愈來愈複雜、愈來愈抽象，稱之為「特色」已經不足以形容了。在網路較深層的個別神經元或許會對視覺線索的微妙組合有反應，例如某個神經元可能會因為某個前擋風架「有雪佛蘭的風格」而有反應。

哲學家長久以來都努力想描述出對每個人都是獨一無二的個人感知經驗，因此根本就不可能量化或者直接比較彼此的個人感知經驗。「感質」（qualia）一詞指稱的是一個人直接體驗到的感官經驗，我們都知道自己有什麼感覺，但是從來就不知道到底如何把我們的意識經驗跟別人的拿來比較。比方說，大家看到紅色的晚霞時，看到的是同樣的紅色嗎？巧克力在我們舌尖融化時，大家嚐到的感覺是一樣的嗎？

或許某一天，深度學習網路會體驗到自己的感質。幾年前，我親身體驗到深度學習網路自己學會了什麼那種詭異的感覺。我

跟學生正在準備用自己的一套深度學習網路要對現場觀眾示範，為了訓練我們的網路來分類日常物體，我們花了好幾個小時，在實驗室裏隨便找東西在網路連結的直播影片攝影機前揮舞。

我們的網路一如往常嗡嗡作響，正確分類出我們展示出的幾乎所有數位影像，但這時候發生了一件怪事，我們發現我們的網路就像一個剛滿月的嬰兒，正在追蹤我們的臉，每一次我的頭靠近攝影機時，網路就有反應，而換做我的學生將臉靠近攝影機，同樣的事情也發生了。

圖 10.5 ➤ 這張照片是一次意外發現能夠辨識臉部的卷積神經元，自主性在直播影片串流中對臉出現反應。注意以圓圈圈起的兩個模糊白色區塊，對應到影像框中的兩張臉。

資料來源：傑森・尤辛斯基，康乃爾大學。

我們發現在網路第七層的某處，只要有人臉出現在影像中，有一個人工神經元就會亮起。在漫長的訓練過程中某個時間點，一個人工神經元決定要偵測人臉，為什麼是人臉？我們一直都沒有特別訓練網路要偵測人臉。

瞠目結舌了好一會兒後，我們想通了，人臉的存在其實對要分類其他物品的神經網路來說是有用的資訊，我們人類習慣把東西拿在臉的附近，例如手機，在觀察我們一陣子之後，我們的神經網路便自主性決定應該要辨識臉部，這樣就能更清楚辨識出我們訓練網路要辨識的東西。

這一刻真是恐怖。

我們的網路能夠決定自己需要學習什麼，這一點之所以重要有幾個原因，一個原因是我知道有許多學生花了數年寶貴光陰，在研究所發展人臉偵測軟體，但他們的成果卻遠不如我們網路「自己發現」（self-discovered）的方法有效；另一個原因是我們的網路居然意外能夠自主學習，這延伸出一個有趣的問題：我們的網路可能還決定了要偵測其他什麼（在我們不知道或未提供的狀況下）？或許我們的網路還學會了去辨識有意義的視覺模式，只是我們人類不知道如何形容，又或者是我們的大腦甚至無法想像的東西。

我的經驗讓我開始思考，有一天深度學習網路會不會擁有自己的人工感質？想像將多譜影像以一秒1,000格的速率輸入網路中，再想像一次使用十部攝影機，加入其他原始感應資料，例如我們人耳無法聽見的聲音頻率，不知道這樣訓練網路幾個星期後

會發生什麼事？

　　理論上，軟體能夠發展出一種人工神經元（artificial neurons），可以回應我們人類無法想像的感質，更不用說要用詞彙來形容，一想到這種另類的機器智能就讓人感到無限渺小。當人類宣稱電腦永遠不會理解生命中的精緻事務，例如日落、或是一瓶優質紅酒的味道，我就會想：「是沒錯，但是機器也會擁有我們永遠不知道要追求的感應知覺經驗。」

　　在更短期內，深度學習科技就會出現在好幾種跟無人駕駛車輛有關的實際應用。以色列公司Mobileye在視覺辨識軟體中使用類似深度學習的演算法，將之賣給汽車公司，包括特斯拉。谷歌車輛緩緩行駛於加州山景鎮的街道上時，也在訓練他們的無人車輛車隊的集體能力，能夠辨識經常出現在道路附近的物體。谷歌這類的公司已經買下了專門研究深度學習的新創公司，能夠快速得到人類專家及智能資本，將深度學習應用到谷歌產品上。

　　深度學習為將來的人工智慧研究提供一片沃土，人工神經網路跟人腦不同，不僅限於只能使用雙眼來獲得原始視覺資料，有些研究者在實驗各種視覺系統，將光達、雷達及攝影機結合在一起製造出人工眼，比人眼的觀看能力更強。其他值得探索的有趣領域還有車隊學習技術，將從幾輛車蒐集來的資料結合在一起，提升網路視覺感知的進步速度。

　　現在，深度學習演算法能夠從串流影片訊號中分析多格影像，並製造出包含動作及深度感知的視覺特色。例如，動態深度學習演算法可以學著辨認出一隻貓，不是憑藉特殊的耳朵及鬍

鬚，而是根據其身體移動的方式，觀察貓咪優雅移動的樣子。如果運用在駕駛上，這樣的深度學習網路可以學習到如何根據物體移動的方式來理解路上所發生的事：一輛車不可能憑空出現，行人也不可能以時速80公里前進。甚至可以進一步說，能夠根據物體應該如何行動來辨識的網路，已經展現出一種我們人類稱之為常識的特質。

　　如今深度學習網路擁有了以嶄新方式觀察世界的能力，結果是自駕車對資料的依賴就跟對燃油的依賴一樣重要。無人駕駛車輛需要從人工感官中獲得大量資料，不過消耗的資料雖多，這些車輛同樣也提供許多。隨著車輛和道路成為愈來愈豐富的資料來源，會讓街道變得更安全、交通更順暢，但是眼前的新戰線將會是已經開打的個人隱私之戰。

第十一章　以資料為燃料

　　無人駕駛車輛既會吸收資料，也會產生資料，隨著駕駛活動愈來愈資料化，我們旅行的方式也會在幾個方面上有所改變，其中一項發展就是無人駕駛車會由高解析度數位地圖引導，創造出一塊新市場，讓握有資源能夠製造並維護數位地圖的公司有所斬獲；自駕車還會帶來另一個結果，那就是市政府將能夠控制地方交通模式，駕駛的資料化會讓我們有所得，但也有所失。

　　如今我們的個人隱私已經因智慧手機和網路而受到侵害，一旦車輛能夠完全自動駕駛，個人隱私將進一步受到威脅。無人駕駛車輛在技術上，能夠完整搜尋蒐集乘客及行人的身分及習慣，包括他們跟誰到哪裏去。另一項道德挑戰在於，我們這個社會必須討論出一個共識，同意人命的標準價值，這樣無人駕駛車輛的軟體在面對意外時就能計算出最佳反應。

　　先從機會開始講起。HD數位地圖代表新興產業還有策略戰的戰場。2015年，諾基亞（Nokia）將自家的數位地圖及導航部門賣給了德國汽車廠商聯盟，該聯盟打算利用這些資料改善他們的適地性服務，而已經在這場競賽中遙遙領先、打造出高度精準又即時更新的數位地圖，這樣的產業巨擘當然非谷歌莫屬。

　　谷歌已經投入了數十年的人力及幾十億美元，打造出高度精細而最新的數位地圖寶庫，谷歌地圖中有些原始資料最早是由政府計畫所蒐集、組織，原本是為美國普查局而進行，描繪出美國五十州的地形細節。[1]從那以後，地圖便經常更新，由谷歌員工團隊手動將新資料輸入，公司派遣他們開車行駛在街道之間，車輛上安裝著攝影機及光達，拍攝下建築物、街道標誌以及其他重

要的地形細節，這些是空拍影像中看不見或者太過精細的部分。

經過多年的努力，在谷歌建立地圖的計畫中工作的團隊在公司內部被稱為**街頭解密者**（street truthers），他們已經行駛了超過800萬公里，一邊開車一邊蒐集資料。[2]境外的工作團隊也扮演了關鍵角色，他們負責清理資料，將完全不同的資料集揉合在一起並修正錯誤，團隊有幾百名員工，當中許多在印度的班加羅爾（Bangalore），持續將使用者回報的錯誤資訊輸入修正。

製作並更新HD地圖需要花費大量人力與時間，因此這個市場在未來也就更有可能是由口袋很深的民營公司掌控。在許多國家，各層級的政府努力蒐集並維護龐大的原始資料庫，記錄交通號誌的位置或者為山區製作精細的地形圖，但是這些資料大部分都不容易取得。沒錯，（至少在美國是如此）一個人如果有大把時間可用，再加上資訊自由法的加持，可以造訪各個城市、州與聯邦機構，最後匯集而成一座可觀的資料集，但是這樣進行的效率不彰又相當耗時，特別是因為蒐集來的資料還需要整理，儲存成標準格式以供使用。

HD地圖在未來的市場相當多元且利益龐大，一個潛在客戶可能是城市的機動車輛管理局，他們需要追蹤當地街道的路面狀況，並監控道路標線是否剝落；警察局可能也會用得到，他們需要知道哪段路面會讓無人駕駛車輛突然煞車或者出現不安全的操控動作。

其他有錢的企業客戶還包括了保險公司以及製造無人駕駛車輛軟體的科技公司，車輛的內建數位地圖愈是詳細，車輛就愈安

全，而對潛在買家的市場價值也愈高。未來的消費者會付出高昂費用來買車，其內建的HD地圖包含了地區街道的詳細知識，例如哪條路的路肩可以安全停車。

只要繪製及維護HD地圖的成本仍然高昂，就會有市場價值，因為考慮要分享這塊市場大餅的公司得跨過相當高的門檻。但是長期來說，HD地圖將會成為一般商品，會有這樣的轉變有兩個原因，第一，數位攝影機和深度學習網路持續改良，汽車的作業系統會從依賴內建的地圖資料轉向即時場景辨識，無人駕駛車輛的地圖在車輛視覺智能中的重要性將會降低。

第二個原因相當諷刺，是自動化。一旦車輛能夠自己開著到處跑，就能自動更新並加強自己的車上HD數位地圖細節，而如果將人力成本從算式中扣除，要製作高精細度的數位地圖曾經高得咋舌的成本便會驟然下降。多虧了機器人的精力、耐心與蜂群思維（hive minds；蜂巢心智、群眾智慧），無人駕駛車輛會成為最頂尖的地圖更新者。

機器人，汝自動行矣

　　將深度學習軟體應用到駕駛上會出現一個迷人的副作用，那就是一開始雖然導航軟體的能力進展相當緩慢，一旦到達關鍵的轉捩點，表現就會持續以愈來愈快的速率成長。也就是說，無人駕駛車輛蒐集的資料愈多，就會成為愈優秀的駕駛。若要總結這個良性循環，那就是訓練資料促成了機器學習軟體，而其表現在吸收更多資料後會持續進步，讓車輛能夠愈來愈自動蒐集更多訓練資料。

　　這個良性循環會這樣運作。一開始，人類駕駛必須訓練車輛的深度學習軟體，到了某個程度，深度學習軟體就會成熟到可以自行導航無人駕駛車輛，讓車輛可以獨自開車上路並在路上持續蒐集更多訓練資料，新得來的資料會應用在訓練深度學習軟體，好在辨識物體上達到更高的準確度、使其表現更進步。隨著車輛的導航軟體變得更厲害，就能派出更多無人駕駛車輛到街上，繼續蒐集更多訓練資料。

　　無人駕駛車輛會以車隊形式運作，讓這條算式又多添一個乘數。成隊的無人駕駛車輛都配備了攝影機和深度學習軟體，記錄下每一棵樹、每一道牆、每一個垃圾桶，還有地景的每一處特色。在每一天結束之時，每一輛車都會把自己的視覺資料上傳到一個中央資料庫，供其他車輛取用，隨著上千輛，或許是上百萬輛為此奉獻的無人駕駛車輛，從如此豐富的新鮮訓練資料更新自

己的軟體，其深度學習軟體的表現便能以指數率成長。

　　車隊學習還能從另一方面加速無人駕駛車輛的表現進步程度。如果有好幾輛車都記錄了相同的視覺環境，就能交叉確認重疊的資料，在錯誤檢查軟體檢視過來自多輛車的新資料後，就能進行簡單的數據交叉確認以認證資料準確性。如果有一千輛車都回報在路旁躺著一根掉落的樹幹，而且經過一段時間都持續從數個不同角度看到相同結果，那麼回報的物體就非常有可能確實是掉落的樹幹。

　　深度學習軟體最後能夠靠自己改良的能力，讓人想起一種相當吸引人的自動化程序，這個過程讓移動機器人能夠改良自己地圖的準確度，叫做**同步定位與地圖構建**（Simultaneous Localization And Mapping, SLAM），設計出這套方法的學生，一開始稱這套演算法為**同步地圖構建與定位**（Simultaneous Mapping And Localization），但這樣縮寫就會變成難聽的SMAL（幸好他的博士論文指導教授說服他重新安排字詞，才有了SLAM這麼有力的縮寫）。

　　SLAM基本上是地圖自我輔助的過程，讓移動機器人快速建立起對新環境的認識，從單一定點開始往外擴展。這個過程是由機器人選擇一個起始位置開始，接下來便記錄下視覺感應器從起始點能夠「看見」的所有物體位置，所捕捉到的視覺資料都會記錄在一張空白的起始地圖上。

　　下一步，機器人開始緩步前進並重複掃描，從新的起始點建立起周邊環境的第二張地圖，如果機器人在兩張地圖之間並未移

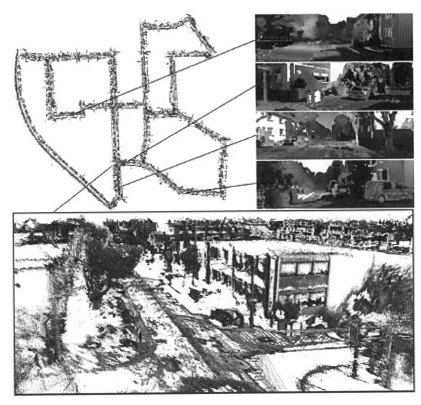

圖 11.1 ➤ 利用同步定位與地圖構建（SLAM）程序繪製的 3D 地圖。

資料來源：Jakob Engel, Jorg Stuckler, and Daniel Cremers, "Large-Scale Direct Slam with Stereo Cameras," in *2015 IEEE International Conference on Intelligent Robots and Systems*（*IROS*）, pp. 1935-1942. IEEE, 2015; Andreas Geiger, Philip Lenz, and Raquel Urtasun, "Are We Ready for Autonomous Driving? The KITTI Vision Benchmark Suite," in *2012 IEEE Conference on Computer Vision and Pattern Recognition*（*CVPR*）, pp. 3354-3361, IEEE, 2012.

動很遠的距離，那麼從前一個位置所看見的物體中有很大部分很可能從新的起始點也能看見，二張部分地圖中重疊的部分讓機器人能夠對齊連接兩張地圖，並融合成單一張更大、更精確的地

圖，而這張融合後的新地圖就能用來三角定位出機器人相對於所見物體的實際所在地，以及接下來應該繼續探索地圖上哪一塊未知領域。

機器人一次又一次不斷重複SLAM過程後，在相當短時間內就能夠建立起特定區域完整而精確的地圖。我們已經看過研究室機器人利用SLAM快速在建築物裏摸熟路，機器人先從一張空白地圖開始，然後在走廊裏徘徊了幾個小時後就能製造出整個可走動空間的詳細地圖。

SLAM讓機器人能夠改進自己地圖的精確程度，在移動機器人使用SLAM程序來蒐集感應資訊時，機器人內存地圖的品質也持續改進，因此就啟動了一個良性循環，隨著機器人內存的地圖達到精細度與準確度的新高點，導航能力會更優秀，也就能冒險前進並蒐集更多資料來更新地圖。

如今SLAM已經應用在各種移動機器人身上，從軍事偵察到畫出家中地板地圖的居家掃地機器人。就像車隊學習一樣，團隊SLAM這個程序也能夠綜合幾架機器人的視覺資料，使其一起合作；另一種變化是3D SLAM，自動化潛水艇利用這項技術來畫出海床的地圖，空拍無人機也據此畫出洞穴內部情況。

有一天，無人駕駛車隊就能夠自行改進車內HD地圖和深度學習軟體的準確度，會使用類似**團隊SLAM**和**3D SLAM**的技術不斷拍攝下每條街道的景象，並仔細查看每道裂縫、隆起和世界上每一條路面的道路標線。隨著不斷有新資料湧入車輛軟體，結果就能建立起不斷改進的數位模型，說明行人行為以及地區街道

的路面細節，而當車隊將個別駕駛經驗輸入集體的機器人心智中，這些共同經驗就等同於一個人類駕駛坐在方向盤後開了幾千年的車。

預測交通

在未來的無人駕駛車做自己的工作時,其位置、速度和選擇路線都會成為有用的副產品:交通資料。今天我們只要有原始的路線規畫軟體,對於交通問題能夠提供有限指導,這樣就覺得滿足了,我們大部分人的手機都有簡單的應用程式可以導航我們到達特定目的地,而這些應用程式中比較進階的版本還會將交通資訊加入其計算中。

無人駕駛車輛內將會包含精細的預測性交通分析軟體,利用機器學習軟體從即時與歷史交通資料中學習,透過研究過去幾小時、幾周、幾年的交通模式,機器學習軟體會學到如何辨識造成道路壅塞的因素,例如意外或道路工程的存在,其他會影響交通的事件包括假日、學校停課日、運動比賽和社會事件,另外天氣與冬天時的暴風雨也是相當具干擾性的因素。

交通預測及規畫軟體依循著深度學習軟體的表現改進曲線,能夠取得的交通資料愈多,交通預測的機器學習模型就會愈精確,車輛行駛得愈久,經歷過的交通狀況愈多,就像一個人類駕駛會知道在尖峰時刻時該走哪一條路,車輛的交通預測軟體就愈能夠找到最佳路徑。

再過幾十年,交通預測軟體的狀態就能達到是現在的我們只能夢想的新境界。在無人駕駛車分析了好幾年的交通資料後,我們或許會發現其預測軟體可以在遙遠、看似毫不相關的交通狀況

中挖出複雜的依賴性，城市規畫者會發現某個交通狀況會間接引發另一個，這叫做**蝴蝶效應**（butterfly effect），例如某處道路封閉看起來似乎微不足道，卻會在十小時後造成在幾條遠處道路的嚴重交通延誤。

路線規畫和交通預測軟體能做到的不只是規畫路徑、預測交通堵塞，並引導車輛繞行，路線規畫軟體能夠從較大的角度去觀察整座城市的交通模式，但有時候的某些狀況會需要微觀角度，必須在短時間內規畫出同樣短的路徑。無人駕駛車要規畫到達附近目的地的最佳路徑時，會在「思考」最有效率的路徑時，建立起一系列迅速推移的短期預測模型，例如，如果你坐著無人駕駛車去雜貨店，而沒有固定的購物店家，你的車輛就只會考慮附近的交通模式並帶你到目前最容易抵達的雜貨店。

交通系統是科學家所稱**非線性系統**（nonlinear system）的典型範例，這樣的系統綜合了多個相關效應所組成而又會互相影響，因此很難預測。要在非線性系統中辨認出微妙又複雜的相互依存網路效應，是許多領域的科學家及工程師熱切研究的內容。股市也是一套複雜的系統，其平衡經常偏離中心，許多次都把人類投資者搞得天翻地覆。雨林中的生態穩定性也同樣複雜，幾百個有依賴性、無依賴性的變數會以無可預測的方式互相影響。

我們每次在遭遇早晨通勤矛盾時，都曾經歷過「交通非線性」效應：八點之前出門，就會提到半小時到辦公室，但另一方面，如果你晚半小時出門，卻會遲到一個小時進辦公室。在太早出門或太晚之間有一個甜蜜點，但是要找出最佳的出門時間卻是

個挑戰，要計算早晨通勤時間很困難，因為能夠讓你準時九點進辦公室的出門時間很不穩定，有許多個相互競爭的因素會產生影響。

交通之所以呈現非線性模式有一個原因，那就是團體行為會決定人們選擇的路徑。如果某人坐在車上聽見廣播說有交通延誤，就會想：「等等，如果大家都轉往替代道路，那我還是繼續開這條發生意外的道路比較好。」無人駕駛車也會收到交通延誤的通知，但不像人類，機器的反應會比較理性、做好充足準備，車上的高階路徑規畫軟體會很快模擬出數個不同的未來交通狀況，猜想各種「如果這樣會怎樣」情境，當無人駕駛車通知彼此自己選了什麼樣的路線計畫，監督軟體就會分配車輛前往幾條不同的路線，讓旅程對大家都更有效率。

隨著無人駕駛車愈來愈普及化，可取得的交通資料就會愈來愈多，機器學習模式就會持續改進，結果路線規畫軟體就能夠提早幾小時、甚至幾天，預測並處理複雜的交通模式，未來的政策擬定者與汽車製造商還有一個未解的問題，就是定義這些執行交通預測的軟體必須做到多精確。

如果路線規畫及交通預測軟體變得更強大，載運人類乘客的無人駕駛車輛不會是唯一得利者，自動駕駛的商業貨運與快遞車輛也是。為商業貨運車輛規畫出最佳路徑比起為家庭車輛規畫最佳路徑要複雜多了，有好幾項額外的物流因素會明顯提升問題的複雜程度。

自動駕駛的貨運車隊每天行駛在大城市的每個鄰里中，一路

上要多次停車，這會形成棘手而複雜的路線規畫問題，就像要模擬天氣模式的過程一樣。其中一項複雜因素是卡車和貨運車的路徑規畫有較長的時間間隔，大部分私家車的旅程都很短暫，不到50公里[3]，相較之下，貨運車輛經常要開一整天的車。自動駕駛貨運車輛的路線規畫軟體必須在一整天的路程中規畫停許多站，或甚至整個星期的車程。

複雜程度還不僅於此。如果無人駕駛的貨運卡車必須在幾個不同地點停十幾次，可用路徑的可能性排列就會有將近五億種。要理解貨運停車點的最佳順序在複雜系統研究中是典型的**操作順序**（order of operations）問題，要找出最佳路徑不只需要找到最短路徑，還要找出最佳順序，這樣才能送出該在當天送達的貨物。

時間會證明，路徑規畫機器學習軟體將是熟練的駕駛，當無人駕駛車輛及卡車成為常態，HD數位地圖包含的資訊會有特定地點、狀態，以及路面每個細節的成長率，將對道路如此鉅細靡遺的資訊加入路徑規畫分析的綜觀智能，無人駕駛車在道路上的熟練程度將更加提升。

排除掉人類駕駛這個因素，道路將不再需要實體標誌，取而代之的是在車輛的數位3D模型中描繪出虛擬「標記」，無人駕駛車輛即使不看路旁的標示也會知道現在的速限是多少，軟體會持續追蹤危險地點的資訊，例如在溫度驟降時某處橋梁路面就會結冰。當無人駕駛車成為常態，現在我們一體適用的速限就會以有彈性、有適應性的速限取代之，將道路與交通狀況，還有特定

無人駕駛車輛的特殊能力都列入考量。

　　有些無人駕駛車的好處只有在路上大部分車流都是完全自動駕駛才會發揮效果，其中一個好處就是應用自動化的「交通優先」（traffic priority）系統，能讓通勤更順利，救護車也能更快將病患送到醫院，這類階層式的交通優先化系統會需要所有車輛都是自動駕駛，因為人類駕駛的自制力或者考慮全局的能力，不一定能夠乖乖遵守路徑規畫的指示。

　　在自動化的交通優先系統中，不同的交通模式會依優先次序排列，最優先的交通當然是救護車和消防車，或者出現某種問題的乘客，接下來會是沒有父母陪同的未成年孩童，下一層可能是正要去工作或去完成日常雜務的成年通勤者，最低階的是商業貨運車輛，其路徑能轉向到比較緩慢、效率較低的次路徑，好將街道清空給更優先的車輛。可能會引起爭議的問題會是城市規畫者建立了「優先次序自由市場」，讓人們能買賣交通優先次序，有點像航空公司的乘客如果願意放棄超賣座位航班上的位置，就能拿到多一點賠償。

隱私

　　無人駕駛車輛必須要解決的另一項法規挑戰是乘客的隱私權，智慧手機和社群媒體已經為隱私帶來了全新面貌的難題，無人駕駛車只會同樣棘手。消費者權益把關團體一直努力保護人們不受政府監視及企業資料掮客妨害，理想上來說，他們未來也會將保護傘展開到無人駕駛車輛。

　　無人駕駛車會有相當獨特的隱私權問題，汽車不斷移動，一旦安裝上數個高解析度攝影機再加上超乎人類能力的感知及感應能力，就會變身為無所不在的機器間諜，濫用的潛在風險相當高。無人駕駛車可以拍攝乘客的照片，或者走在路邊的行人，然後將這些照片輸入臉部辨識軟體，接著軟體可以將更新結果交給政府，告知發現了哪些人。比較沒那麼邪惡、但更為惱人的情況是，汽車軟體會形容乘客的衣著、旅行模式或其他習慣，這些資料會交給企業的行銷部門，這些公司熱切想探知各個年齡層的流行趨勢為何，或者人們喜歡去哪裏吃午餐。

　　行人以及坐在無人駕駛車輛中的乘客都需要某種隱私保護，或至少是透明公開的執行原則，每個擁有無人駕駛車輛的人都應該知道資料如何蒐集，以及誰能夠取得，如果製造無人駕駛車輛軟體的公司打算將顧客資料賣給第三方掮客，顧客應該有權利決定是否希望個人資料被利用。

　　如果個人移動性的未來是隨叫隨到的無人駕駛車艙，管理車

艙車隊的公司就需要在嚴格的資料隱私守則下運作，考慮到他們會接觸到高流量的乘客及車程，無人駕駛計程車將成為資料掮客、侵入式政府監視以及一般愛好窺探者的潛在金礦。乘客應該要能夠決定是否願意容許無人駕駛計程車蒐集並分享車程的資料，或許有些計程車乘客會同意分享全部的資料，只要他們能夠換取計程車費折扣。

　　隱私還牽涉到另一種安全問題，那就是軟體漏洞。所有軟體作業系統都有弱點，簡單的功能失靈及惡意駭入都會造成傷害。就像我們在前面章節討論過的，硬體和軟體系統都有潛在的安全漏洞，車輛的控制器區域網路對可能存在的駭客而言是毫無防衛的侵入點，從軟體而言，無人駕駛車輛的作業系統需要設計出額外的備用系統，這樣萬一出現了可靠性的問題，備用系統就能很快接掌方向盤。

　　如果車輛仰賴外來資料，那麼資料傳輸的延遲（不管是惡意或善意）就可能會危害安全。GPS詐欺可能會成為新型態的惡意破壞，HD數位地圖也可能是目標，提供地圖更新的資料管道必須安全，資料來源也必須是經過授權且認證的。車輛的路經規畫與交通預測軟體會不斷將車輛目的地的資料送給更大的交通系統，以隨時了解情況，同時也成為資安入侵的另一個潛在目標。

道德

　　資料隱私和安全是無人駕駛車輛必須處理的一種道德難題，另一個就是車輛如何應對緊急狀況。當面對一個重大災難情況時，無人駕駛車輛利用資料和軟體，而非人類直覺，來計算最佳反應。人類程式設計師為了要將車輛設計成能夠適當反應，必須做出困難的決定，量化人命與建築物的價值。

　　如果是軟體在駕駛車輛，發生車禍時，就再也不必由人類駕駛來進行可怕的計算，決定「該讓誰死」，這個決定的邏輯會事先就由人類在設計車輛軟體時做好決定。無人駕駛車軟體的設計會計算出如何在意外中做出反應，能夠在造成最少連帶損傷的情況下有最好的結果。但是，為了製造這樣的軟體，我們這個社會必須先定義何謂「最好」，而且在過程中要謹慎提出我們如何評估人命與建物的價值。

　　要將人命和建物量化成價值會引發令人不安的問題，包括這些價值應該是什麼、又該由誰來設定。車內的乘客會有一個價值、行人也是，車禍可能會帶來的結果，例如建物受損或車輛損壞，都要經過量化。如果無人駕駛車輛的程式設計在遇到意外時，其一般目標是「減少對建物的破壞」，車輛就不清楚究竟這樣反應看起來應該像什麼。

　　我們在對群眾演講時，講到無人駕駛車的價值和潛在影響，不免會在後面有某個人舉起手來問了像這樣的問題：「如果遇到

生死攸關的狀況，無人駕駛車該如何決定，是要害死路邊的兩個寶寶還是車上全部五個成人乘客？」這個道德難題或許會以不同的情境出現，不過核心問題其實還是老樣子，就是那個哲學課學生在課堂上討論了幾十年的知名**火車問題**（Trolley Problem）。[4]

火車問題是在1967年由英國哲學家菲莉帕・富特（Philippa Foot）提出，描出了一個道德難題：「一列在路面行駛的火車駕駛只能從一道窄軌切換到另一道，此時有五位工人在一邊軌道工作，還有一個人在另一邊，不管火車在哪邊軌道，一定會殺死在軌道上的人。」多數讀者會做出簡單的功利計算，認為五條人命比一條值錢，覺得這道問題不需多花腦力。但是後來火車問題的案例又變得更加複雜，加入其他病態的抉擇，最後讓人陷入矛盾的兩難。

火車問題並不是只有無人駕駛車才會碰到，最近在紐約上州綺色佳（Ithaca）的市區，我們目睹了火車問題的悲劇示範。一名卡車司機沿著陡峭的下坡駕駛進入綺色佳忙碌的市區，此時發現他的煞車失靈了，他被迫要做出痛苦的抉擇，要將這台重達兩噸、致命的失控卡車往哪邊撞，結果駕駛選擇將卡車轉向駛離一群建築工人，將卡車對準附近的咖啡店，意外害死了27歲的亞曼達・布許（Amanda Bush），這位年輕媽媽在夏日周五下午在這裏當酒保多賺點錢。

讓一位研究者寫下道德守則會出現一個常見的擔憂：「自駕車在車禍中一個主要的弱點在於，人類駕駛可以即時決定怎麼撞車，但自駕車的撞車決定則是由程式設計師事先定義的。」[5]像

這樣的論點讓我們想質疑，為什麼人類駕駛「即時決定怎麼撞車」是可以接受的，但如果車輛的撞車反應是「由程式設計師事先定義的」卻成為了道德問題？一來，比起喝醉、自私或疲勞的人類駕駛，無人駕駛車輛其實能夠進行更為理性而迅速的風險／利益分析；二來，無人駕駛車輛擁有360度的感應感知能提供資訊。

　　在我們看來，無人駕駛車輛所謂的「道德的」問題並非是因為駕駛牽涉了不斷進行一系列計算，讓我們權衡風險與價值，所謂的道德問題根植於一項事實，也就是這些計算會由冰冷的人工智慧精確執行。重要的問題並不是無人駕駛車輛是不是「道德的」，真正的道德難題在於定義在車禍前的邏輯應該是什麼樣子。

　　每位人類駕駛在面對危險時都會進行某種風險／利益計算，一個人可能會認為減少損害最好的方法就是盡量不傷害駕駛的這類反應，就算這個決定代表車輛會撞倒好幾個人；另一個人可能的反應則是將方向盤打偏，遠離靠近路邊的行人，即使代價是撞爛整輛車並害死自己。

　　大部分有經驗的人類駕駛都知道在開車時，他們就是連續做一連串決定，給不同類型的生命與建物不同的價值。這個過程通常在潛意識發生，我們當中的某人不只一次必須要上演一次緊急演習，避免撞到一個「小」生命，例如奔跑著穿越馬路的松鼠。我的理性大腦不會問我自己這樣轉彎「值得嗎」，但是我選擇轉彎避免撞上松鼠，代表我計算過了並決定松鼠生命的價值值得我

冒一點小風險，儘管在轉彎時可能會害我的車輛失控導致車禍。

我的風險計算可以變得非常複雜。如果我的車輛後座有三個小孩，或許就會選擇不要轉彎，讓松鼠自己碰碰運氣；如果路面結冰又擠滿了行人，我的道德計算很可能會讓車內及車外的人命價值高過松鼠的命，這樣我就會選擇不要轉彎。我的計算還可以變得更複雜，如果這個假設中的松鼠換成了狗，然後是個拄著拐杖的老人等等。

那些從來沒遭遇過嚴重交通意外的幸運兒不必戰戰兢兢地公開談論，在面對一場無可避免的交通意外時為何做了那樣的決定。無人駕駛車輛讓人感到驚恐，因為我們必須公開討論這樣的計算，更困難的是，無人駕駛車會需要我們這個社會同意一套統一的道德守則，能夠引導人工智慧軟體在緊急狀況時的決策過程。

無人駕駛車輛需要我們人類同意一套文化道德準則，引導自駕車在緊急狀況中的決策過程。在一個公平的民主社會裏，這套準則的標準會由一般大眾討論出共識，並由製造無人駕駛車輛的公司遵守，悲劇的運算不只應該有大眾的同意，如果發生災難，車輛的災難應對「守則」應該要公開、透明，而且在意外後可經得起認證。就像是在空難後航空官員所採取的行動，在車禍過後，無人駕駛車的導航軟體就是「黑盒子」，應該要能夠讓保險調查員和執法官員檢視，這樣他們就可以分析車輛的軟體到底採取了哪些步驟。

隨著這些道德準則寫成了法律，結果就會是新類型的道德過

失與罪行。想像一下，如果分析車輛的黑盒子後發現，無人駕駛車輛公司賣出的車輛中含有非法的「守護軟體」，設計是只有車內的人才算價值高，其他車輛內的人價值則是零；或者想像一下，在車禍之後，車輛的黑盒子揭露出某個判斷失誤的技師對車輛軟體動了手腳，好減少對車輛的實質傷害，卻不管其他人要付出的代價。

　　自駕車將會挑戰我們如何定義隱私及責任，也會將駕駛從一項由人類直覺引導的活動轉化為由資料引導，城市的地理樣貌會再次經歷一波改變，因為停車場消失了，由資料驅動的車子也會計畫出最佳路線，舒緩了開車上路的痛苦。當無人駕駛車成為常態，自動化交通運輸能讓我們對居住地點有了新選擇，對工作方式也是，有些工作會消失，新型工作會崛起，因為將人類駕駛從成本算式中移除，才會出現新型的商業模式。

第十二章　漣漪效應

現在我們幾乎寫到這本書的結尾了，我們想要提出一個問題，如果不討論這個問題，任何針對無人駕駛車輛的深度探索都是不完整的，這個主題是：熱潮。近年來，無人駕駛車輛一直是媒體大肆報導的對象，但是如果不用手也不用腳的駕駛方式這段多采多姿的漫長歷史教了我們什麼，那就是雖然人們一直渴望自駕車出現，卻不能保證這樣的車輛會真正實現。

科技產業的老兵應該都會記得二輪的個人用運輸載具賽格威（Segway），2001年，賽格威大張旗鼓地上市了，在產品問世前幾天，《時代》雜誌上的一篇文章形容賽格威的祕密發展過程帶來了好幾團熱潮。[1]根據文章所言，有一本描述這項科技的新書提案外洩，其中蘋果的史蒂夫‧賈伯斯（Steve Jobs）預測賽格威會「跟個人電腦一樣重要」，而且傳奇創業投資家約翰‧杜爾（John Doerr）也認為，說不定賽格威會「比網路還重要」。結果幾乎大家都說錯了，現在賽格威只作為特殊的運輸方式而靜靜存在，讓倉庫作業員和郵件遞送人員能夠短程移動。

像賽格威這樣的新興科技快速崛起而又殞落，浮現了一個有趣的問題：為什麼有些充滿希望的新科技最後能夠撼動整個產業，卻有些在爆紅後沉寂？我們就跟許多其他人一樣，對這個問題想了很久，在這幾年來，我們發展出一個實用的小測驗叫做**零的原則**（Zero Principle），用來評估新科技的長期潛力。

零的原則是這樣運作的。能夠撼動根基穩固產業的新興科技有一個共同特色，這類科技的出現，會大幅減少一項或以上的製作成本到將近零。事實上，有一項符合零的原則的科技已經使用

了好幾年，對產業的影響實在太過震撼，最後的結果便是產業革命。

讓我們來看看幾個歷史上的例子，就從蒸汽引擎開始。如果你在十八世紀晚期是個在英國的科技觀察者，你會投資在才剛商業化的蒸汽引擎嗎？如果你會用零的原則來思考這種新玩意兒，你馬上就會看見其潛力。

蒸汽引擎大幅降低了為工業機械提供動力的成本。在蒸汽動力發明之前，工廠和磨坊的動力來源都附帶著直接或間接的操作限制成本，利用流水提供動力的工廠必須設立在流量高又流速快的溪流或瀑布區域，而用動物提供動力沒有地點限制，但是動物並不如流水那樣有力，而且也需要人照顧及餵養。

當產業界見識到商業化的蒸汽引擎時，那些直接或間接的工業機械動力成本幾乎蒸發了，完全改變了製造過程，最後促成了產業革命。蒸汽引擎讓製造鋼鐵變得符合成本效益，連帶引發了另一場下游產業的革新。能夠取得便宜而穩定生產的鋼鐵又催生了好幾種下游產業，像是軌道運輸和「裝甲艦」的建造，這種海軍軍艦包覆著鋼條，保護船不受砲擊。

將近兩個世紀之後，另一種能夠翻天覆地的科技出現了：電腦。電腦就跟蒸汽引擎一樣，注定就是要破壞整個產業，因為電腦也降低了一項曾經令人咋舌的成本，低到幾近零，那就是數字計算的成本。在人類歷史中大部分時間裏，執行數學運算一直都是緩慢、昂貴，並且（要看是誰）不準確的過程，就算是訓練最高度嚴謹的專家人類，拿著最好的工具，每小時也只能進行幾百

項計算。

電腦科技在1950年代成熟之際，計算的成本開始迅速下降，在接下來的幾十年間，矽晶片取代了類比科技，讓電腦變得更快、更可靠、更便宜。小型企業能夠執行曾經昂貴的計算工作，答案既正確又毫不疲倦。到了二十世紀末，便宜的計算促成了一塊廣大全球市場的興起，製造生產力軟體和電玩遊戲，因為一般人也買得起自己的個人電腦或遊戲搖桿了。

歷史讓我們看見蒸汽引擎和電腦這兩種非常不同的科技，卻都擁有一個隱而不見的特質，這些機器在產業的出現都移除了一道曾經相當重要的成本障礙，在許多不同業界都改變了商業運作，並徹底改變了人們生活與工作的方式。今日，無人駕駛汽車科技持續有長足進步，必須要再過一段時間，我們才能知道自己是否正站在另一場顛覆社會的巨變浪頭上，又或者我們終究會摒棄無人駕駛車，成了另一項過度吹捧的新興科技，結不出果實。

讓我們用零的原則來檢視無人駕駛車輛能夠降低哪些直接或間接成本。無人駕駛車能夠減少一項最明顯的金錢與社會成本，那就是交通相關意外造成的損害；另一項能抹除的則是花費在開車的時間成本。對一般人而言，花費在開車的時間是一項間接的機會成本，對交通運輸公司來說，人類駕駛的時間成本則會直接轉化為薪水形式，這項主要的成本組成定義了商品如何從一處移轉到另一處。最後，因為無人駕駛車輛將容易發生意外的人類從方向盤後挪開，汽車與貨車就不必再造出笨重、對環境不友善的車體，減少了燃料成本，並且能夠引入許多不同的車體形狀與尺

寸。

自駕車科技會將四項核心成本降低到幾近於零。

1. 趨於零傷害

駕駛是高風險活動，無人駕駛車輛能夠大大減少因車禍而產生的直接與間接成本，大幅降低每年因車禍相關的醫療帳單帶來的成本（美國一年的花費預估有180億美元），還有薪水損失的連帶成本（一年330億美元）。[2] 而仰賴車禍而收益的產業，諸如醫療、保險、器官移植等，則會失去一大收益來源。

2. 趨於零技術

無人駕駛車輛能夠消除一項運送人們或貨物的主要成本：薪水。卡車駕駛的薪水對移動貨物與商品是一項主要的成本要素，使用計程車的成本大部分也都是為了付給駕駛薪水。

3. 趨於零時間

無人駕駛車輛能降低花費在開車的間接時間成本。美國平均一個人一天要花3小時開車[3]，一年總共要花63小時塞在車陣裏。[4] 過去花費在開車的時間機會成本將會以具生產力的工時或好玩的私人時間取代。

4. 趨於零尺寸

人類駕駛的車輛龐大又笨重，這是考量到安全的設計限制所致。無人駕駛車輛發生意外的機率大大降低，因此體積大小可以更小、更輕量。沒有人類駕駛的貨運車輛只需要跟運送的物品一樣大即可。

圖 12.1 ▷ 通用汽車電子聯網車輛（Electric Networked-Vehicle，EN-V）概念車艙，這是一種與賽格威一起開發的自動化二人座車，用來在城市中做短程旅行。

資料來源：通用汽車

工作

人類駕駛車輛的直接與間接成本定義出的商業模式已經運作將近一個世紀，隨著無人駕駛車輛減少或甚至抹除了這些成本，結果會讓部分產業不再能夠生存下去，而在有些商家關閉店面、工作消失的時候，新的商家和職業會跟著出現。

第一個消失的工作可能會是駕駛卡車，這是一份穩定、薪資優渥的藍領工作，幾乎不受海外外包與自動化的影響。根據2010年美國普查局的資料，在美國有將近350萬名卡車司機，事實上，根據美國普查局統計，卡車駕駛在國內最常見的工作類別排名第二十九。如果無人駕駛卡車能夠上路，短短幾年間，自動化或許終於能夠拿下卡車駕駛的工作。

無人駕駛車輛取代的工作還不只有卡車駕駛，計程車駕駛和私家司機也會發現自己失業了。計程車駕駛這個職業已經受到其他影響，諸如優步和Lyft等服務愈來愈受到歡迎，每個擁車的人都可以開計程車。無人駕駛車將會為這類工作敲響最後一聲喪鐘，讓美國大約233,700名計程車司機與私家司機失業。[5]

優步執行長崔維斯・卡拉尼克（Travis Kalanick）相信經營計程車服務中最大的成本要素就是付錢給計程車司機，在一次研討會的談話中，卡拉尼克說：「如果車上沒有其他傢伙，搭著優步出門的成本會比自己擁車還便宜。」[6]為了開發在方向盤後沒有「傢伙」的車輛，優步已經投資了550萬美元研發無人駕駛車

科技，從卡內基美隆大學國家機器人工程中心聘僱了幾十位機器人研究專家。[7]

在支撐著汽車的購買、販賣與維護這條巨大的經濟價值鍊中，無人駕駛車將會改變其中的其他工作。我們最近將車子開回車廠去做例行維護，坐在服務中心的等候室裏等待時，我們喝著保麗龍杯裏的免費咖啡、閱讀黏黏的舊雜誌，無意隔牆聽見員工之間正在爭論下個星期的工作排程，兩名員工吵著誰應該在周末值班。他們卻不知道，再過十年、二十年，周六打卡上班可能會成為常態。

當車輛能夠自行駕駛，人類乘客就再也不必挑上班時間造訪車商的服務中心，車輛會在需要維修時自己導航到修車廠，而因為大多數人都不希望車輛在需要用車時找不到車，他們會要求車輛在凌晨三點去維修，早上就回來。美國目前有739,900名汽車維修技師，他們或許會開始吵著誰要凌晨三點上班，但不會有人在隔壁的等候室意外聽見。[8]

隨著工作消失，究竟會不會有新工作出現取而代之還沒有定論。1940年代的經濟學家約瑟夫‧熊彼特（Joseph Schumpeter）提出**創造式破壞**（creative destruction，另譯為「創造式毀滅」）一詞，用來描述在顛覆式科技出現後隨之而來的重新建構過程，這個重建過程會影響到經濟體內幾個主要部分，包括使用的設備及法規架構，而最明顯也最具爭議的影響就是對工作的破壞。

熊彼特學派的經濟學者對創造式破壞的循環抱持正面觀點，

圖 12.2 ➢ 2014 年在美國大多州內最常見的工作是卡車駕駛。
資料來源：國家公共廣播（National Public Radio, NPR）

他們相信顛覆式科技長期的淨效應會是創造出更多更好的工作。雖然顛覆式科技可能會取代一整個業界的工作者，熊彼特式的思考會認為從舊產業的餘燼中將重生出新產業，因而長期效應將是創造出更多更好的工作。

　　支持創造式破壞的人指出，當科技摧毀了舊產業時，就會產生新產業，像這樣的創造式破壞存在著無數例子：桌上排版軟體消滅了活字排版工作，但創造了一個創意字型的廣大市場，讓人終於能有自己的工具來設計並出版自己的宣傳小冊、書籍和報刊；智遊網（Expedia）這樣的網站讓旅行社中的職位幾乎消失殆盡，但是也促成了一個更大、更活躍的全球旅遊產業誕生。

　　但是，隨著人工智慧軟體和機器人變得愈來愈精細而熟練，

認為在創造性破壞過程中會促成遭到取代的工人找到更新、更好的工作，這個概念在經過更詳細檢視後卻無法成立。在前兩個世紀，被新科技取代的工人可以（至少在理論上）在因新科技而誕生的產業中找到工作，不過相對而言，近年因自動化取代的工作已經從製造業工廠的職務往上爬升到白領分析工作，更難讓遭自動化取代的工人找到用武之地。因為現代資訊科技所帶來的效率，當舊型工作消失，創造出新型工作的數量通常少了很多，薪水也很少。

　　智慧軟體和機器人所能處理的工作愈來愈多，兩個關鍵性問題將會決定創造性破壞過程是否到頭來會真的具有創造性，或者其長期效應只剩下破壞。第一個問題是，新工作是否比舊工作好，也就是說，是否一樣有保障、有趣又薪資優渥？第二個問題牽涉到被迫失業的時間有多長，工人只會失業幾個月，或者會延長到好幾年？理想上，失業工人可以重新訓練，很快就能重新受雇，但是在最糟糕的情況中，被科技取代的工人將被驅逐於勞力市場外好幾年。

　　當機器拿走了人類的工作，一個可能造成危害的效應是讓收入不平等的趨勢進一步惡化，而這已經是愈來愈嚴重的全球問題。對抗貧窮的慈善團體樂施會（Oxfam）出版的研究中顯示，世界上的富人愈來愈有錢，全球最富有1%人口所握有的全球財富占比從2009年的44%到了2014年增加到48%，而且還會持續增長，預估在未來幾年，最富有1%的人口將握有全球超過一半的資產與資源。[9]

　　要深入分析創造性破壞已經超過本書範疇，我們在這裏提到這個概念是要講解，當無人駕駛車就像其他過去的顛覆式科技一樣，重整了幾個產業的結構並拿走幾百萬個工作，會發生什麼事。最糟糕的狀況會是隨著無人駕駛車輛顛覆了產業並消除對人類駕駛的需求後，貧富之間已然擴大的鴻溝只會愈來愈大；另一方面，比較樂觀的結果是無人駕駛車會促進經濟成長，讓社會各階層的人都能獲得高品質工作。

靠意外賺錢

俗語有云：一人有得，一人有失。無人駕駛車輛能夠拯救生命，省下燃油與時間，因此而有失者會是靠著車禍才有可怕獲利的那種商業模式，這些令人悚然的商人來自許多不同的產業，從汽車保險到人身傷害律師，從汽車維修廠到零件供應商，從高速公路巡邏員到防衛性駕駛教練，從器官捐贈機構到急診室醫師，從交通法庭到監獄。

在美國，每年全國人口會因為車禍受傷而總共在醫院待一百萬天[10]，大約有20%的器官移植是來自死亡車禍中的犧牲者。[11]就連監獄也要仰賴人類駕駛的弱點而生存，在1997年，7%的監獄受刑人及14%的緩刑犯人都是因為**酒醉駕駛**（Driving While Intoxicated, DWI）入獄。[12]

與車輛相關的缺陷讓各個城市每年靠著罰單賺進幾十億美元，把立法與停車規範的事實說穿了並不好聽，其實有時候開罰單並不是為了公共安全，而是為了維持市府的金庫運作。如果人類不再有超速或糟糕停車的問題，許多地方政府的重要收益來源就會消失。

光是在美國，每年估計就有60億美元的收入是來自超速罰單[13]，紐約市平均一年就能靠停車費收入超過6億美元。[14]無人駕駛車會完全遵守法律，而且也有記錄資料以茲證明，這樣的世界將會破壞各州市政府已經逐漸依賴的收入來源。

　　汽車保險在無人駕駛車的時代中也需要有所改變，目前尚無定論究竟年產值2,000億美元的汽車保險產業會受到什麼影響，一方面，因為無人駕駛車輛會出的意外較少，申請的理賠也會比較少，所以保險公司的收益可能看漲；另一方面，如果車禍變得相當罕見，擁有無人駕駛車輛的人可能會施壓要求保險公司降低保險費率。在美國，因為汽車保險的法規由州政府制定，消費者便可要求州政府最終連同汽車強制險的要求一同廢除。

　　無人駕駛車輛會迫使執法單位及保險公司重新思考車禍中的肇事責任歸屬。專研保險法的學者羅伯特・彼得森（Robert Peterson）寫道，保險和侵權法（討論責任在誰的法律）就像異卵雙胞胎：不是一模一樣，但卻互相映照。彼得森認為，自駕車普及後，「造成傷害的肇事責任可能會愈來愈傾向略過駕駛者，轉而把矛頭指向車商及車輛製造商。」[15]

　　如果肇事責任歸屬從人類駕駛轉嫁到無人駕駛車身上，保險公司就必須要改變保險成本的架構。傳統的汽車保險費用主要的考量是人類駕駛個人的風險檔案，而假如車主跟保險費用計算已經不再相關，評估駕駛風險的傳統方式，例如年齡和性別，便不再適用。

　　如果將無人駕駛車視為產品來保險，發生意外時，製造商在法律上就必須承擔責任，這樣一來，為無人駕駛車保險的成本計算就會基於該車輛作為產品有何潛在風險，必須發展出評估車輛風險檔案的新方法，或許可以用我們先前討論過車輛作業系統的人身安全等級，或者以車輛的「車隊智慧」（fleet mind）加總起

來已經行駛過的深度學習里程總數。

　　如果保險公司要求汽車製造廠為乘客的安全負責，就必須要下非常、非常多功夫從法律上寫明在無人駕駛車意外中，究竟哪個製造商要負責，其中兩個主要製造商很可能就是提供車輛作業系統的軟體商，以及提供車輛機械車體的硬體商。但是，考慮到無人駕駛車輛作業系統的複雜性，以及硬體與軟體之間的緊密結合，要決定到底是哪個製造商的錯會是一段艱難的過程，尤其是那些還牽涉到誤用或危險路面情況的案例。

　　另一個在討論責任歸屬時需要進一步探討的問題是車輛維修，如果無人駕駛車輛或計程車的車主無法為車輛取得定期的軟體和硬體更新，那麼要證明是汽車製造商的錯就沒那麼容易。一位優秀的企業律師可以辯稱，如果有個技師對汽車作業系統動手腳或者破壞了重要的硬體感應器，就不能怪製造廠商或車主，那名技師才應該負擔因意外而產生的賠償責任。

　　要解決汽車保險問題的一個方法是讓計程車公司提供「單程」保險，作為車輛軟體保證條款的一部分。在乘客搭上無人駕駛計程車之前，會被要求同意並接受因為搭上這輛車而可能發生的任何有害結果，今日的我們買電腦時都要點擊同意一連串授權，或許某天我們爬進無人駕駛車艙時，或許也會發現自己瞇著眼努力閱讀一份兩百頁的授權條款並點擊同意，萬一計程車出了車禍，條款中要求我們同意放棄求償的權利。

新車體

　　我們認為未來的無人駕駛車輛看起來會不一樣，無論是內裝或外貌皆然。方向盤會消失，儀表板會變成可調整的工作空間，而車廂內則會安裝人們所需要的車上娛樂及工作配備；而在車外，車輛不再需要側邊的後照鏡及車尾燈。

　　正如我們在第三章所描述過的，我們認為未來的汽車產業將會分成兩大類：一類公司會製造標準規格的通用運輸車艙，另一類公司則為顧客製造特殊用途車輛，從小型的一人客製化車艙到大型的豪華車輛能用來睡覺或工作。大部分車輛都會賣給運輸公司，雖然特殊用途的私家車市場會比較小，但會需要技術高超的汽車設計師。

　　無人駕駛車輛一個正面副作用是消費者的車輛設計將迎來汽車的文藝復興、一段新的黃金年代。在1950年代和1960年代，汽車設計師會創造出擁有搶眼大尾翼的車輛，漆上毫不遮掩的鮮豔色彩。無人駕駛車輛設計師會很擅長浮誇豪奢或設計精巧的多用途可調式內裝，讓人們能夠在車內睡覺、吃飯和工作。

　　隨著安全的疑慮降低，或許消費者會利用自動化設計軟體來設計自己的車體，新車買主就算完全不懂汽車設計，也可以在網路上瀏覽虛擬展示，當他們的眼睛發現一個喜歡的設計，電腦就會注意到他們的瞳孔擴張，然後再顯示幾種額外的類似設計。當然，消費者的汽車設計必須遵守一些限制好符合空氣動力學法

圖 12.3 ➤ 乘客在無人駕駛概念模型中使用電子娛樂設備。
資料來源：Rinspeed AG; image © Rinspeed, Inc.

則，而為了能夠「合法上路」，消費者的設計也必須遵守其他固有的基本安全守則才能進行製造。

買家和軟體會重複進行設計流程，來回幾次好修正新車的外型與風格。等買家決定好設計後，車輛會需要一個禮拜製造，車體面板與外殼會以碳纖維做 3D 列印，製造出既輕又堅固的骨架，就像鳥類骨骼一樣，剛列印好的車準備好出發後，軟體便會發送簡訊給新車主，告知再一個小時便會抵達家門。客製化的新車抵達後會滑進車道，打開車門，將自己交給新車主或乘客。

在無人駕駛車時代裏，有些汽車相關的工作會變得相當特殊，會出現一批新的高薪專業人才，他們是軟體工程師。這群人

會是專長車輛作業系統中特定面向的汽車工程師，包括低階、中階或高階控制。有些軟體工程師會是可靠度專家，可以建議汽車買家不同人身安全等級的優缺點。

　　另一類專長領域是減噪及避震，若是有人曾經嘗試過在移動中的休旅車睡覺，躺在不同搖晃而嗡嗡作響的床上，就知道睡在移動車輛中有多不舒服。消音、避震及運動補償在許多其他領域中一直都是工程專家的領域，而專攻預測訊號處理的汽車工程師（防噪耳機也使用了相同科技）能夠讓無人駕駛車輛變得更流暢、更安靜。

新的行銷

　　我們所預見的另一項無人駕駛車輛副作用是在行銷產品的過程中，出現一塊實質全新的領域，無人駕駛車輛軟體會成為新行銷戰爭的戰場：路徑競標。傳統的靜態地圖會標出當地的**興趣點**（point of interest），也就是值得注意的地標，可能是餐廳、觀光景點、公園、購物中心或博物館等等。

　　在無人駕駛的未來，商家會付錢給製作HD地圖的公司將自己標為「興趣點」，當乘客招了一台無人駕駛車艙要求載運到某個目的地，車艙的作業系統便會詢問乘客是否願意在幾個特選的目的地暫停，同意的話就能在一路上暫停的每家店中拿到七五折的折扣。

　　商人能夠影響客戶的體驗並以免費或折扣作為回饋並不是新概念，人們每天都可以從網站上閱讀免費內容，這些商業模式則基於網路廣告獲益，我們大多數人很早就接受了這種「免費」的交換，允許公司獲取我們電子郵件及簡訊的內容來換取免費的郵件服務與便宜手機。

　　無人駕駛車輛上的乘客也會討價還價，比較精明的乘客會知道如何以自己實際出現在「興趣點」來折抵計程車資，或者如果他們是無人駕駛車車主，就能換到更便宜的燃料，如果某個家庭開車出遊，而他們的數位檔案指出這個家庭每次出外用餐都會花兩百美元，餐廳就會同意分攤家庭旅遊的汽油成本。有些乘客會

用自己時間的價值來交換，如果願意選擇比較長一點、比較不方便的路徑，計程車資就會比較便宜。

新零售業

如果商家和餐廳可以想到聰明辦法將顧客的路徑導引到自己的方向，就會因無人駕駛車輛受惠。另一項會改變的產業是零售業，無人駕駛車將會是最新的一股顛覆力量。過去一個世紀以來，零售業已經經過了好幾次改變，首先是大量製造的出現、然後是購物中心、量販店，再來是網路零售。

在古代，罕見香料由駱駝商隊從遠東地區載運到歐洲市場販售，今日則由油輪載運大量製造的商品到全世界各地的港口，裝進巨大的貨櫃裏再裝到卡車上，運到各商家的卸貨平台。無論商品的本質為何，運輸成本都會影響價格，對實體商品來說，運輸成本在農產品價格中大約占了14%、加工產品則約占9%。[16]

運送貨品給買家的成本一直都是一個關鍵因素，能夠決定零售商的商業策略。無人駕駛車會移除大公司、規模經濟中所享有的一項主要競爭優勢。運送農產品到市場的成本曾經相當高昂，如果這項成本降低，小公司就能夠跟較大的公司做價格競爭。

其中一個準備徹底改變的零售產業是本地生產及有機食品。消費者很樂意花大筆鈔票購買新鮮、本地生產、從農田到餐桌的食物，他們也很喜歡自己能夠支持由幾種小地區農田組成的多元農業經濟。雖然本地生產的食物很有吸引力，但我們大多數人最後還是會在雜貨店裏購買工廠式栽種的產品，因為工業規模的企業農場能大量生產並運送產品，即使利潤較少也能存活，因此能

夠讓消費者在連鎖雜貨店裏買到低價食物。

　　無人駕駛卡車讓精緻食物生產者能夠與企業工廠農產品競爭。我們的朋友在紐約上州有一座綿羊農場，他們在鄉間享受寧靜生活，種植有機蔬菜並養綿羊，他們的上市策略中最昂貴、最繁重的部分便是每週兩次開車到城市裏去，他們在都市的農夫市集裏販售新鮮農產。

　　一週兩次，他們凌晨一點就離開農場，開車到紐約市要花四個小時，讓他們有一個小時可以休息，再花兩個小時準備攤位，在市集裏忙碌了一整天，最後他們在夜色中開車回家。想像一下，如果他們可以買一輛無人駕駛卡車，整趟旅程都可以在後座

圖 12.4 ▷ 自動化快遞方法
資料來源：圖片由 Starship Technologies 提供

熟睡，更棒的是還能拓展市場，用無人駕駛車將一些產品送到其他地區的市場，僱用約聘人員幫忙銷售。

有幾百萬個地區型製造商的商業模式都飽受運輸成本的壓力，小型農場只是其中一個，只要是製造小批有保存期限、低利潤商品的公司都需要有效率的配送網路才能維持獲利，有效率的無人駕駛運輸車輛網絡能夠讓小公司以有競爭力的價格銷售產品，與大量製造的企業商品一較高下。

運送貨品的成本中一個主要元素就是人類駕駛的薪水，各家公司應付薪資高成本的方式是用一輛大卡車，而非兩、三輛小卡車，將貨品送到零售賣場。比較有成本意識的貨運公司會謹慎規劃路線及運送，將個別運送次數匯集而由單一輛大型運輸車輛執行，這樣的方法讓各家公司開始採用沒有效率的**軸輻路網**（hub and spoke）運輸模式，不但會耽誤運送，還讓車輛得多跑里程數。在軸輻路網模式中，個別運送要先送到最近的樞紐，也就是配送中心，在那裏跟其他小型運送集合在一起變成單一較大的運送任務，然後才派遣到最終目的地。

在未來，各種不同形狀與大小的自動駕駛貨運車艙會直接將貨物準時送到顧客家門口，減少運送網路購物商品到買家家裏的成本。現今的貨運車輛必須要考量到車上有個人類駕駛，因此車輛的實際尺寸有一定的體積要用來保證司機的舒適與安全，例如由人類駕駛開車送披薩，車輛重量超過一噸，而要運送的披薩卻只有幾百公克，相較之下，自動駕駛貨運車輛不需要安全氣囊，或者笨重的防碰撞車框、備胎、儀表板或空調，可以很精實、輕

量又便宜。

　　網路購物的進軍已經威脅到傳統形式的商店零售，每年人們在網路上購買的商品數量持續增長。NPD市場調查公司會追蹤全世界16.5萬家商店中的消費記錄，根據他們的資料，實體零售業者已經感受到「到店購買」（buying visits）正逐漸減少，這是指消費者造訪商店，離開時會帶著購買的商品。[17]在2012至2014年間，到店購買下滑了13%，而線上購買造訪則上升21%，雖然實體到店購買的頻率比起線上購買造訪依然高了將近四倍，但網路購物終究會勝過親自購買。

　　網路購物的一大誘因就是運送的便利性。大多數人的購物決定都是基於三個C：價格（Cost）、品質（Quality；因為這三個詞的首個子音都是 /k/，所以可以算是3C）、便利性（Convenience）。傳

圖 12.5 ▷ 自動化貨運卡車。
資料來源：圖片由IDEO提供

統上，消費者會任選兩個，方便又高品質的商品都不便宜，而能輕鬆買到的便宜商品也可能有瑕疵，要找到物美價廉的商品是有可能，但不容易。但是快速運送改變了這條算式，像是亞馬遜這類大型零售商一直努力要加快並改善其運送方案，網路購物的趨勢便可能延續下去。

　　無人駕駛貨運車輛還可以讓網路購物更有吸引力。有些零售企業會利用無人駕駛車艙的低成本將實體店面帶到消費者面前，例如，如果未來的消費者想要買一雙新鞋，可以在網路上訂六、七雙想買的鞋子，無人駕駛車艙會將這幾雙鞋送到她家中，讓她可以私下試穿，測試大小與舒適度，然後再把不要買的鞋子送回給店家。

　　各種形狀大小的無人駕駛車輛會湧入電子商務的新時代，今日的公司互相競爭，比誰能夠更快送達貨物。在人口密集的都市區域，當天送達，甚至兩小時內到或，已經是愈來愈受歡迎的選項，而快速省油的車艙能夠幾乎立即送達商品，這股吸引力將會侵蝕掉實體商店少數幾個剩下的優勢之一，也就是能夠馬上拿到商品。

犯罪與（成人）娛樂

要分析一項新科技，若是不提到另外一個黑暗面就不算完整：犯罪活動。電腦很容易受到惡意駭入而造成資料外洩，自動化銀行系統也會引發身分盜竊。無人駕駛車輛也會引來野心勃勃、喜歡高科技犯罪的罪犯。

有些駭客會運用自己的才華從無人駕駛車輛感應器、數位地圖及作業系統中竊取並竄改資料；另一種攻擊類型會是**綁架機器人**（robojacking），也就是趁著無人駕駛車輛在十字路口停車時走到車輛面前，就能劫持這輛車。綁架機器人在如今已經常常出現綁架勒贖案件的國家特別會引起問題。

機器人綁匪會利用無人駕駛車輛的程式設定，也就是要盡可能挽救人命，而一群機器人綁匪就會利用這個安全設定，讓兩噸重的無人駕駛車輛暫停在路上，如果有幾個綁匪堅定站在無人駕駛車前及車後，車輛就會不再移動。

大部分機器人綁架案件都會針對貨運車輛，偶爾可能會抓住一輛載運乘客的車，如果不能「手動覆寫指令」，嚇壞的乘客就只能坐以待斃，困在一個詭異的 AI 噩夢裏。

另一種新型的惡作劇會是人類駕駛霸凌（bully）無人駕駛車輛，故意在車輛旁邊亂開一通，人類駕駛會在高速公路上不斷變換車道，在無人駕駛車隊中鑽進又鑽出，這樣會製造出混亂。但是這種干擾最後終會消失，隨著無人駕駛的機器學習軟體學到

了如何應付不正常的駕駛模式，人類霸凌者就得再想出其他新型的無法預測行為。

　　說到潛在的惡作劇與無法預測的行為，一旦人類不必再煩惱開車的任務，有什麼能夠約束人類在無人駕駛車中的行為？根據卡內基美隆大學進行的一項調查，無人駕駛車乘客最喜歡打發時間的方式是使用行動裝置，接下來的排名是吃、閱讀、看電影，最後是工作。[18]

　　一旦人類不必再擔心開車的問題，他們就會找到新方法來娛樂自己。現在大多數駕駛打發時間的方法是聽車上廣播，事實上，調查顯示人們聽廣播的時間當中有一半都是在車內發生。[19]當人們的車內娛樂不再僅限於用耳朵聽，廣播收聽就會減少，而電影與電玩消費會增加。

　　現在汽車內的車上娛樂資訊系統相當粗糙又設計不良，以後將不復存在。私人擁有的豪華移動辦公室或通勤車輛會誇耀著自己的娛樂設備，相較之下，無人駕駛車艙的設計會相當簡樸而正經，車艙乘客會把時間用在使用自己的裝置觀賞媒體，透過車上的內建無線網路在網路上進行社交活動。

　　有少數的幸運兒能夠擁有自己的無人駕駛豪華移動車輛，對他們來說，駕駛時間也會是他們沉浸在自己選擇的時間：性愛、吸毒和飲酒過量。人們想到未來的惡習有多興致高昂，我們都有親身體驗，每次我們去演講無人駕駛車輛的主題時，會後總是有人私底下來找我們詢問這些不列入紀錄的問題，我們是否有想過這三頭禁忌的「大象」，也就是大家都會想到的主題卻沒有人想

大聲說出來。簡單來說，我們的答案是「是」（yes），根據每人不同的個人癖好，人們會利用無人駕駛車輛來沉迷這三種惡習。

　　不過必須先警告各位，吸毒和飲酒過量是非法活動，如果無人駕駛車輛配備了面向車內的攝影機，就會發生一些有趣的事，深度學習軟體會學到要偵測車內是否有人吸毒或喝酒。如果地方政府努力想彌補過去來自停車及超速罰單、如今失去的收益，他們有個能夠重新振作起來的機會，那就是要求自駕車必須「舉報」乘客的罪行。

　　在無人駕駛車上發生「車震」可能不會犯法（只要是發生沒有金錢交易、兩情相悅的成人間），無人駕駛車有一條新的產品線可能是「成人巴士」商品，配備有遮光功能來保護隱私。成人片的消費已經在幾項科技的發展上扮演了加速的動力，例如VHS錄影帶播放機、串流影片，還有網路。無人駕駛車對成人片的影迷來說，可能會成為一個舒服的觀影新環境，可以沉浸其中，尤其是戴上像是Oculus Rift的虛擬實境眼鏡以後，感受更強。

前方的路

　　前方有什麼？機器人科技即將達到重要的轉捩點，而無人駕駛車輛終於顯露出真正有希望成為安全又可行的交通方式。我有時會發現自己在想，如果有一天要跟年輕世代解釋，開車這件事曾經要滿18歲才能做、開車就代表自由，那會是什麼景象，我想像他們會滿臉狐疑地竊笑著，聽著我說我高中時有整個學期都在學開車。

　　我想有一天，我們當中那些年紀夠大的人，還能記得開車是什麼感覺，會懷念起人類駕駛的車輛，就好比過去文字處理機上市時，人們也曾經說自己懷念使用手動打字機的感覺。聰明的自駕車會以效率和舒適很快擄獲我們的心，但是我猜想還是有些人會堅持說我們想念把手放在方向盤上、腳踩著煞車的感覺，我們懷舊的戀慕情懷掩蓋了駕駛有多麻煩的記憶。

　　也許有一天，無人駕駛車輛會讓旅行幾乎毫無困難，人們會發現自己渴望著一種新型娛樂：駕駛場，未來這些駕駛場不會是用來打高爾夫球，而是用來駕駛傳統的車輛沿著軌道開，中老世代會很喜歡這種復古娛樂，一些年輕人也會享受這種諷刺的愉悅，也許我就會是其中一個。

　　再過幾十年後，等我退休了，手上有大把時間可用，或許就會給自己一個驚喜，購買駕駛場的會員證，就稱這個地方為U-Drive吧。就像一位喜怒無常的作家會用力敲打老式打字機的

鍵盤來發洩怒氣，在我想享受速度或需要一點時間在方向盤後沉思的時候，我就會抓起駕駛保護頭盔，要我的無人駕駛車載我去 U-Drive。

等我到了那裏，我會急忙到登記櫃台希望能拿到一輛救護車或警車，什麼也比不上在賽道上疾速飆車又伴隨著刺耳警笛聲！在我滑坐到方向盤後面的時候，感覺就像回到家了，我會一路跟著車上的古董收音機大聲唱歌，我會狂按喇叭，直到其他人類駕駛對我做出不雅手勢。

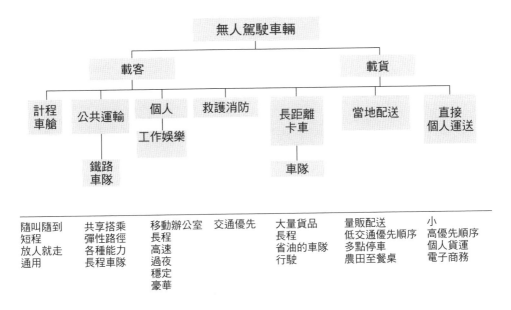

圖 12.6 ➢ 無人駕駛車輛的幾種類型

總有一天，這個未來的我可能會不戴頭盔就開車，甚至在我覺得特別膽大包天的時候，我連安全帶也不繫，我會用盡全力踩

下油門，開心地忽視固定間隔擺放的幾個生了鏽的速限標誌。在這個未來情境中，有一件事是確定的：擁有U-Drive的公司可不笨，經營者不會告訴消費者的是，只要一有感覺即將要發生車禍，這些老爺車就會馬上轉換到無人駕駛模式，方向盤跟煞車都會失效。

後記：寒武紀大爆發

在寒武紀大爆發以前的演化期間，大部分的主要動物門類出現了，生命形式相當簡單，在接下來幾百萬年間，多樣化的速度加快，生命體開始出現了組成我們今日所熟知的動物界中的多細胞有機體，像是有脊椎的蝸蟲（*Wiwaxia*）以及有五隻眼睛的歐巴賓海蠍（*Opabinia*），看起來跟我們所認識的動物一點都不像，很適合當成外星恐怖電影的生物樣板。但是大部分那個時代的化石都是我們熟知的動物先祖，帶來了今日在地球各處漫步的豐富而多元多基因生物體。

古生物學家史蒂芬・傑伊・古爾德（Steven Jay Gould）在他1989年出版的書籍《美好生命》（*Wonderful Life*）中，提出了寒武紀大爆發的概念並蔚為流行，他也在書中探討爆發的起源之謎該如何回答。為什麼所有現代動物在相對這麼短的時間內一一出現？突然間的多樣化似乎跟達爾文演化論所提出的緩慢而持續進展有所牴觸。達爾文自己在《物種起源》（*The Origin of Species*；繁體中文版由臺灣商務出版）中提到，突然出現一個沒有明顯先祖的物種，「無疑是極不自然的」，和他才剛萌芽的天擇理論背道而馳。

寒武紀的謎團讓古爾德及諸如哈里・懷廷頓（Harry Whittington）及尼爾斯・艾崔奇（Niles Eldrege）等當代學者提出了現代觀點的演化論，也就是**間斷平衡理論**（punctuated equilibria），從這個觀點看來，演化的組成包括「近乎靜止的長時間間隔，突然出現短期內的快速變化」。[1]

演化機器人學

　　確實，我們在進行自己的機器人演化實驗時，進展並非穩定，機器人學有一個分支叫做演化機器人學，牽涉到在電腦中模擬達爾文演化論的進程，在一群機器人身上套用幾個世代的變化及選擇。在我們的實驗中，我們讓電腦隨機組合機器人組件，像是機械關節、剛性連桿、引擎、纜線和神經元等等，用來製造虛擬機器，然後設定程式讓電腦選擇出最快的機器人，變化再重組成「後代」，將後代放回到人口中，接著再重複。然後我們退後，觀察會發生什麼事。

　　在第一代，所有機器人什麼也不是，不過就一堆靜止的垃圾，完全不動。至少經過一百個世代以後，機器人還是靜止的，看起來我們好像沒辦法從這個實驗看到什麼有趣的結果。大概到了第一百二十代，纜線、引擎、關節和連桿都是隨機安裝，結果讓機器人震動、稍微動了起來，雖然那個動作很微弱，卻是比其他完全不動的垃圾好太多了，而於此，震動的垃圾堆主導了我們的虛擬世界。我們事後回顧時將之稱為「震動的發明」，在我們整個模擬的機器人世界表現中造成了一個突然「中斷」的進步。幾百個世代以後，又出現了某個其他發明，表現再一次有明顯的長足進步，這個過程繼續下去，經過幾百個世代後，我們開始看見漂亮的可用機器人，有些完全無法想像，但也有些看起來似曾相識。

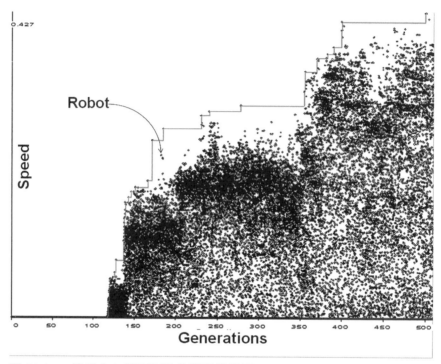

圖 13.1 ➤ 機器人在幾百個世代期間的進展。

感應器女王

　　在實驗室裏進行的機器人人工演化雖然留下了完美的數位記錄，生物演化卻很少留下痕跡可循，是什麼造成了寒武紀大爆發依然是個謎團。有些人將這次突然出現的史前多樣化歸因於多細胞體的出現本身，其他人將之歸因於資源過剩，像是氧氣，也有人認為是地球居住環境的改善，或者是在大滅絕後的適應輻射，還有些人認為一部分是因為「發現」了某種「賦能科技」（enabling technologies），因而釋放出了許多過去無法實現的新可能性。

　　一項在寒武紀大爆發期間出現的關鍵「科技」是視力，在寒武紀之前沒有任何化石紀錄能證明眼睛的存在，但是在那之後卻出現了各種不同的眼睛器官。在中寒武紀時的伯吉斯頁岩（Burgess Shale）以及更晚期的頁岩中，就有不同類型的眼睛，這是為了適應有眼生物所需的不同條件，例如不同敏銳程度的眼睛、對光的不同敏感程度、不同波長，以及偵測動作與顏色的不同能力程度。

　　我們在第一章已經提過，根據安德魯・派克的「光開關」理論，視力「科技」的出現改變了掠食者與獵物交鋒時的本質[2]，以及交配的機會。在視力出現以前，獵食和侵略都仰賴近距離的感官，像是嗅覺、味覺、震動和觸覺，但是當掠食者可以利用視力從遠距離感應到獵物，就需要有新的防衛與進攻策略，促成一

場共同演化的軍備競賽。隨著掠食者可以看得更清楚，獵物也必須學會如何躲藏、如何跑得更快、如何偽裝或者長出脊椎，每一項這些「新科技」都會造成更進一步的形態多樣化。

我們永遠都不會確知視力是否真的在寒武紀多樣化當中扮演關鍵角色，但是我們可以在這裏多提出一種假設：不只是眼睛這個器官才造成多樣化，而是隨之而來的認知能力發展。

和觸覺、味覺與嗅覺的不同之處在於，視覺資訊的「頻寬很高」（high bandwidth），無論是空間解析度和時間流都是，使其資訊更新率明顯比起其他感官更高。因為視力也是長距離的感官，覆蓋了生物體之外的廣大世界，需要有新的認知儀器來處理場景分割、空間模擬，以及對更大世界的理解。或許因為眼睛的出現，讓早期的大腦突然湧入大量資料，讓那些感知能力稍微好一點的個體擁有優勢，有了多一點感知能力，帶來了無數的新機會：掠食者對獵物的新技巧、找尋交配對象的新策略，還有得到資源的新方法。

理解視覺資訊的構造主宰了我們的大腦，每隻眼睛含有1.5億個光感應器，而平均一隻耳朵只含有30,000個聲音敏感的神經元。專門用來處理視覺資訊的神經元約占了皮質的30%，相較之下，觸覺有8%，聽覺則是3%。[2]

光學的眼睛以及視覺皮質的演化是一段漸進的共同演化，視力當然也牽涉其中，而涉入解讀視覺場景的神經儀器大概很快就發現了幾種新「應用」（applications），引發了一連串生物革新。首先，視覺或許跟共同演化有關，就像有機體之間的共生，

例如蜜蜂與開花植物間的合作關係。或許也有助於個體從遠距離便能發現交配對象，一開始，這個高階的對象尋找感應器可能只是用來辨識同種的個體，但是隨著視覺準確度提升，就有能力可以辨識更適合或更不適合的對象，或許導致了最後有關性擇及其他社交溝通的行為。

　　生物的寒武紀大爆發以及近來的機器人生命大爆發之間的相似性讓人很難忽視，DARPA機器人計畫前總監吉爾·普拉特（Gill Pratt）在2015年成為豐田汽車自駕車部門主任，他寫道：

　　　　今日，在幾項前端的科技進展引發了一場類似的爆發，讓機器人變得更多元、更具應用性，許多機器人所仰賴的基礎硬體科技，尤其是運算、資料儲存及通訊，都有指數率的成長。「雲端機器人學」和「深度學習」二種新興科技能夠帶動這些基礎科技，帶動爆炸性成長的良性循環。[3]

　　確實，有幾項對機器人學相當關鍵的基礎科技都有快速成長，而且這些科技也有機會帶來更多元形式的自動化機器人，而且很快。

一、電力儲存及效率的指數率增長

　　自動化機器人需要電力的自動化。在過去幾十年來，電池科技有長足進步，從1950年代的鉛酸蓄電池，三倍成長為我們今

日所見的鋰離子聚合物科技。[4]除了電池電力，機器人科技本身的電源效率進展也使之更省電，像是每瓦電力所能進行的運算週期有指數率成長，引擎效率也有改善。再加上更優秀的能源儲存與改進電源效率，都讓自動化系統整個能源表現加速進步。電力表現更加的機器人就能花更多時間工作及學習，少一點時間充電或尋找電源。

二、運算能力的指數率增長

正如摩爾定律所預測的，每花一美元所能取得的運算能力持續以每十八個月左右翻倍一次的速度成長。雖然近年來電晶體縮小化的速度因物理限制而減緩，每一美元的運算能力仍持續透過其他方式成長，像是多核心並行運用。運算能力對自動化系統至關重要，需要能在系統上處理串流資料並即時決策，更快的處理速度讓機器人能夠在結構較不整齊的環境中探索，也能從經驗中學得更快。

三、感應器科技的指數率增長

從光達到聲納這種種科技裏，感應器變得愈來愈精確、頻寬更高、更便宜，在所有儀器中改善最快的感應器是攝影機。受到行動裝置所驅使，攝影機科技的能力以指數率成長，價格也以指數率調降。成本、大小、電力，和光學及感應器能力，讓我們可

以在單一機器人身上安裝多個攝影機，多個資料串流能夠帶來更優秀的認知表現，因為從多個視角可以獲得更可靠的場景理解（例如從超立體視覺獲得的深度認知與速度感知），實體上也更堅固，能夠減少損壞或暫時的感官視盲。

四、資料儲存的指數率增長

儲存資料的能力也以指數率增長。這項改進不僅只影響了每一美元能夠儲存的位元數，還有資料儲存與取用的速度和可靠性、每次傳輸的耗能，以及記憶體的實際重量（每公斤的位元數）。如果機器人可以有效率地內存許多資料，就能取回並再次運用先前的經驗，從過去儲存的經驗中汲取新知識，儲存並使用地圖和其他有關世界的高解析度資訊。

五、通訊頻寬的指數率增長

過去幾十年來，短程及長程的頻寬都有指數率增長。在幾十年前，要傳送訊息還是相當緩慢、困難、昂貴又不可靠，今日我們可以將幾兆兆位元的資料傳送到地球另一端，而且不必多想訊息是否會完好如初地抵達。長距離通訊的能力及可靠性讓機器人能夠和其他機器人分享資料，以及自己的內部分析結果，結果就能結合成共享智能，稱為雲端機器人學。

指數率之王：演算法

只要指出在運算、通訊和感應等硬體方面的進展，感覺上這些似乎就是機器人科技能夠旱地拔蔥般成長的根基，但是我們通常都忘了還有因發現、發明新演算技術而帶來的增長。

電腦科學家及電子工程師之間流傳著這一句話，不管硬體工程師提出什麼改進，軟體工程師馬上就消耗殆盡（原文更辛辣一點，不過不適合放在書裏）。我們都知道，不管電腦的速度變得多快，作業系統軟體總是跑得太慢，但事實卻恰恰相反。

不像其他項目能用每年改善的速度有多快、每一美元有幾百萬像素來評估，演算法的進展很難量化長時間內的發展，因為所執行的任務實在太多元了，其目標就是個快速移動的標靶。就舉一個例子，想想用來解決微分方程式的演算法，這樣的數學演算法對許多要預測並控制一段時間內動作的機器人來說是關鍵組成，在1945至1985年間，執行這件基本任務的演算法已經進步了三萬倍，平均起來是每年進步29%。[4]這個進步幅度跟同時間內背後支援的硬體進步速度差不多。

另一個例子是用在資料分析的演算法進步，經典的**快速傅立葉轉換**（fast Fourier transform, FFT）**演算法**可以通用在任何處理標誌的系統，跟原本的演算法比起來，表現速率有大幅提升，那麼究竟演算法提升的速度有多少？結果是進步幅度有很大部分要視分析資料集的大小而定，對小資料集來說進步很少，但

是對大資料集來說，進步就相當明顯，硬體進展要花幾十年才能跟上。[5]因為演算法的進步，我們現在才有辦法分析資料，否則就算摩爾定律再發威百年也無法出現實用的方法。

　　硬體的進展看起來相對是比較平滑的指數曲線，不過演算法的進展就比較像是我們在演化系統所觀察到或推測的「間斷平衡」（punctuated equilibria）。演算法的進步並非穩定成長，而是間歇性的，就像生物生態系統一樣，演算法的進展必須在競爭激烈的演算法市場中站穩腳步。有些演算法發明了之後，因為沒有學術名氣而消亡，還有一些演算法風光一時，但只要有更好的演算法來分食大餅，或者是所解決的問題已經不再相關，結果很快也步入滅絕。演算法或許需要由不同的人重新發明好幾次，最後才終於能在偶然的機運下步上軌道，得到全球的認同。

　　人工智慧演算法在這個趨勢上也不例外。斷斷續續發展了一個世紀後，AI演算法有進步也有退步，流行一時又退燒，但是不管目前領頭的是哪個人工智慧陣營，AI演算法在過去幾十年已經有大幅增長。我們知道，不管用多先進的處理器速度、資料儲存或攝影機解析度，都無法讓羅森布拉特原始的感知器有效分辨貓和狗；我們現在知道，再大量的運算能力也無法讓1990年代標準的兩層神經網路能可靠地成功執行任務，或者2010年的支援向量機也不可能。需要像大規模視覺辨識挑戰賽中這樣互相競爭的演算法生態，最後才能有一套特定演算法登上高峰，就像哺乳類的幼獸躲藏在岩石間一樣，卷積神經網路最後終於崛起而打敗了傳統的AI恐龍。

　　AI社群看著深度學習演算法展現出能力時那種電擊般的感受，正實際示範了間斷演化過程踏出轉變期的一步。或許汽車產業在從硬體過渡到軟體時，也感受到了類似的電擊。

進步演算法的串聯

　　我們永遠不會知道眼睛在觸發大腦發展當中扮演了什麼角色，但是我們知道的事，智能發展遠超過了視覺皮質範圍，從辨認掠食者、獵物和潛在交配對象，到你正用來閱讀這本書的全面發展溝通與自我覺察功能。類似的情況，我們也確實知道深度學習演算法一開始是用來做視覺感知，現在也慢慢進入許多其他AI領域，從語音辨識到語言產生，甚至藝術創作，我們也只能假設這樣的趨勢會繼續下去。

　　這股趨勢可以持續多遠、終點是什麼？這個主題是科幻小說作家及哲學家可以思考的方向。如果我們想利用原始的硬體能力當作基礎，去預測AI進展，那麼結果似乎會在2020年代彙總，此時的運算能力就能追上大腦的計算能力。[6]但是對我們來說，這樣的預測永遠好像美中不足，我們真正想知道的是電腦何時能夠展現出跟人類一樣聰明的行為，而非其原始運算能力。要預測這個問題的答案就困難多了。

　　電腦要發展類似自我覺察或意識的能力，這不只是需要更強硬體的問題，而是需要不同的演算法。儘管我們並不是很清楚自我覺察到底是什麼，卻知道這是一種更無形的能力，不像是下西洋棋或開車，因此不可能像是大多數科幻電影喜歡描繪的那樣，由一位天才軟體設計師直接編碼。

　　自我覺察機器應該會一步步慢慢發展。什麼是自我覺察？讓

我們採用實際的定義，那「僅僅是」能夠「模擬自我」的能力，也就是根據現在的行動預測將來的結果，而不必實際上去執行這些行動。你可以想像自己明天在沙灘上散步嗎？能不能聞到海水的味道、感覺到沙子？這種感覺是否舒服到讓你考慮採取行動？如果是，你就是在做自我覺察。有人會說就算是最豐沛的情緒，例如恐懼和快樂，也不過是根據過去已經學到的經驗，將未來的結果投射在現有狀態上。例如，「疼痛」可以表示現在遭受傷害，「恐懼」（fear）則表示非常可能很快面對危險傷害，不過「擔憂」或許只反映了內在自我預測到比較不嚴重、也較遙遠的負面結果。

如果機器人能夠根據現在的行動預測在未來會感應到什麼，然後利用預測模型來規劃未來行動，那麼在某個程度上也是自我覺察。在2006年我們示範過一具機器人能夠架構出自己的形象，某種原始的火柴人圖樣，不是非常精確，但已足以在沒有實體測試或外來編碼的情況下學習如何走路。不過我們機器人的自我形象已經到達當時感知以及可用預測演算法的極限。

或許，隨著深度學習演算法慢慢滲入所有AI應用中，我們會開始看見新一代的機器人，能夠產出愈來愈精確的自我及周圍環境模型，逐漸達到自我覺察。

一部自我覺察的車輛不會在車道上接你然後開著道路狀況的玩笑，也不會對你的感覺有太多興趣，不過自我覺察的車輛會對自己的駕駛建立愈來愈精確的模式，以及你希望車輛如何行駛，包括可以做什麼、不可以做什麼，還有每一種可能的行動會有何

風險與好處。正當我們自身的自我覺察能夠超越自己，歸因感覺和意圖，未來的無人駕駛車輛或許也能夠預測路上哪一台車輛可能有何計畫。

讓我們預估一下，視覺感知在多細胞體出現的五千萬年後出現，而智人則在五億年後出現，所使用的都是同一套「硬體」基礎建設。我們可以試圖做個類比，如果從1950年代近乎全盲的機器人開始，過了五十年發現了感知，或許人類程度的自我覺察AI要再花五百年才會出現。硬體演化會加速這波趨勢，但演算法的演化必須經過自身的間斷性成長。

不管是2020或2500年，在人類演化上也不過彈指之間。

* 　 * 　 *

人類一直都背負著從物質中創造生命的使命，早年的煉金術師努力測試過無數種方法，想讓陶偶活過來，神話藥水出現了又消失，而過了這麼多年，現代的機器人學家取代了煉金術師先祖。今日，我們機器人學家擁有更好的工具、更深的了解，資金也比較多一點，但是最終，我們還是努力想讓毫無生氣的機器能活過來。

注

第一章

1. Andrew Parker, "In the Blink of an Eye: How Vision Sparked the Big Bang of Evolution" (Cambridge, Mass.: Perseus, 2003).
2. Kirsten Korosec, "Elon Musk Says Tesla Vehicles Will Drive Themselves in Two Years," Fortune.com, December 21, 2015, at http://fortune.com/2015/12/21/elon-musk-interview
3. Gary Silberg, "Self-Driving Cars: Are We Ready?" KPMG whitepaper, October 2013.
4. Boston Consulting Group, "Revolution in the Driver's Seat: The Road to Autonomous Vehicles," April 2014.
5. "The Driverless Debate: Equal Percentages of Americans See Self-Driving Cars as the 'Wave of the Future' Yet Would Never Consider Purchasing One," The Harris Poll #18, March 24, 2015.
6. Mike Van Nieuwkuyk, "Autonomous Driving Update," talk presented as part of a panel session, Societal Issues and Non-Technical Challenges, at the annual Automated Vehicles Symposium, Burlingame, California, July 2014.
7. National Center for Statistics and Analysis, *Distracted Driving: 2013 Data*, in *Traffic Safety Research Notes*, DOT HS 812 132, April 2015, National Highway Traffic Safety Administration, Washington, D.C.
8. World Health Organization, Fact Sheet no. 310, "The Top Ten Causes of Death," updated May 2014, retrieved online at http://www.who.int/mediacentre/factsheets/fs310/en/ Administration, Washington, D.C.
9. *World Report on Violence and Health: Summary* (Geneva: World Health Organization, 2002).
10. United Nations Office on Drugs and Crime, World Drug Report 2014 (United Nations publications, Sales No. E. 14.XI.7).
11. Daniel Fagnant and Kara Kockelman, "Preparing a National for Autonomous Vehicles: Opportunities, Barriers and Policy Recommendations," Eno Center for Transportation. October 2013.
12. Todd Litman, "Autonomous Vehicle Implementation Predictions: Implications for Transport Planning," Victoria Transport Policy Institute, December 2015.
13. National Highway Traffic Safety Administration, Department of Transportation (US). Traffic Safety Facts 2012: Older Population, Washington, D.C.: NHTSA; 2012.
14. IHS Automotive report, Autonomous Driving: Question Is When, Not If, 2015.
15. Litman, "Autonomous Vehicle Implementation Predictions."
16. Ravi Shanker et al., "Autonomous Cars: Self-Driving the New Auto Industry Paradigm," Morgan Stanley report, November 2013.

第二章

1. *The Economist*, "From Horseless to Driverless," in *The World If*, August 2015, http://worldif.economist.com/article/11/what-if-autonomous-vehicles-rule-the-world-from-horseless-to-driverless

2. Luis Martinez, "Urban Mobility System Upgrade: How Shared Self-Driving Cars Could Change City Traffic," International Transport Forum report, 2015, http://www.internationaltransportforum.org/Pub/pdf/15CPB_Self-drivingcars.pdf

3. Brandon Schoettle and Michael Sivak, "Potential Impact of Self-Driving Vehicles on Household Vehicle Demand and Usage," UMTRI-2015-3, University of Michigan Transportation Research Institute, February 2015.

4. U.S. Energy Information Administration, "Frequently Asked Questions: How Much Carbon Dioxide Is Produced by Burning Gasoline and Diesel Fuel?" http:// www.eia.gov/tools/faqs/faq.cfm?id=307, last updated 4/18/13, accessed 3/19/16.

5. Kenneth Rapoza, "In Auto Market, China Steps on the Gas," *Forbes*, May 6, 2013.

6. China Association of Automobile Manufacturers, "The Passenger Cars Exceeded 20 Million for the First Time," January 20, 2016, http://www.caam.org.cn/Auto motivesStatistics/20160120/1305184265.html

7. David Schrank, Bill Eisele, Tim Lomax, and Jim Bak, "2015 Urban Mobility Scorecard," Texas A&M Transportation Institute, August 2015, http://mobility.tamu.edu/ums/report/.

8. Rodney Stiles, Lindsey Siegel, Jeffrey Garber, Hillary Neger, and Asm Ullah, "2014 Taxicab Fact Book," NYC Taxi and Limousine Commission, http://www.nyc.gov/html/tlc/downloads/pdf/2014_taxicab_fact_book.pdf

9. James Manyika, Michael Chui, Jacques Bughin, Richard Dubbs, Peter Bisson, and Alex Marrs, "Disruptive Technologies: Advances That Will Transform Life, Business, and the Global Economy," McKinsey Global Institute, McKinsey & Company, May 2013, http://www.mckinsey.com/business-functions/business-technology/our-insights/disruptive-technologies

10. Christopher MacKechnie, "How Long Do Buses (and Other Transit Vehicles) Last?" About.com Transit Vehicles section, 3.22.16, http://publictransport.about.com/od/Transit_Vehicles/a/How-Long-Do-Buses-And-Other-Transit-Vehicles-Last.htm

11. Samuel Barradas, "Facts About Trucks—Everything You Want to Know About Eighteen Wheelers," *Truckers Report*, June 2013, http://www.thetruckersreport.com/facts-about-trucks/

12. Daniel J. Fagnant and Kara Kockelman, "Preparing a Nation for Autonomous Vehicles: Opportunities, Barriers and Policy Recommendations for Capitalizing on Self-Driven Vehicles," *Transportation Research Part A* 77: 167-181, 2015.

13. Manyika, Chui, Bughin, Dubbs, Bisson, and Marrs, "Disruptive Technologies."

14. Donald Shoup, "Cruising for Parking," *Transport Policy* 13 (2006): 479-486.
15. Alain Bertaud, "Self-Driving Cars in the Evolving Urban Lanscape," Marron Institute Conference on Self-Driving Vehicles, August 25, 2015, http://marroninstitute.nyu.edu/uploads/content/Self_Driving_Vehicles_in_the_Evolving_Urban_Landscape_(Marron).pdf
16. Paul Barter, "Cars Are Parked 95% of the Time; Let's check!" Reinventing Parking, February 22, 2013, http://www.reinventingparking.org/2013/02/cars-are-parked-95-of-time-lets-check.html
17. John R. Meyer, John F. Kain, and Martin Wohl, The Urban Transportation Problem (Cambridge, Mass.: Harvard University Press, 1965).
18. Jeffrey R. Kenworthy and Felix B. Laube, *An International Sourcebook of Automobile Dependence in Cities 1960-1990*, chapter 3 (Boulder: University Press of Colorado, 1999).
19. Donald Shoup, *The High Cost of Free Parking* (Chicago: American Planning Association Press, 2011), p. 160.
20. 出處同上。
21. Liewen Jiang, Malea Hoepf Young, and Karen Hardee, "Population, Urbanization, and the Environment," *World Watch* 21, no. 5 (2008): 34-39, *Academic Search Premier*, Web, 23 November 2015.
22. Brian McKenzie and Melanie Rapino, "Commuting in the United States: 2009," September 2011, American Community Survey Reports, https://www.census.gov/prod/2011pubs/acs-15.pdf
23. Lawrence Burns, William Jordan, and Bonnie Scarborough, "Transforming Personal Mobility," The Earth Institute, Columbia University, January 27, 2013.
24. Alex Williams, "Friends of a Certain Age," New York Times, July 13, 2012, http://www.nytimes.com/2012/07/15/fashion/the-challenge-of-making-friends-as-an-adult.html
25. Martha De Lacey, "Mum's Taxi Service: Average Mother Drives Children around for 1,248 Miles Each Year," Daily Mail, 29 August 2013 (BoostApak study), http://www.dailymail.co.uk/femail/article-2405436/Mums-taxi-service-Average-mother-drives-children-1-248-miles-EACH-YEAR--London-Zurich-round-trip.html

第三章

1. "What's the Difference between Fully Self-Driving Cars and Driver Assistance?" Google driverless car project website, Frequently Asked Questions, https://www.google.com/selfdrivingcar/faq/#q1
2. Ina Fried, "Apple's Jeff Williams: The Car Is the Ultimate Mobile Device," at a re/code Conference, May 27, 2015, http://recode.net/2015/05/27/apples-jeff-williams-the-car-is-the-ultimate-mobile-device/
3. Automotive research facilities in Silicon Valley, Auto News website interactive map, http://www.autonews.com/section/map502
4 . Mike Ramsey "Ford, Mercedes-Benz Set Up Shop in Silicon Valley," *Wall Street*

Journal, March 7, 2015, http://www.wsj.com/articles/ford-mercedes-set-up-shop-in-silicon-valley-1427475558

5. "Autonomous Vehicles: Self-Driving—the New Auto Industry Paradigm," *Morgan Stanley Research*, December 6, 2013.

6 . Industrial Robot Statistics, World Robotics 2015, March 19, 2016, http://www.ifr.org/industrial-robots/statistics/

7. Scott Corwin, Joe Vitale, Eamonn Kelly, and Elizabeth Cathles, "The Future of Mobility," Deloitte Report, September 24, 2015, http://dupress.com/articles/future-of-mobility-transportation-technology

8 . Adrienne LaFrance, "The High-Stakes Race to Rid the World of Human Drivers," *Atlantic*, December 1, 2015, http://www.theatlantic.com/technology/archive/2015/12/driverless-cars-are-this-centurys-space-race/417672/

9. 平托車（Pinto）是福特汽車在1971年推出的平價車款，發生多次車禍意外後遭消費者提告求償，結果在1978年的法庭上遭到揭發，車廠為了節省成本而捨棄了安全設計。

10. Deloitte Report.

11. Lee Iacocca, with William Novak, *Iacocca: An Autobiography* (New York: Bantam Books, 1984), p. 226.

12. Deloitte Report.

13. "How Many Parts Is Each Car Made Of?" Toyota Website, http://www.toyota.co.jp/en/kids/faq/d/01/04/

14. 出處同上。

15. 美國運輸部的國家公路交通安全管理局（National Highway Traffic Safety Administration, NHTSA）是負責執行駕駛政策，以改進車輛及公路安全的美國聯邦機構，例如NHTSA要負責規定油箱應該放在哪裡、制定安全帶法規等等。2013年5月30日，美國運輸部的國家公路交通安全管理局決定要定義車輛自動化的五個階段，定義如下：
　・【NHTSA自動化階段○】無自動化：主要車輛控制完全並只由駕駛掌控，包括煞車、轉向、油門以及動力，整段駕駛期間皆然。
　・【NHTSA自動化階段一】特定功能自動化：這個階段的自動化牽涉到一項或以上的特定控制功能，例如車身動態穩定系統、預充電煞車等，讓車輛能夠自動協助煞車，駕駛就能重新掌控車輛或者比自行控制時更快停車。
　・【NHTSA自動化階段二】綜合功能自動化：這個階段的自動化包括至少兩種主要控制功能，設計就是要合作，讓駕駛不必自己控制這些功能。符合階段二的綜合功能自動化例子是主動車距控制巡航系統結合車道控制。
　・【NHTSA自動化階段三】有限自行駕駛自動化：這個階段的自動化車輛讓駕駛在特定交通狀況或環境下，能夠讓電腦完全接手一切與安全相關的功能，在這些條件下可以非常仰賴車輛監控，注意在狀況改變時轉換回駕駛控制。駕駛應該能夠偶爾接手控制，但必須有充裕的換手時間。谷歌汽車就是有限自行駕駛自動化的例子。

- 【NHTSA自動化階段四：完全自行駕駛自動化】車輛的設計就是要執行所有攸關安全的駕駛功能，並在整趟路程中監控道路狀況。這樣的設計希望駕駛能夠提供目的地或導航路線，不過在路更讓人混亂的是，六個月之後的2014年1月，汽車工程師協會（Society of Automative Engineevs, SAE）這個大概是最大的汽車專家工會又更上層樓，發表了自己不只五個、而是六個階段的自動化，以下逐字詳錄：
- 【SAE自動化階段○：無自動化】各方面的動力駕駛任務都完全由人類駕駛執行，即使有警告或干預系統加強。
- 【SAE自動化階段一：輔助駕駛】由一項輔助駕駛系統執行特定模式下的駕駛，利用駕駛環境資訊來決定轉向或加減速，而其他的動力駕駛任務則應該由人類駕駛執行。
- 【SAE自動化階段二：部分自動化】由一項以上的輔助駕駛系統執行特定模式下的駕駛，利用駕駛環境資訊來決定轉向以及加減速，而其他的動力駕駛任務則應該由人類駕駛執行，由自動駕駛系統（系統）監控駕駛環境。
- 【SAE自動化階段三：有條件的自動化】由能夠執行所有面向動力駕駛任務的自動駕駛系統在特定模式中駕駛，人類駕駛應該在有需求時相應干預。
- 【SAE自動化階段四：高度自動化】由能夠執行所有面向動力駕駛任務的自動駕駛系統在特定模式中駕駛，即使人類駕駛無法在有需求時相應干預，依然能夠順利駕駛。
- 【SAE自動化階段五：完全自動化】完全由自動駕駛系統執行駕駛，在能夠由人類駕駛執行的所有道路及環境條件下的所有動力駕駛任務皆然。

16. David Mindell, *Our Robots, Ourselves: Robotics and the Myths of Autonomy* (New York: Viking Press, 2015), p. 201.

17. Google Self-Driving Car Project Monthly Report, October 2015, http://static.googleusercontent.com/media/www.google.com/en//selfdrivingcar/files/reports/report-1015.pdf

18. S. G. Klauer, F. Guo, J. Sudweeks, and T. A. Dingus, "An Analysis of Driver Inattention Using a Case-Crossover Approach on 100-Car Data" (Report DOT-HS-811-334) (Washington, D. C.: National Highway Traffic Safety Administration, 2010).

19. Catherine C. McDonald and Marilyn S. Sommers, "Teen Drivers' Perceptions of Inattention and Cell Phone Use While Driving," *Traffic Injury Prevention* 16 (supp. 2) (2015): S52. DOI: 10.1080/15389588.2015.1062886

20. Quote comes from Google Self-Driving Car Project Monthly Report, October 2015, https://static.googleusercontent.com/media/www.google.com/en//selfdrivingcar/files/reports/report-1015.pdf

21. 車禍事故詳情請見https://static.googleusercontent.com/media/www.google.com/en//selfdrivingcar/files/reports/report-0216.pdf

22. Kevin Root, "Self Driving Cars, Autonomous Vehicles, and Shared Mobility," Slideshare, http://www.slideshare.net/traveler138/self-driving-cars-v11

第四章

1. "Car Balk," updated from the archive, Snopes.com, October 14, 2010, www. snopes.com/humor/jokes/autos.asp
2. Hans Moravec, *Mind Children: The Future of Robot and Human Intelligence* (Cambridge, Mass.: Harvard University Press, 1988), p. 15.
3. Ferris Jabr, "How Human Ended Up with Freakishly Huge Brains," *Wired*, November 28, 2015, http://www.wired.com/2015/11/how-humans-ended-up-with-freakishly-huge-brains/
4. B. F. Miessner, *Radiodynamics*, 1916.

第五章

1. Ashlee Vance, "The First Person to Hack the iPhone Built a Self-Driving Car. In His Garage," *Bloomberg Business*, December 16, 2015; Tesla Motors, "Correction to article: The First Person to Hack the iPhone Built a Self-Driving Car," https://www.teslamotors.com/support/correction-article-first-person-hack-iphone-built-self-driving-car
2. "Right-of-Way Rules," *California Driver Handbook—Laws and Rules of the Road*, California DMV, https://www.dmv.ca.gov/portal/dmv/detail/pubs/hdbk/right_of_way
3. Luke Fletcher, Seth Teller, Edwin Olson, David Moore, Yoshiaki Kuwata, Jonathan How, John Leonard, Issac Miller, Mark Campbell, Dan Huttenlocher, Aaron Nathan, and Frank-Robert Kline, "The MIT—Cornell Collision and Why It Happened," *Springer Tracts in Advanced Robotics* 56:509—548
4. A. Chou, J. Yang, B. Chelf, S. Hallem, and D. Engler, "An Empirical Study of Operating System Errors," *Proc. 18th ACM Symp. On Operating Syst. Prin.*, ACM, 2001, pp. 73-88.
5. "2013 Motor Vehicle Crashes: Overview," Research Note, US Department of Transportation National Highway Traffic Safety Administration, December 2014, http://www-nrd.nhtsa.dot.gov/Pubs/812101.pdf
6. "The Latest Chapter for the Self-Driving Car: Mastering City Street Driving," Google Official Blog, April 28, 2014, https://googleblog.blogspot.com/2014/04/the-latest-chapter-for-self-driving-car.html
7. "Statistical Summary of Commercial Jet Airplane Accidents Worldwide Operations, 1959-2013," Aviation Safety Boeing Commercial Airplanes, August 2014, http://asndata.aviation-safety.net/industry-reports/Boeing-Statistical-Summary-1959-2013.pdf
8. Andrew Tanenbaum, Jorrit Herder, and Herbert Bos, "Can We Make Operating Systems Reliable and Secure?" *Computer* 39, no. 5:44-51, http://cs.furman.edu/~chealy/cs75/important%20papers/secure%20computer-2006a.pdf

第六章

1. Wikipedia, "Futurama (New York World's Fair)," retrieved March 24, 2016, http://en.wikipedia.org/wiki/Futurama_(New_York_World's_Fair)

2. Robert W. Rydell, *World of Fairs* (Chicago: University of Chicago Press, 1993), pp. 135-141.

3. Norman Bel Geddes, Magic Motorways, https://archive.org/details/horizons00geddrich

4. 來源同上。

5. 來源同上，p. 295.

6. Laura J. Nelson, "Digital Projection Has Drive-in Theaters Reeling," *Los Angeles Times*, January 19, 2013, http://www.latimes.com/entertainment/envelope/cotown/la-et-ct-drive-ins-digital-20130120,0,5280624,full.story

7. Advertisement, Central Power and Light Company, displayed in the *Victoria Advocate*, Sunday, March 24, 1957.

8. "The IBM 700 Series: Computing Comes to Business," IBM 100's Icons of Progress, IBM, http://www-03.ibm.com/ibm/history/ibm100/us/en/icons/ibm700series/impacts/

9. V. K. Zworykin and L. Flory, "Electronic Control of Motor Vehicles on the Highway," Proceedings of the Thirty-Seventh Annual Meeting of the Highway Research Board, Washington, D.C., January 6-10, 1958.

10. 出處同上。

11. 出處同上。

12. Full text of "Town Topics (Princeton), June 12-18, 1960," http://www.archive.org/stream/towntopicsprince1514unse/towntopicsprince1514unse_djvu.txt

13. 出處同上。

14. 出處同上。

15. The Pavilion Guide, 1964 New York World's Fair, 1964-65, nywf64.com

16. Gijsbert-Paul Berk, "Self-Drive Cars and You: A History Longer than You Think," *Velocetoday*, August 5, 2014, http://www.velocetoday.com/self-drive-cars-and-you-a-history-longer-than-you-think/

17. Alain L. Kornhauser, "Smart Driving Cars: Where Are We Going? Why Are We Going? Where Are We Now? What Is in It for Whom? How Might We Get There? Where Might We End Up?" presented at the 2013 TransAction Conference, Atlantic City, N.J.

18. Robert E. Fenton and Karl W. Olson, "The Electronic Highway," *IEEE Spectrum*, July 1969.

19. 出處同上。

20. National Technical Information Service (NTIS), Report on 1960-63 Corvair Safety, PB 211-014.

21. Kenneth T. Jackson, Crabgrass Frontier: The Suburbanization of the United States (New York: Oxford University Press, 1985).

22. Daniel Yergin, *The Prize: The Epic Quest for Oil, Money, and Power* (New York: Simon and Schuster, 2008), p. 587

第七章

1. Susan Zimmerman, Nelsie Alcoser, David Hooper, Crystal Huggins, Amber Keyser, Nancy Santucci, Terence Lam, Josh Ormond, Amy Rosewarne, and

Elizabeth Wood, "Intelligent Transportation Systems: Vehicle-to-Infrastructure Technologies Expected to Offer Benefits, but Deployment Challenges Exist," United States Government Accountability Office Report, September 15, http://www.gao.gov/assets/680/672548.pdf

2. "Vehicle-to-Vehicle Communications for Safety," NHTSA Official page, http://www.nhtsa.gov/Research/Crash+Avoidance/Vehicle-to-Vehicle+Communications+for+Safety

3. Vehicle-to-Vehicle Communications: Readiness of V2V Technology for Application. August 2014. NHTSA Report DOT HS 812 014.

4. "National Automated Highway Systems Program," chapter 1, Transportation Research Board, ISTEA Part B, Section 6054(b), http://onlinepubs.trb.org/onlinepubs/sr/sr253/sr25301.pdf

5. 出處同上。

6. "Request for Applications Number DTFH61-94-X-0001 to Establish a National Automated Highway System Consortium," Federal Highway Administration, Washington, D.C., December 1993.

7. Jameson M. Wetmore, "Driving the Dream: The History and Motivations behind 60 Years of Automated Highway Systems in America," Consortium for Science, Policy & Outcomes, *Automotive History Review*, Summer 2003, pp. 4-19.

8. Sanghyun Cheon, "An Overview of Automated Highway Systems (AHS) and the Social and Institutional Challenges They Face," University of California Transportation Center, 2003.

9. Federal Highway Administration, "Demo '97: Proving AHS Works," *Public Roads Magazine* 61, no. 1 (July/August 1997), http://www.fhwa.dot.gov/publications/publicroads/97july/demo97.cfm

10. "Proposed Rules," *Federal Register* 79, no. 161 (Wednesday, August 20, 1024).

11. Susan Zimmerman, Nelsie Alcoser, David Hooper, Crystal Huggins, Amber Keyser, Nancy Santucci, Terence Lam, Josh Ormond, Amy Rosewarne, and Elizabeth Wood, GAO Report.

12. Pedro Hernandez, "Smart Cities Will Drive IoT Device Demand in 2016: Gartner," Datamation.com, http://www.datamation.com/cloud-computing/smart-cities-will-drive-iot-device-demand-in-2016-gartner.html?google_editors_picks=true

13. Tsz-Chiu Au, Shun Zhang, and Peter Stone, "Autonomous Intersection Management for Semi-Autonomous Vehicles," *Handbook of Transportation*, ed. Dušan Teodorovi (New York: Routledge 2015).

14. Daimler Press Release, "AUDI AG, BMW Group and Daimler AG agree with Nokia Corporation on Joint Acquisition of HERE Digital Mapping Business," August 3, 2015, htttp://media.daimler.com/dcmedia/0-921-656186-1-1836824-1-0-0-0-0-0-0-0-0-0-0-0-0-0-0.html

15. "Volvo Car Group tests road magnets for accurate positioning of self-driving cars," Volvo Car Group Press Release, March 11, 2014, https://www.media.volvocars.com/global/en-gb/media/pressreleases/140760/volvo-car-group-tests-

road-magnets-for-accurate-positioning-of-self-driving-cars

16. Bill Vlasic, "U.S. Proposes Spending $4 Billion on Self-Driving Cars," *New York Times*, January 14, 2016, http://www.nytimes.com/2016/01/15/business/us-proposes-spending-4-billion-on-self-driving-cars.html?_r=0

17. Brad Templeton, "California DMV Regulations May Kill the State's Robocar Lead," 4brad.com, December 17, 2015, http://ideas.4brad.com/california-dmv-regulations-may-kill-states-robocar-lead

18. Grace Meng, "H.R.3876—Autonomous Vehicle Privacy Protection Act of 2015," Congress.gov, https://www.congress.gov/bill/114th-congress/house-bill/3876/text

第八章

1. Marsha Walton, "Robots Fail to Complete Grand Challenge," CNN.com, May 6, 2004, http://www.cnn.com/2004/TECH/ptech/03/14/darpa.race/inde.html

2. Sebastian Thrun (interview), "Google's Original X-Man," *Foreign Affairs* 92, no. 6 (November/December 2013), http://www.foreignaffairs.com/discussions/interviews/googles-original-x-man

3. Luke Fletcher, Seth Teller, Edwin Olson, David Moore, Yoshiaki Kuwata, Jonathan How, John Leonard, Isaac Miller, Mark Campbell, Dan Huttenlocher, Aaron Nathan, and Frank-Robert Kline, "The MIT—Cornell Collision and Why It Happened," *Springer Tracts in Advanced Robotics* 56:509—548.

4. Michael Belfiore, "Three Teams out of the Running at Auto-Bot Race," *Danger Room*, November 3, 2007, from Wired.com, archived from the original on November 6, 2007.

5. Daniel K, "What Is Machine Learning?" Stack Overflow, http://stackoverflow.com/questions/2620343/what-is-machine-learning

6. "Kasparov Wins," *TIME Magazine*, Monday, February 19, 1996.

7. Erik Brynjolfsson and Andrew McAfee, *The Second Machine Age: Work, Progress and Prosperity in a Time of Brilliant Technologies* (New York: W.W. Norton & Co., 2014).

8. 在1980至1990年代期間，數個研究先驅都設計出自動駕駛車原型，能夠在沒有人類的狀態下駕駛一小段路。1977年，日本筑波機械工程實驗室（Tsukuba Mechanical Engineering Lab）打造出一輛電腦化的無人駕駛車，時速最高能達到32公里，利用機器視覺跟隨著白色的街道標線駕駛。恩斯特・迪克曼斯的VaMoRs賓士廂型車則在1986年至2003年間，測試了三個世代的系統，其中一套裝設在賓士四門轎車的系統能夠駕駛好幾千公里，甚至偶爾能在車陣中變換車道。1996年，作為歐洲普羅米修斯計畫（PROMETHEUS，按：致力於推動在歐洲安全高效駕駛的計畫）的一部分，ARGO團隊（ARGO team）開著他們的蘭吉雅汽車（Lancia），在義大利周邊行駛將近2,000公里，有94%的時間是自動駕駛。在匹茲堡的卡內基美隆大學，長達三十多年的研究中產出了一系列戶外自動駕駛越野機器人，從1984年的Terregator，然後是NavLab一號（1986年），再到NavLab二號（1992年）。

9. Yoshimasa Goto and Anthony Tentz, "Mobile Robot Navigation: The CMU

System," IEEE Expert 1987.

10. 根據DARPA發給康乃爾大學的授予合約。

11. Chris Urmson et al., "Autonomous Driving in Urban Environments: Boss and the Urban Challenge," *Journal of Field Robotics* 25 (9) (2008): 426-464.

12. "Autonomous Cars: Self-Driving the New Auto Industry Paradigm," Morgan Stanley Blue Paper, November 6, 2013.

13. Google Official Blog, "The Latest Chapter for the Self-Driving Car: Mastering City Street Driving," April 28, 2014, https://googleblog.blogspot.nl/2014/04/the-lastest-chapter-for-self-driving-car.html

14. Google Annual Report, 2007.

15. Burkhard Bilger, "Has the Self-Driving Car at Last Arrived?" *New Yorker*, November 25, 2013, http://www.newyorker.com/reporting/2013/11/25/131125fa_fact_bilger?currentPage=all

16. Mark Harris, "The Unknown Start-up That Built Google's First Self-Driving Car," IEEE Spectrum Online, November 19, 2014, http://spectrum.ieee.org/robotics/artificial-intelligence/the-unknown-startup-that-built-googles-first-selfdriving-car

第九章

1. Cadie Thompson, "There's One Big Difference between Google and Tesla's Self-Driving Car Technology," TechInsider.com, December 5, 2015, http://www.techinsider.io/difference-between-google-and-tesla-driverless-cars-2015-12

2. "GPS Accuracy," GPS.gov Official U.S. Government information about the Global Positioning System (GPS), http://www.gps.gov/systems/gps/performance/accuracy/

3. McWilliams, "Re: How Fast Does an Eye Blink?" University of Missouri—St. Louis, MadSci Network, retrieved April 28, 2013 (via Wikipedia, http://en.wikipedia.org/wiki/Blink)

4. Adam Levin, "How Hackers Can Hijack Your Car," Today.com, August 29, 2013, http://www.today.com/money/how-hachers-can-hijack-your-car-8C11034118

5. Dash, https://dash.by/

第十章

1. Warren S. McCulloch and Walter Pitts, "A Logical Calculus of the Ideas Immanent in Nervous Activity," *Bulletin of Mathematical Biophysics* 5 (1943): 115-133.

2. Charles C. Tappert, "Rosenblatt's Contributions, " The Michael L. Gargano 9th Annual Research Day, Friday, May 6, 2011, http://csis.pace.edu/~ctappert/srd2011/rosenblatt-contributions.htm

3. Kunihiko Fukushima, "Neocognitron: A Self-Organizing Neural Network Model for a Mechanism of Pattern Recognition Unaffected by Shift in Position," *Biological Cybernetics* 36, no. 4 (1980): 193-202.

4. Yann LeCun, Léon Bottou, Yoshua Bengio, and Patrick Haffner, "Gradient-Based

Learning Applied to Document Recognition," *Proceedings of the IEEE* 86, no. 11 (1998): 2278-2324, doi:10.1109/5.726791.

5. "What Happens on the Internet in 60 Seconds," BuzzFeed Videos, https://www.youtube.com/watch?v=Uiy-KTbymqk

6. 譯注：Mechanical Turk 一詞原指十八世紀所發明的一種「機器」，號稱能夠自動下土耳其棋，但其實機器裡頭藏著一個人。亞馬遜在 2005 年推出眾包平台即以此命名，利用人工來解決電腦不好解決的問題，例如辨識影像、重複刪除數據等等，也因價格低廉而飽受批評。

7. Fei-Fei Li, TED Talk, "How We're Teaching Computers to Understand Pictures," March 23, 2015, https://www.ted.com/talks/fei_fei_li_how_we_re_teaching_computers_to_understand_pictures?language=en

8. ImageNet Large Scale Visual Recognition Challenge 2010 results, http:// www.image-net.org/challenges/LSVRRC/2010/results

9. ImageNet Large Scale Visual Recognition Challenge 2011 results, http:// www.image-net.org/challenges/LSVRRC/2011/results

10. ImageNet Large Scale Visual Recognition Challenge 2012 results, http:// www.image-net.org/challenges/LSVRRC/2012/results

11. ImageNet Large Scale Visual Recognition Challenge 2013 results, http:// www.image-net.org/challenges/LSVRRC/2013/results

12. ImageNet Large Scale Visual Recognition Challenge 2014 results, http:// www.image-net.org/challenges/LSVRRC/2014/results

13. ImageNet Large Scale Visual Recognition Challenge 2015 results, http:// www.image-net.org/challenges/LSVRRC/2015/results

14. Kaiming He, Xiangyu Zhang, Shaoqing Ren, and Jian Sun, "Deep Residual Learning for Image Recognition," *arXiv*:1512.03385v1, submitted December 2015.

15. D. H. Hubel and T. N. Wiesel, "Receptive Fields of Single Neurons in the Cat's Striate Cortex," *Journal of Physiology* 148, no. 3 (October 1959): 574-591.

第十一章

1. Henry Miller and Shih-lung Shaw, *Geographic Information Systems for Transportation: Principles and Applications* (New York: Oxford University Press, 2001).

2. Alexis Madrigal, "How Google Builds Its Maps and What It Means for the Future," *The Atlantic*, September 2012.

3. "Summary of Travel Trends 2009," National Household Travel Survey, http://nhts.ornl.gov/2009/pub/stt.pdf

4. Philippa Foot, *The Problem of Abortion and the Doctrine of the Double Effect in Virtues and Vices* (Oxford: Basil Blackwell, 1978) (originally appeared in the *Oxford Review*, no. 5, 1967).

5. Noah J. Goodall, "Ethical Decision Making during Automated Vehicle Crashes," *Transportation Research Record: Journal of the Transportation Research Board*, 2014.

第十二章

1. John Heilemann, "Reinventing the Wheel," *TIME Magazine*, Sunday, December 2, 2001.

2. L. Blincoe, A, Seay, E. Zaloshnja, T. Miller, E. Romano, S. Luchter, and R. Spicer, "The Economic Impact of Motor Vehicle Crashes 2000," Plans and Policy, National Highway Traffic Safety Administration, Washington, D.C., May 2002.

3. U.S. Department of Transportation Federal Highway Administration, "Average Annual Miles per Driver by Age Group," http://www.fhwa.dot.gov/ohim/onh00/bar8.htm

4. "National Congestion Tables," *2015 Urban Mobility Scorecard*, Texas A&M Mobility research, http://d2dtl5nnlpfr0r.cloudfront.net/tti.tamu.edu/documents/ums/congestion-data/national/national-table1.pdf

5. Bureau of Labor Statistics, "Taxi Drivers and Chauffeurs," http://www.bls.gov/ooh/transportation-and-material-moving/taxi-divers-and-chauffeurs.htm

6. Casey Newton, "Uber Will Eventually Replace All Its Drivers with Self-Driving Cars," TheVerge.com, May 28, 2014, http://www.theverge.com/2014/5/28/5758734/uber-will-eventually-replace-all-its-drivers-with-self-driving-cars

7. Adrienne LaFrance, "The High-Stakes Race to Rid the World of Human Drivers," *The Atlantic*, December 1, 2015, http://www/theatlantic.com/technology/archive/2015/12/driverless-cars-are-this-centurys-space-race/417672/

8. Bureau of Labor Statistics, U.S. Department of Labor, *Occupational Outlook Handbook, 2016-17 Edition*, Automotive Service Technicians and Mechanics.

9. OXFAM, "An Economy for the 1%: How Privilege and Power in the Economy Drive Extreme Inequality and How This Can Be Stopped," 210 OXFAM Briefing Paper, January 18, 2016.

10. U.S. Center for Disease Control and Prevention, "Motor Vehicle Crash Injuries," http://www.cdc.gov/vitalsigns/crash-injuries/index.html

11. Stacy Dickert-Conlin, Todd E. Elder, and Brian Moore, "Donorcycles: Motorcycle Helmet Laws and the Supply of Organ Donors" (September 4, 2009), available at SSRN: http://ssrn.com/abstract=1471982 or http://dx.doi.org/10.2139/ssrn.1471982, https://www,msu.edu/~telder/donorcycles_current.pdf

12. Laura M. Maruschak, "DWI Offenders under Correctional Supervision," U.S. Department of Justice, Office of Justice Program Bureau of Justice Statistics Special Report, http://www.bjs.gov/content/pub/pdf/dwiocs.pdf

13. "Parking Ticket Statistics," StatisticBrain.com Data Source: Radar Detector, Department of Motor Vehicles, August 25, 2015, http://www.statisticbrain.com/parking-ticket-statistics/

14. Lawrence Berezin, "NYC Parking Ticket Statistics That Will Shock and Awe You," December 23, 2008 (data from THE City Room of the New York Times),

http://newyorkparkingticket.com/some-shocking-nyc-parking-ticket-statistics/

15. Robert W. Peterson, "New Technology, Old Law: Autonomous Vehicles and California's Insurance Framework," *Santa Clara Law Review* 52 (2012).

16. U.S. Federal Highway Administration, "The Economic Costs of Freight Transportation," http://ops.fhwa.dot.gov/freight/freight_analysis/freight_story/costs.htm

17. "Driving Change without a Driver: How the Driverless Car Will Alter Retail Forever," National Purchase Diary NPD.com, https://www.npd.com/wps/portal/npd/us/news/tips-trends-takeaways/driving-change-without-a-driver-how-the-driverless-car-will-alter-retail-forever/

18. Survey conducted by the College of Engineering at Carnegie Mellon University, January 2015, http://engineering.cmu.edu/media/press/2015/01_22_autonomous_vehicle_survey.html

19. "Radio Facts and Figures," compiled from 216 Nielsen Audio Today; Pew State of the News Media 2015, News Generation, http://www.newsgeneration.com/broadcast-resources/radio-facts-and-figures/

後記

1. Wikipedia, "The Cambrian Explosion," https://en.wikipedia.org/wiki/Cambrian_explosion

2. Andrew Parker, *In the Blink of an Eye* (Cambridge, Mass.: Perseus Books), 2003

3. Denise Grady, "The Vision Thing: Mainly in the Brain," *Discover Magazine, June* 1, 1993, http://discovermagazine.com/1993/jun/thevisionthingma227

4. Gill A. Pratt, "Is a Cambrian Explosion Coming for Robotics?" Journal of Economic Perspectives 29, no. 3 (2015): 51-60.

5. Battery University, "What's the Best Battery?" http://batteruniversity.com/learn/article/whats_the_best_battery

6. Jon Bentley, *"Programming Pearls,"* Comm. ACM 27, no. 11 (November 1984): 1087-1092.

7. Gary A. Shaw and Mark A. Richards, "Sustaining the Exponential Growth of Embedded Digital Signal Processing Capability," ADM001742, HPEC-7, vol 1, Proceedings of the Eighth Annual High Performance Embedded Computing (HPEC) Workshops, September 28-30, 2004, https://www.ll.mit.edu/HPEC/agendas/proc04/abstracts/shaw_gary.pdf

8. Hans Moravec, "When Will Computer Hardware Match the Human Brain?" *Journal of Evolution and Technology* 1 (1998), http://www.transhumanist.com/volume1/moravec.htm

譯名對照

（按：依據初次出現在本書中的先後順序排列，頁碼為首度出現在本書中的位置）

【人名】

【專有名詞】

【機關、學校、研究機構、公司、組織、品牌名】

國家圖書館出版品預行編目資料

自駕車革命：改變人類生活、顛覆社會樣貌的科技創新／霍
德‧利普森（Hod Lipson），梅爾芭‧柯曼（Melba Kurman）
合著；徐立妍譯. -- 初版. -- 臺北市：經濟新潮社出版：家庭
傳媒城邦分公司發行, 2019.01
　　面；　公分. --（經營管理；153）
譯自：Driverless: Intelligent Cars and the Road Ahead

ISBN 978-986-97086-2-3(（平裝）

1.汽車　2.自動控制

447.1　　　　　　　　　　　　　　　　　　　107021369